"十四五"时期国家重点出版物出版专项规划项目
智能建造理论·技术与管理丛书
中国机械工业教育协会"十四五"普通高等教育规划教材

建筑 3D 打印

主　编　周　诚　周　燕　徐　捷
副主编　陈晓明　王　里　文世峰
参　编（按姓氏笔画）
　　　　王　苡　左自波　孙金桥　李之建
　　　　汪　登　翁毅伟　霍　亮
主　审　袁　烽

机械工业出版社

本书基于编者逾十年来的研究与实践成果编写，全面介绍了当前建筑3D打印技术的打印材料、打印装备、打印结构和实施案例等内容，并对建筑3D打印的发展趋势进行了前瞻性探索。本书共5章，主要内容包括：绪论、3D打印混凝土材料及其性能、3D打印工艺装备体系、3D打印共性支撑技术、建筑3D打印典型案例分析。

本书可作为高等学校智能建造专业、土木工程专业的教材，也可作为建筑业工程技术人员的参考书。

本书配套PPT课件、教学大纲、授课视频、实验课程方案等资源，供选用本书作为教材的任课教师参考使用。任课教师可登录机械工业出版社教育服务网（www.cmpedu.com）下载相关配套资源。

图书在版编目（CIP）数据

建筑3D打印 / 周诚，周燕，徐捷主编. -- 北京：机械工业出版社，2025.5. --（智能建造理论·技术与管理丛书）（中国机械工业教育协会"十四五"普通高等教育规划教材）. -- ISBN 978-7-111-78102-8

Ⅰ. TB4；TU7

中国国家版本馆CIP数据核字第2025CZ5829号

机械工业出版社（北京市百万庄大街22号　邮政编码100037）
策划编辑：林　辉　　　　　　责任编辑：林　辉　范冬阳
责任校对：贾海霞　陈　越　　封面设计：张　静
责任印制：常天培
北京联兴盛业印刷股份有限公司印刷
2025年6月第1版第1次印刷
184mm×260mm·11印张·253千字
标准书号：ISBN 978-7-111-78102-8
定价：45.00元

电话服务　　　　　　　　　网络服务
客服电话：010-88361066　　机　工　官　网：www.cmpbook.com
　　　　　010-88379833　　机　工　官　博：weibo.com/cmp1952
　　　　　010-68326294　　金　书　网：www.golden-book.com
封底无防伪标均为盗版　　机工教育服务网：www.cmpedu.com

前　言

建筑3D打印技术融合了计算机辅助设计（CAD）、材料科学、机械工程以及自动化控制等多个领域的先进技术，使得建筑构件乃至整栋建筑能够从数字模型直接转化为实体结构。当前，建筑业的创新与变革正以前所未有的速度推进，其中，建筑3D打印技术作为一项创新技术，正逐步从概念走向现实，引领着建筑业向更加高效、环保、个性化的方向发展。这项技术不仅重新定义了建筑的设计与施工流程，还极大地拓宽了建筑材料的使用范围，为实现建筑可持续化发展开辟了新路径。

本书旨在全面系统地介绍这一前沿技术的原理、发展历程、最新趋势以及应用。全书共分为5章，每一章内容都围绕建筑3D打印的不同方面展开，相互之间联系紧密，形成了一个完整的理论和实践框架。

第1章为绪论，对建筑3D打印技术进行了总体概述，主要介绍其技术原理、主要分类以及发展历程与未来趋势，构建了一个清晰的技术框架和知识背景。

第2章主要介绍3D打印混凝土材料及其性能，包括打印混凝土材料的组成及配合比设计、打印混凝土的工作性能、其他打印材料及其性能、打印混凝土固化后性能测试、打印混凝土的植筋加固方法。

第3章主要介绍3D打印工艺装备体系，包括打印工艺装备体系的组成、材料制备与沉积机构、打印动作执行机构、打印成形质量监测与检测。

第4章主要介绍3D打印共性支撑技术，包括常用打印设计与规划软件、面向打印的建筑结构设计、打印模型切片处理以及打印路径规划。

第5章主要介绍建筑3D打印典型案例，包括大型房屋建筑混凝土原位打印、大型基础设施高分子复合材料打印以及多机协作打印等。

尽管全书已较全面介绍了建筑3D打印技术的原理、工艺及应用，但仍存在一些值得深入探讨的问题。例如，虽已详细介绍了混凝土及其他建筑材料的3D打印技术，但部分技术细节和工艺优化仍需通过更多的实际案例来进一步验证和完善，以扩大其在实际工程中的应用范围和可靠性。此外，新兴的智能动态浇筑、可重构针床模板等混凝土数字建造技术，虽然展示了建筑业的创新发展方向，但在实际操作中可能面临成本高、实施难度大等现实问题，这需要我们在技术推进的同时，深入考虑经济性和可行性。未来应当聚焦于这些挑战，不断优化建筑3D打印技术的理论框架与实践方法，同时积极探索新材料、新技术与新策略，以应对建筑业持续变革带来的新挑战，推动建筑3D打印技术向更加高效、经济、可持续的方向发展。

本书的编写凝聚了团队多年的研究心血与丰富的实践经验，是建筑领域技术创新从理论构想到实践操作，再回归理论深化这一循环往复、螺旋上升过程的深刻体现。全书编写分工如下：第1章由华中科技大学周诚、周燕编写；第2章由周燕、剑桥大学徐捷编写；第3章由河北工业大学王里、王㭊、李之建，华中科技大学文世峰，上海建工集团股份有限公司左自波编写；第4章由徐捷编写；第5章由中建工程产业技术研究院有限公司孙金桥、霍亮、汪登，上海市机械施工集团有限公司陈晓明，香港理工大学翁毅伟编写。

本书所收录的丰富案例资料，大多源自各章节执笔人亲自主导或深度参与的实际工程项目，这些珍贵的一手资料不仅为本书增添了光彩，也深刻体现了建筑3D打印技术在现实中的生动应用。在此，对所有慷慨提供宝贵资料以及项目背后的原创者们致以最诚挚的谢意。同时，特别感谢袁烽教授对本书的指导及审核；感谢曾卓、王宇向、王中旭、柯美翔、徐双、汪志伟、梁靖文、孙武成、王晓强等博士、硕士研究生在相关资料收集、整理、校对等方面提供的大力帮助；特别感谢机械工业出版社为本书所做的大量策划与组织工作。

本书受到国家重点研发计划项目"面向多场景的新型建筑3D打印软硬件一体化关键技术与装备"（项目编号：2023YFC3806900）、"金属与混凝土复合增材制造在路桥建筑领域的应用示范"（项目编号：2024YFB4610000）、"轻量化可重构月面建造方法研究"（项目编号：2021YFF0500300）以及国家自然科学基金项目"高性能3D打印混凝土材料"（项目编号：52322804）的支持。

限于编者学识，书中难免存在疏漏之处，敬请广大读者批评指正。

编　者

目 录

前言

第 1 章　绪论 ··· 1
  1.1　建筑 3D 打印概述 ··· 1
    1.1.1　技术原理与分类 ·· 2
    1.1.2　发展历程与趋势 ·· 3
  1.2　混凝土 3D 打印技术 ·· 4
    1.2.1　基本类型概述 ··· 4
    1.2.2　混凝土挤出式 3D 打印 ·· 4
    1.2.3　混凝土喷射式 3D 打印 ·· 6
    1.2.4　胶凝材料喷出黏结集料床 3D 打印 ······························ 7
    1.2.5　混凝土注射式 3D 打印 ·· 8
  1.3　其他建筑材料 3D 打印技术 ·· 10
    1.3.1　陶土 3D 打印 ·· 10
    1.3.2　金属 3D 打印 ·· 12
    1.3.3　聚合物 3D 打印 ··· 14
  1.4　其他混凝土数字制造（建造）技术 ·································· 16
    1.4.1　智能动态浇筑 ··· 16
    1.4.2　可重构针床模板 ·· 17
    1.4.3　空间网架模板构建 ··· 18
  思考题 ·· 19
  参考文献 ··· 20

第 2 章　3D 打印混凝土材料及其性能 ·· 21
  2.1　3D 打印混凝土材料的组成及配合比设计概述 ····················· 21
    2.1.1　3D 打印混凝土材料组成 ··· 21
    2.1.2　3D 打印混凝土配合比设计概述 ································ 25
    2.1.3　不同类型的 3D 打印混凝土 ····································· 26
  2.2　3D 打印混凝土的工作性能 ··· 29
    2.2.1　可挤出性 ··· 30
    2.2.2　可建造性 ··· 30

2.2.3　凝结时间 ……………………………………………………………… 32
　　2.2.4　流变性能 ……………………………………………………………… 33
　　2.2.5　超早期性能 …………………………………………………………… 34
2.3　其他打印材料及其性能 …………………………………………………………… 36
　　2.3.1　打印陶土材料及其性能 ……………………………………………… 36
　　2.3.2　打印塑料材料及其性能 ……………………………………………… 37
　　2.3.3　金属堆焊打印材料及其性能 ………………………………………… 38
2.4　打印混凝土固化后性能测试 ……………………………………………………… 39
　　2.4.1　直接制备测试试件 …………………………………………………… 39
　　2.4.2　从打印结构中提取获得测试试件 …………………………………… 42
　　2.4.3　破坏性测试方法 ……………………………………………………… 44
　　2.4.4　非破坏性测试方法 …………………………………………………… 50
2.5　打印混凝土的植筋加固方法 ……………………………………………………… 51
　　2.5.1　预先部署加固筋方法 ………………………………………………… 51
　　2.5.2　后植入加固筋方法 …………………………………………………… 53
　　2.5.3　打印同步式加固方法 ………………………………………………… 54
思考题 ……………………………………………………………………………………… 58
参考文献 …………………………………………………………………………………… 58

第3章　3D打印工艺装备体系

3.1　打印工艺装备体系的组成 ………………………………………………………… 61
　　3.1.1　概述 …………………………………………………………………… 61
　　3.1.2　软件结构 ……………………………………………………………… 62
　　3.1.3　主要功能模块 ………………………………………………………… 62
3.2　材料制备与沉积机构 ……………………………………………………………… 63
　　3.2.1　打印混凝土搅拌制备机构 …………………………………………… 63
　　3.2.2　混凝土容积式泵 ……………………………………………………… 64
　　3.2.3　3D打印混凝土喷头系统 ……………………………………………… 65
　　3.2.4　其他材料沉积机构分类 ……………………………………………… 70
　　3.2.5　材料沉积机构设计的关键因素 ……………………………………… 71
　　3.2.6　材料沉积机构设计流程 ……………………………………………… 71
3.3　打印动作执行机构 ………………………………………………………………… 72
　　3.3.1　龙门框架式打印机构 ………………………………………………… 72
　　3.3.2　多轴机械臂式打印机构 ……………………………………………… 73
　　3.3.3　悬索驱动式打印机构 ………………………………………………… 74
　　3.3.4　打印机构移动机器人平台 …………………………………………… 75
3.4　打印成形质量监测与检测 ………………………………………………………… 76
　　3.4.1　打印件质量在线监测 ………………………………………………… 76

目　录

  3.4.2　打印机构末端定位精度测量方法 …………………………………… 77
  3.4.3　打印机构末端定位精度影响因素分析 ……………………………… 79
  3.4.4　打印件几何形貌与精度检测 ………………………………………… 80
  3.4.5　打印层间变形与稳定性检测 ………………………………………… 82
  3.4.6　打印表面缺陷检测 …………………………………………………… 84
思考题 …………………………………………………………………………………… 85
参考文献 ………………………………………………………………………………… 85

第 4 章　3D 打印共性支撑技术 …………………………………………………… 88

4.1　常用打印设计与规划软件 ……………………………………………………… 88
  4.1.1　打印对象设计与建模软件 …………………………………………… 88
  4.1.2　打印模型切片与路径规划软件 ……………………………………… 92
4.2　面向打印的建筑结构设计 ……………………………………………………… 94
  4.2.1　常见的打印结构类型 ………………………………………………… 94
  4.2.2　打印结构中的悬挑与斜度 …………………………………………… 100
  4.2.3　打印结构拓扑优化 …………………………………………………… 102
4.3　打印模型切片处理 ……………………………………………………………… 103
  4.3.1　固定与可变层厚平行切片 …………………………………………… 103
  4.3.2　多方向平行切片 ……………………………………………………… 105
  4.3.3　非平行切片 …………………………………………………………… 109
4.4　打印路径规划 …………………………………………………………………… 111
  4.4.1　路径规划的基本指标 ………………………………………………… 111
  4.4.2　二维平面上的填充路径规划 ………………………………………… 113
  4.4.3　三维曲面上的填充路径规划 ………………………………………… 117
  4.4.4　基于仿生设计与拓扑优化的填充路径规划 ………………………… 118
思考题 …………………………………………………………………………………… 119
参考文献 ………………………………………………………………………………… 119

第 5 章　建筑 3D 打印典型案例分析 …………………………………………… 124

5.1　大型房屋建筑混凝土原位打印 ………………………………………………… 124
  5.1.1　工程概况及施工流程 ………………………………………………… 124
  5.1.2　3D 打印建筑的结构设计 …………………………………………… 125
  5.1.3　大型建筑 3D 打印设备关键技术 …………………………………… 127
  5.1.4　打印混凝土制备关键技术 …………………………………………… 130
  5.1.5　打印建筑的施工工艺 ………………………………………………… 132
  5.1.6　3D 打印建筑的装饰装修 …………………………………………… 136
5.2　大型基础设施高分子复合材料打印 …………………………………………… 137
  5.2.1　桃浦桥中央绿地景观桥 ……………………………………………… 137

  5.2.2 成都驿马河景观桥 …………………………………………………… 143
  5.2.3 上海奉贤"在水一方"新建工程异形开花柱模板 …………………… 149
 5.3 多机协作打印 ……………………………………………………………… 151
  5.3.1 小型机器人多任务打印 ………………………………………………… 151
  5.3.2 多机器人协同打印 ……………………………………………………… 153
  5.3.3 移动机器人打印 ………………………………………………………… 155
  5.3.4 移动机器人在线协同打印 ……………………………………………… 157
  5.3.5 多系缆移动机器人的运动规划 ………………………………………… 160
思考题 ……………………………………………………………………………… 164
参考文献 …………………………………………………………………………… 164

第 1 章

绪　　论

■ 1.1　建筑 3D 打印概述

建筑业是全球最大的经济部门之一，世界经济论坛（The World Economic Forum）指出，建筑业在全球拥有超过 1 亿就业人数，占全球 GDP 的 6%，更具体地说，建筑业增加值约占发达国家 GDP 的 5%，占发展中经济体 GDP 的 8%。据市场调查企业 Statista 的数据显示，世界建筑市场的规模从 2014 年的 9.5 万亿美元增长至 2020 年的 12.6 万亿美元。然而，建筑业相对于其他部门表现出较差的生产率收益，在国内这种情况更加突出，2021 年年末，按建筑业总产值计算的劳动生产率为 47.3 万元/人；按建筑业增加值计算的劳动生产率为 12.9 万元/人。在较低的建筑业生产率和较高的建筑业产值矛盾下，国内基础设施和住宅建设产业比较落后，难以满足新型化建筑需求。

截至 2023 年 4 月，全球每年混凝土产量超过 40 亿 t，使其成为使用最广泛的建筑材料，自 19 世纪被发现以来，众多研究人员试图实现混凝土施工的自动化，但直到 20 世纪末混凝土 3D 打印技术的出现才取得突破性进展。托马斯·爱迪生（Thomas Edison）在 1917 年尝试制造能够在一次浇筑中建造混凝土房屋的机器（见图 1-1），但混凝土的组成成分和施工的复杂性导致了这次尝试的失败。

传统施工方式的局限性不仅存在于施工流程的复杂，在成本控制方面也存在巨大浪费。在建筑材料成本中，除了混凝土所占成

图 1-1　爱迪生与混凝土房屋

本外，模板也占了相当比例的成本。模板是用于浇筑湿混凝土的临时结构和模具，通常用木材制造，价格高昂。模板也是一项重要的建筑废料来源，在使用过程中会沾染上混凝土，干燥之后很难去除，所以建筑模板在多次使用后只能废弃而难以回收利用。此外，将混凝土浇筑到样式固定的模板中限制了建筑师以各种几何形状建造的创造力，而定制模板又需要花费非常高的成本。模板在"支撑"混凝土发展了一个多世纪之后，渐渐地成为其继续发展的"桎梏"。传统施工方式面临着生产方式粗放、生产效率低下、水泥等不可再生资源消耗大、生产成本高等难题。建筑 3D 打印技术的出现为上述难题提供了一种新的解决思路。

3D打印，即增材制造（Additive Manufacturing，AM），区别于传统的减材制造（Subtractive Manufacturing，SM）方式，是通过逐层堆叠或添加材料，逐渐构建三维物体。早在1986年，查克·赫尔（Chuck Hull）首次研发出基于立体光刻成型技术（Stereo Lithography Appearance，SLA）的3D打印机，该技术凭借其低能耗、高效率的优势不断在各个行业融合发展。3D打印与人工智能、新能源技术、大数据技术以及虚拟现实技术等技术手段充分融合，实现跨界融合以及多场景的叠合应用，因此3D打印也被誉为新一轮工业革命的标志。将3D打印技术引入建筑业能够带来以下优势：

1）提高建筑业生产效率。与传统的建筑施工相比，3D打印建造技术具有更快的速度和更简化的工作流程。传统的建筑施工通常需要经历多个步骤，包括建筑师根据需求进行方案设计、扩初设计、材料和构件采购、施工图绘制，最终才进行实际施工和装配。然而，采用3D打印建造技术，设计师仅需在完成方案设计后将模型转化为打印文件，随后即可进行实际打印和交付。这一过程能够大大缩短设计周期。这种创新的建造方式能够提高建筑业的效率，为工程的快速完成提供可行性。

2）提高建筑设计自由度。3D打印技术主要由程序控制的打印机操作，具备高精确度。与传统建筑相比，它无须依靠模板支撑，能够直接实现传统施工方式下难以实现的复杂造型，创造出多样化的有机形态和不规则曲面。由于从设计到打印的过程相对便捷，这种技术支持客户制定个性化的需求方案，并在短时间内完成打印。

3）节约建筑材料，降低建设成本。3D打印直接打印混凝土来建造房屋，不需要支模、搅拌、振捣，也不包含熔融、烧制、电焊等重型工业过程。打印流程短，整个过程不会产生有毒污染物质，且操作空间要求不大，对场地造成的破坏小。

4）节省劳动力资源。建筑业属于劳动密集型行业，而我国青壮年人口呈逐年下降趋势，建筑业已经出现有效劳动力供给不足的趋势。3D打印建造主要由建筑设计师在计算机中设计结构，然后将设计传输给打印机进行施工。尽管人力尚未完全被替代，但现场工人需求量已显著减少，且工作内容相对简单轻松，较少涉及重体力劳动。另外，建筑业属于高危行业，3D打印还能在减少施工人员工作量的同时降低施工安全风险系数，减少工程安全事故的发生。

借助3D打印技术，能够让建筑业从传统的"野蛮粗放"型工业逐步向更加智能化、轻量化、高度定制化的工业体系转型。

1.1.1　技术原理与分类

建筑3D打印是采用龙门式、框架式、机械臂、D-Shape等打印系统，利用层层叠加的原理逐层重复铺设材料层来构建自由形式的建筑实体的新兴技术。在3D打印建筑施工中，主要是先通过Rhino、SolidWorks等三维建模软件创建建筑模型，然后将建筑模型文件导入3D打印数控系统进行切片处理，随后将切片得到的层片轮廓转化为打印喷嘴的运行填充路径，即层片路径规划。经过上述处理生成机械运动指令，打印喷头在数控系统的控制下按照规划好的路径进行打印，然后层层叠加，得到最终建筑产品。

按照建造材料分类，建筑3D打印可以分为混凝土3D打印、陶土3D打印、金属3D打印以及聚合物3D打印四种类型，其中混凝土3D打印在建筑领域的应用最为广泛。

1.1.2 发展历程与趋势

建筑 3D 打印起源于美国南加州大学（University of Southern California）的 Behrokh Khoshnevis 教授，他在 1997 年提出的轮廓工艺（Contour Crafting），该工艺通过大型三维挤出装置和带有抹刀的喷嘴实现混凝土的分层堆积打印。英国 Monolite 公司于 2007 年推出一种新的建筑 3D 打印技术——D 型（D-shape），采用黏结剂选择性地硬化每层砂砾粉末并逐层累加形成整体。2008 年，英国拉夫堡大学的 Richard Buswell 教授提出的另一种喷挤叠加混凝土的打印工艺，即混凝土打印（Concrete Printing），具有较高的三维自由度和较小的堆积分辨率。2012 年以后，全球诞生一批建筑 3D 打印公司，并开始加速推进其商业化。在 10 多年的发展过程中，世界范围内学术界对这种新的建造方式进行了相当多的研究探索，部分国家和地区的政府机构也给予了大力的支持。图 1-2 显示了 1997—2021 年建筑 3D 打印技术相关的论文、专利、商业项目等的发展历程。

截至 2024 年年底，国内外衍生出一批知名的建筑 3D 打印公司和机构，包括 ICON、派利公司、盈创建筑科技、清华大学，它们正在全球开展研究和项目。ICON 被誉为建筑 3D 打印行业的先驱者，它是第一家获得建筑许可的公司，与 Lennar 公司合作的 3D 打印社区在 2022 年破土动工。此外，ICON 也积极致力于地外建造，在 NASA 的约翰逊航天中心 3D 打印了一个火星模拟栖息地，这个 1700ft^2（1ft^2 = 0.0929m^2）的结构将模拟一个真实的火星栖息地，以支持长期的、探索级的太空任务。2022 年 9 月，德国派利公司在巴伐利亚州开始建造德国的第一栋 3D 打印住宅楼，该住宅楼可容纳 5 套公寓，居住面积约为 380m^2。中国盈创建筑科技较好地解决了低层或多层建筑物的 3D 打印技术难题，形成了成套的解决方案，在国内进行了 3D 打印公交车站、警亭等小型建筑示范。清华大学徐卫国团队则在 2019 年于上海宝山智慧湾建造了当时世界上最大的 3D 打印步行桥。

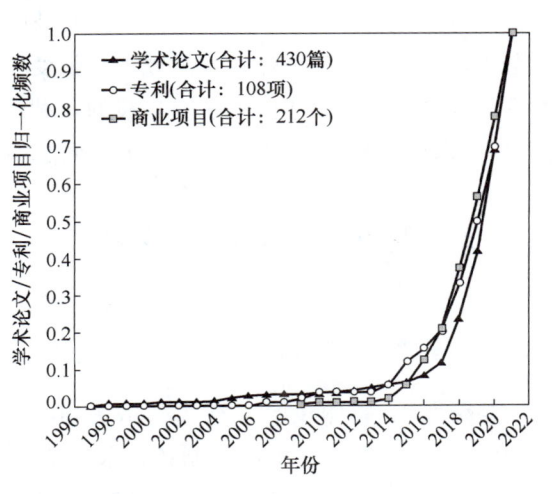

图 1-2 建筑 3D 打印发展历程
（基于混凝土打印的数据）

建筑 3D 打印行业仍处于发展阶段，据 *Protolabs Network Survey* 2024 报告显示，45% 的被调查人员认为 3D 打印技术在建筑施工行业中最具发展前景。要扩大 3D 打印建筑的规模，需要在技术和监管方面突破。建筑 3D 打印技术发展挑战主要集中在以下几个方面：

1) 面向建筑的 3D 打印技术研发尚未成熟。受建筑特性的影响导致 3D 打印设备结构较大，对于民用建筑的体量来说，其早已超出常规 3D 打印设备的限制，现有的设备仅可满足小型的房屋建筑，在高层以及工业化的生产中则很难应用 3D 打印技术。同时，建筑空心墙在打印之后需要增加钢筋进行补强处理，但在操作中还存在一定的难度，如何实现植筋和混凝土打印同步进行仍然是一个挑战。此外，也需要开发可水平移动和垂直爬升的建筑 3D 打印设备，提高当前原位建造设备的灵活性、适应性与便携性。

2）缺乏行业规范。3D打印建筑技术属于全新的领域，在国际范围中并没有完善的实验检验数据，缺乏完善的理论体系支撑，尚未建立完善的规范化条文以及技术标准。建筑3D打印对材料、工艺、精度、软件、能源消耗等要求较为严格。同时对于打印的建筑构件耐久性能、承载能力、抗震性能、使用年限等尚无定量化的界定，国际以及行业必须综合3D打印技术特征出台配套的标准与规范。

3）材料结构性能。3D打印材料主要是由高强度等级的水泥以及集料构成，3D打印材料的物理力学性能（耐久性以及承载力、强度、刚度等）是否符合建筑业的标准仍需要通过专业的部门进行检测认证，尚缺乏足够的承载能力以及实验数据的支撑。未来需要开发更合适的3D打印建筑材料，其应具备可控的凝结时间、合适的流变性能以及超高的层间黏结力。

1.2 混凝土3D打印技术

1.2.1 基本类型概述

混凝土3D打印技术（3D Concrete Printing，3DCP）是建筑业最主流的3D打印技术，它将3D打印技术与商品混凝土制备技术相结合，先通过计算机进行3D建模和分割生成三维信息，然后将配制好的混凝土拌合物按照设定好的程序，通过挤出、喷射、注射等方式形成混凝土构件。混凝土3D打印技术大体上可分为混凝土挤出式3D打印、混凝土喷射式3D打印、胶凝材料喷出黏结集料床3D打印以及混凝土注射式3D打印四种。

1.2.2 混凝土挤出式3D打印

混凝土挤出式3D打印类似于聚合物3D打印和金属3D打印技术中使用的熔融沉积成型，是通过送料装置（通常为螺杆挤出机、活塞挤出机或者空气压缩机）将混合均匀的具有一定含水量的混凝土浆体挤出，并通过管道输送到打印机喷嘴，打印机喷嘴将根据计算机软件设计好的三维模型坐标点路径将混凝土浆体连续均匀地挤出。被挤出的混凝土条逐层堆积，最终形成3D打印混凝土构件。图1-3所示为混凝土挤出式3D打印的基本工作原理。

轮廓工艺是最早的混凝土3D打印方法，该方法通过混合料分层堆积成型实现自动化建造，图1-4所示为轮廓工艺打印流程，可以概括为：先通过打印喷头挤出混凝土材料、层层叠加形成

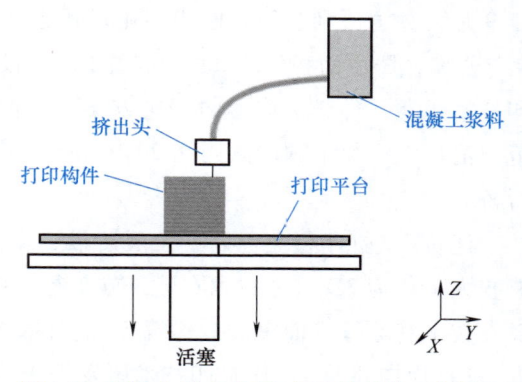

图1-3 混凝土挤出式3D打印的基本工作原理

构件外轮廓，然后在构件内部空腔填充混凝土形成构件整体。轮廓工艺可以打印墙体、柱、梁、板等结构构件，其中以墙体构件的应用最为广泛。国内外知名的建筑3D打印团队大多基于这项技术开展研究与应用，例如，中国盈创、美国ICON、美国Apis Cor、法国XtreeE等。

该方法的优势在于利用抹刀实现构建平整光滑的表面，经过多年发展，轮廓工艺已具备利用一定材料实现大型建筑构件，甚至是整体建筑自动建造的技术可能性。轮廓工艺被美国国家航空航天局（National Aeronautics and Space Administration，NASA）选择作为探索建造月球基地基础设施的方法。

  2007 年，美国俄亥俄大学的保罗·博舍尔（Paul Bosscher）等人提出了轮廓工艺-带缆索系统，如图 1-5 所示，该工艺通过缆索控制终端喷嘴进行三维运动从而完成挤出打印。经过改进，原龙门架被替换为较轻的钢框架，因此设备更轻巧、灵活，更加便于现场打印建造房屋。

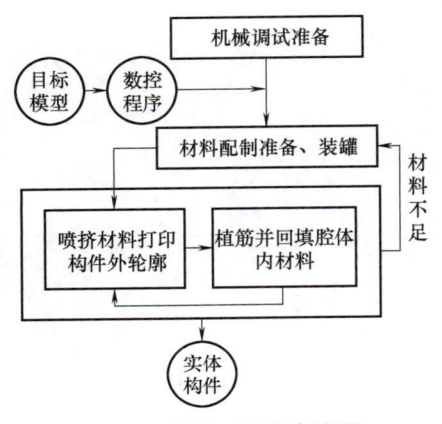

图 1-4　轮廓工艺打印流程

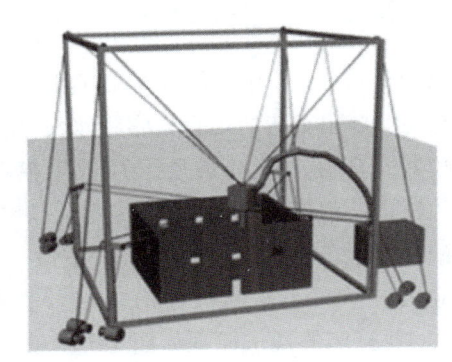

图 1-5　轮廓工艺-带缆索系统原理示意图

  2008 年，拉夫堡大学（Loughborough University）的松古·利姆（Sungwoo Lim）等人在轮廓工艺的挤出上做出了进一步改进，该技术同样基于混凝土挤出堆积成型的工艺，与轮廓工艺最大的不同在于其不需要回填腔体内材料，能够直接打印实体构件，工艺流程如图 1-6 所示。

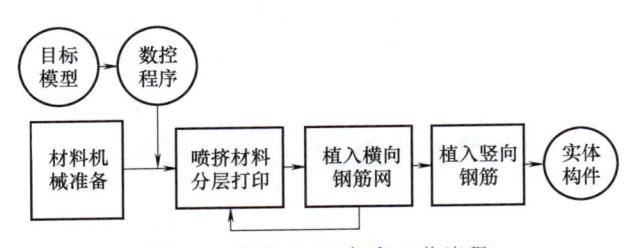

图 1-6　混凝土 3D 打印工艺流程

  混凝土挤出式 3D 打印技术成本低，是应用最广泛的混凝土 3D 打印方法。在混凝土挤出式 3D 打印过程中，对于混凝土 3D 打印的材料性能要求与普通混凝土不同，既要具有足够的流动性使其能够从喷头中挤出，又要有一定的屈服应力使其支撑后续层的打印。3D 打印混凝土材料的性能评价指标主要有流变性、可泵送性、可挤出性、可建造性。具体概念如下：

  1）可挤出性是指 3D 打印混凝土在挤出过程中的流动性和可塑性。它是衡量混凝土材料在 3D 打印过程中能否顺利挤出并保持所需形状的能力。可挤出性是连续打印施工的保证，可以保证打印建筑物的完整性。

  2）可建造性是指 3D 打印材料从喷嘴挤出后需要保持足够的强度，以承受自身重力和后一打印层的堆叠挤压，主要包括材料失效和结构稳定性失效两种类型。可建造性通常以最高打印层数作为评价指标。

3）流变性是保证3D打印材料顺利输送、顺利挤出，避免沉积堆叠过程的结构失稳变形的能力。流变性是可挤出性和可建造性的基础。如果流变性过大，容易导致打印样品无法支撑自身重力而坍塌。如果流变性过小容易导致混凝土材料挤出困难，引发堵管。流变性主要与含水量有关。

4）可泵送性与流变性相差不大，主要是指混凝土材料在泵送管中的流动性能，较好的流动性能够保证混凝土材料顺利挤出。

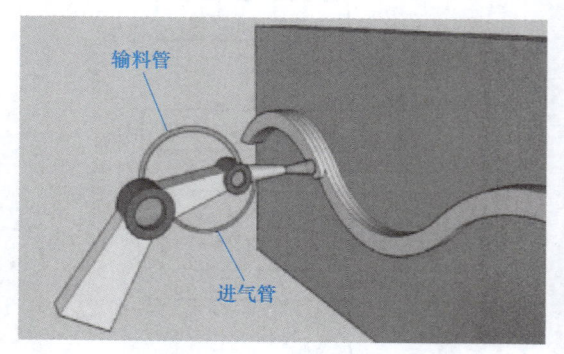

1.2.3 混凝土喷射式3D打印

混凝土喷射式3D打印技术是喷射混凝土技术与3D打印工艺的结合，它将水泥基材料逐层喷射打印在受喷面表层形成数字模型所设计的结构。混凝土喷射式3D打印一般与机械臂配合工作，与龙门打印系统相比，机械臂的应用能够减小空间尺寸的限制。混凝土喷射式3D打印的技术原理如图1-7所示。

图1-7 混凝土喷射式3D打印的技术原理

混凝土喷射式3D打印制品的强度与喷涂材料的分布有着很强的相关性。研究表明，喷涂材料的质量分布可以用二阶高斯分布模型来描述。该模型假设喷嘴保持静止，因此喷涂材料的质量分布具有中心对称性，其中大部分材料都聚集在中心周围。在极坐标系中，该二阶高斯模型可表示为

$$j_p(r) = \begin{cases} j_{max} F\left(\dfrac{r}{r_{max}}\right), & r \leqslant r_{max} \\ 0, & r > r_{max} \end{cases} \tag{1-1}$$

$$F\left(\dfrac{r}{r_{max}}\right) = a_1 \exp\left(-\dfrac{\dfrac{r}{r_{max}} - a_2}{a_3}\right) + b_1 \exp\left(-\dfrac{\dfrac{r}{r_{max}} - b_2}{b_3}\right) \tag{1-2}$$

式中　r_{max}——喷涂材料的最大半径；

$j_p(r)$——半径r处的质量流密度；

a_i，b_i——计算参数，$i=1, 2, 3$由试验确定。

在混凝土喷射式3D打印中，考虑到打印喷嘴的运动可能会破坏喷涂材料中心的对称性，需要提出新的拟合模型，新的拟合模型主要应考虑抽气速率、喷气压力、喷嘴行进速度和喷嘴间距四个参数。

在喷射式混凝土3D打印中，需要控制胶凝材料的重力，胶凝材料密度过大可能会导致喷射混凝土受重力影响大，从而导致混凝土飞溅、回弹、喷涂不均匀，不利于打印。因此，国内外有学者开发了基于膨胀石墨、粉煤灰的各种轻量化胶凝材料。各种引气剂、纳米级外加剂有利于减轻喷射材料的回弹问题，也可以增加喷涂材料的静态屈服应力，减少喷涂时由于

重力产生的垂直变形,并加速喷涂材料的硬化过程,缩短打印层间的时间间隔。喷涂材料的性能可以通过密度、坍落度、塑性黏度、动态屈服应力、静态屈服应力、材料形貌和堆积厚度等参数来表示。

相对于挤出式3D打印,混凝土喷射式3D打印技术最大的优势在于灵活性,可在斜面、顶面等各个角度或者各个自由曲面上灵活打印,以及协同钢筋骨架进行灵活打印。另外,混凝土喷射式3D打印制品中材料之间互锁强度高,能够克服挤出式3D打印遇到的层间强度弱的问题。但是,喷射式3D打印的混凝土也同样有着与挤出式3D打印同样的问题——抗拉强度低。因此,当喷射式3D打印混凝土时,可以提前布置钢筋网格,直接在钢筋网格上喷射混凝土,以此形成钢筋混凝土来提高抗拉性能,减小混凝土成形后开裂的可能。也可以在喷射材料中加入PVA、碳纤维等材料,在混凝土内部形成纤维网络,直接增强混凝土的抗拉性能。

1.2.4 胶凝材料喷出黏结集料床3D打印

胶凝材料喷出黏结集料床3D打印类似黏合喷射3D打印技术(Binder Jetting),首先在粉末床表面铺上一层薄薄的粉末,然后控制打印头选择性地将黏结剂液滴施加在粉末层上,使粉末颗粒相互结合。通过重复上述步骤,最后去除未结合的粉末,剩下的就是目标打印物体。胶凝材料喷出黏结集料床打印方法主要有D型工艺(D-Shape)。图1-8所示为胶凝材料喷出黏结集料床3D打印的工作原理。

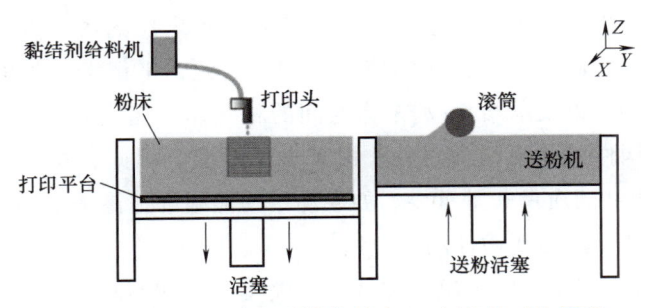

图1-8 胶凝材料喷出黏结集料床3D打印的工作原理

D型工艺由英国Monolite公司的意大利工程师Enrico Dini在2007年提出,D型工艺的工作流程:D型工艺先在打印机下方预先铺设建筑材料,利用喷嘴在预设位置喷射凝胶黏结剂将材料黏结在一起。然后,循环进行材料铺设和喷射黏结剂的步骤,逐层叠加新的材料,直到最后移除多余的未黏结材料,从而获得设计所需的结构。图1-9所示为D型工艺的工艺流程。

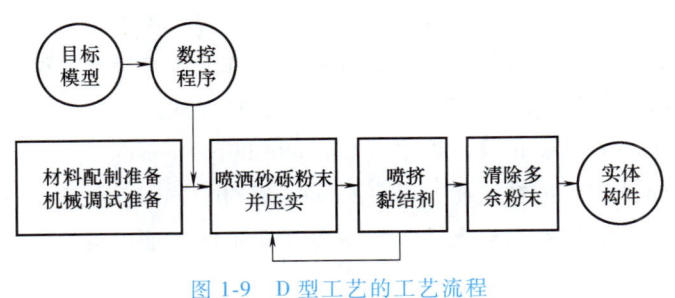

图1-9 D型工艺的工艺流程

胶凝材料喷出黏结集料床3D打印在打印构件时，已黏结的构件能够与未黏结的粉末相互支撑，所以胶凝材料喷出黏结集料床3D打印几乎能够无支撑打印任意形状的复杂结构。胶凝材料喷出黏结集料床3D打印是通过黏结一个个细小粉末来成形，因此胶凝材料喷出黏结集料床3D打印构件相比混凝土挤出式3D打印构件能具备更高的打印精度。由于胶凝材料喷出黏结集料床3D打印对技术的要求较高，在打印完成之后也需要去除未黏结的粉末，在去除过程中可能会产生大量的粉尘污染。胶凝材料喷出黏结集料床3D打印的打印速度也不如前文介绍的两种打印方法。

影响胶凝材料喷出黏结集料床3D打印结构的因素包括：黏结料（粒径、强度、密度等）、黏结剂（黏度、表面张力、渗入度等）和打印参数（层厚、移动速度、路径等）等，下面对这些因素一一讨论。

1）黏结料：当粉末粒径为 15～45μm 时，能够获得较高的粉末床密度。粉末形貌的改变会影响粉末床的孔径分布和均匀性，从而改变黏结剂的渗透性。通常，由于粉末床分布不均，黏结剂需要更长的时间才能完全渗透，一个分布均匀的粉末床可以为黏结剂提供更多的渗透路径。一般来说，胶凝材料喷出黏结集料床3D打印首选具有球形形态的颗粒。粉末堆积密度是确定颗粒网络排列良好程度和最大接触量的重要参数，密度太小可能在喷液过程中导致粉末被吹起，使得打印精度降低。密度太大则会影响滚筒顺利滚动，导致铺粉不畅。

2）黏结剂：在粉末3D打印过程中，黏结剂液滴通过喷嘴沉积在粉末床表面。液体黏结剂和粉末床颗粒之间产生的毛细压力会导致每个液滴向粉末床的各个方向迁移。但是由于重力的影响，液滴向水平方向和垂直方向的速率不同，因此，平衡条件下液相的分布规律会根据液体黏结剂的物理特性以及黏结剂/粉末床之间的相互作用变化而变化。黏结剂的分布在很大程度上决定了打印构件的几何精度、完整性和力学性能。因此，黏结剂的物理特性对于粉末3D打印工艺制造构件的质量非常重要。如果黏结剂能很好地渗透到构件中，粉末颗粒之间能获得更高的黏结强度，从而使构件的强度增加。

3）打印参数：对于打印层厚来说，胶凝材料喷出黏结集料床3D打印与一般的粉末床黏合喷射3D打印类似，更小的打印层厚能带来更高的机械强度，并且也可以减小打印构件表面的阶梯效应。但是降低打印层厚会成倍地增加打印时间。对于打印速度来说，由于惯性的影响，黏结剂通过打印头沉积时容易产生飞溅，进而引起卷粉现象，导致打印精度降低。所以越小的粉末粒径通常需要越慢的打印速度。

1.2.5　混凝土注射式3D打印

混凝土注射式3D打印的基本思想是通过机器人将一种流体材料A注入另一种流体材料B中，从而克服分层3D打印的局限性，由于每种材料的特定流变特性，材料A在材料B中保持稳定位置。一般来说，混凝土注射式3D打印有以下三种方式：

1）将细粒混凝土注入非硬化悬浮液中（Concrete in Suspension，CiS）。

2）将非硬化悬浮液注入细粒混凝土中（Suspension in Concrete，SiC）。

3）将具有特定性能的细粒混凝土注入另一种具有不同性能的混凝土中（Concrete in Concrete，CiC）。

混凝土注射式 3D 打印的三种方式分别如图 1-10~图 1-12 所示。

在第一种方式 CiS 中，细粒混凝土被打印到非硬化悬浮液中，这种方式可以用来制造复杂的混凝土空间框架，从根本上扩大了 3D 打印混凝土结构空间设计的能力。CiS 是三种工艺中运用最广泛的工艺。2019 年，法国公司 Soliquid 就提出了第一个大规模 CiS 应用——混凝土人工珊瑚礁 BathyReef，Solidquid 开发了一种高强度、快速凝固的耐腐蚀混凝土来适应海底的盐水环境，并使用 CiS 技术完成了 15 个珊瑚礁模块的打印，如图 1-13 所示。一般来说，CiS 工艺有以下四种失效模式：打印混凝土直径过大或者过小；混凝土打印中断，不连续；打印混凝土横截面扭曲、不规则；打印混凝土因无法支撑自重而塌陷，如图 1-14 所示。该工艺的主要控制指标为注射材料和载液的流体性质、注射材料的挤出体积流量、喷嘴运动速度以及喷嘴的横截面形状。

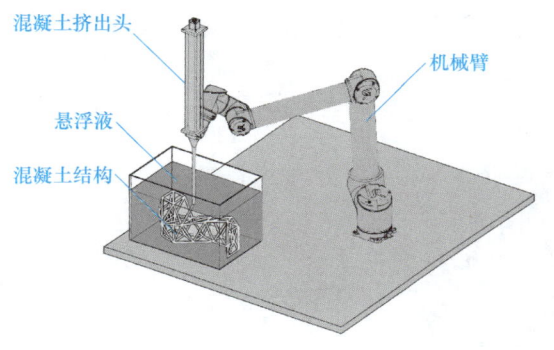

图 1-10　CiS 原理图

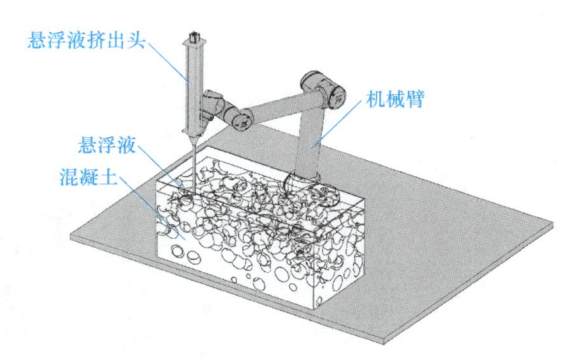

图 1-11　SiC 原理图

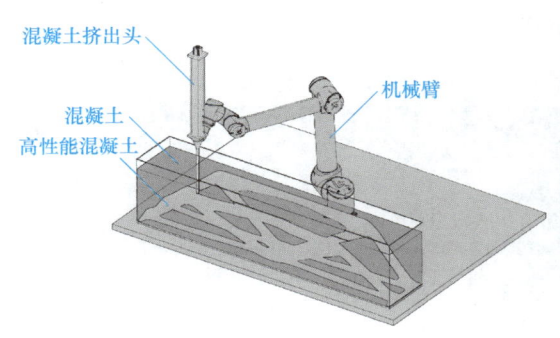

图 1-12　CiC 原理图

图 1-13　Solidquid 开发的 CiS 工艺混凝土人工珊瑚礁

在第二种方式 SiC 中，非硬化悬浮液被注射到充满新混凝土的容器中待混凝土硬化后，可以去除未硬化的悬浮物，留下空腔或通道。这些通道在建筑物中可用作供暖、空调和通风系统等非结构构件。国外有学者以穿孔幕墙板作为工程案例验证了 SiC 工艺的可行性，利用凝胶置换混凝土形成通道用作绿植的集成浇水系统，如图 1-15 所示。

在第三种方式 CiC 中，可以融合两种不同强度的混凝土，以此来实现自由设计混凝土内部的强度和密度。CiC 工艺为低等级材料制造高性能组件提供了可能，在实际应用中，可以通过在受力过大的区域注入高性能混凝土来局部加固普通混凝土，如图 1-16 所示，这点显示了 CiC 工艺用于混凝土修复的潜力。

图 1-14 CiS 工艺的四种失效模式

a) 打印混凝土直径过小
b) 混凝土打印不连续
c) 打印混凝土横截面不规则
d) 打印混凝土塌陷

图 1-15 SiC 工艺打印的穿孔幕墙板

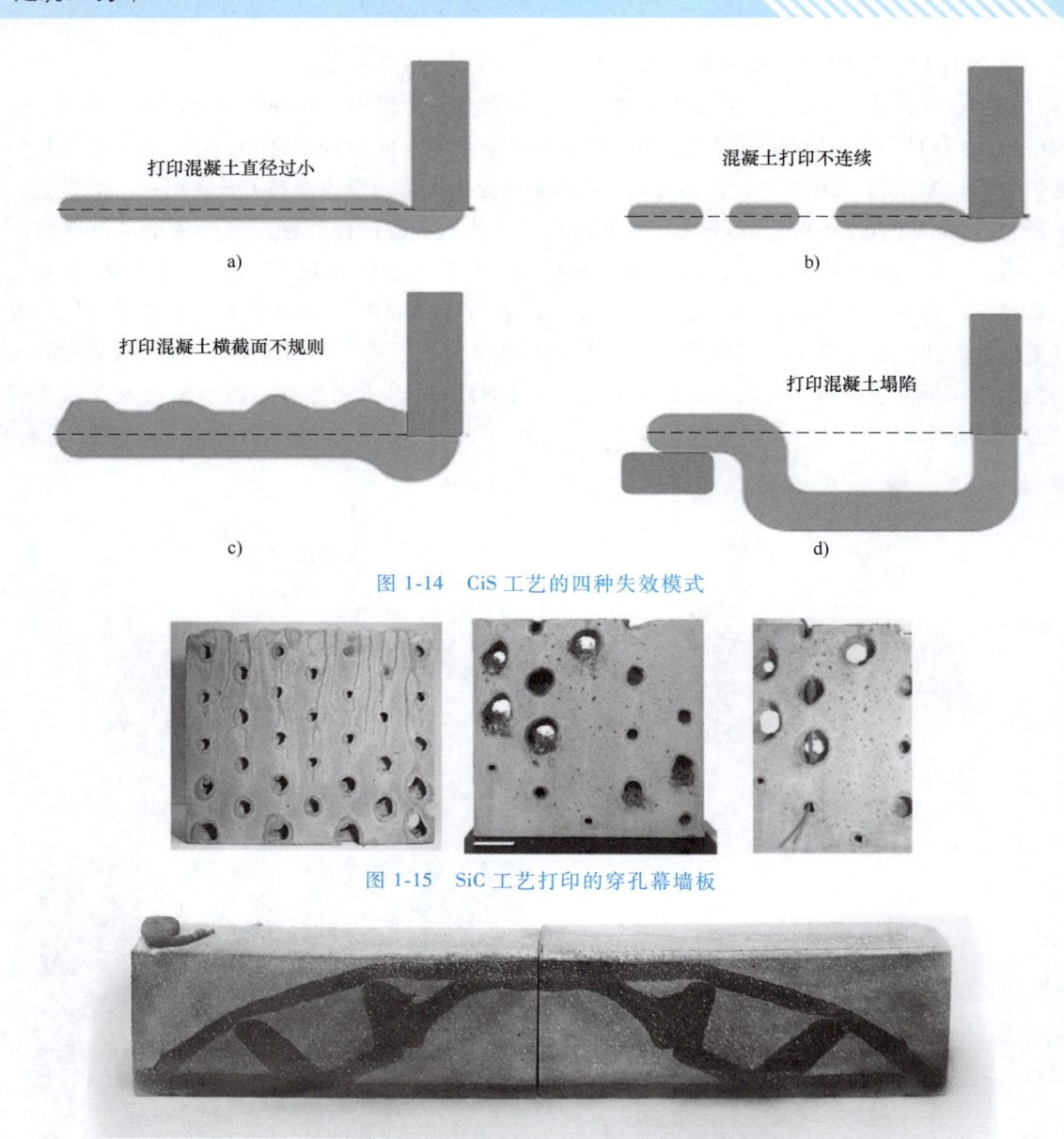

图 1-16 CiC 工艺打印的混凝土

对于混凝土注射式 3D 打印，需要合理控制注射材料的重力、载体材料的浮力、打印头的压力以及两种材料的流变特性相匹配，否则就会出现打印材料过挤出、少挤出、打印材料形状不规则、打印材料在载体材料中位置不稳定等问题。

1.3 其他建筑材料 3D 打印技术

1.3.1 陶土 3D 打印

陶土是指一种陶瓷原料，其组成矿物种类繁多，主要由高岭石、埃洛石以及石英等矿物组成，也常含有粉砂、黏土等。在自然界中，经常呈现灰色和黄色。陶土具有较强的吸水性和吸附性，并且加水后塑性适中。干燥条件要求低，烧结后力学性能好。陶土可用性强、耐磨、耐腐蚀、原料丰富的优点使得人们在原始时期就开启了陶器的制作，使用陶土作为建筑材料可以追溯到亚述（Assyrian）和迦勒底（Chaldean）文明，世界不同地区的许多民族都有涉及烧制陶土的传统工艺。在工艺方面，从最早时期的泥条盘筑法到后来的陶轮拉坯法，随着世界陶器文化的发展，陶土作为一种传统材料，人们对陶土塑形的可控性与精准性要求更加严格；在建筑方面，中国古代大量运用以陶土为主要材料的砖瓦和以木框预制为外模的结构，通过各种砌筑搭接的形式，增强墙面与屋顶的整体性及建筑美感。

陶土 3D 打印技术是 21 世纪才出现的新型制陶技术，其技术原理类似混凝土挤出式 3D 打印，不同点在于陶土 3D 打印对材料水分的控制尤为重要。在挤出式 3D 打印中，材料需要具备足够的流动性，使其能够流畅地从挤出头挤出，同时也应具备一定的塑性，使其挤出后具备一定的屈服强度来支撑自重。对于陶土材料，随着含水量的上升，固态的陶土材料会逐渐转换成糊状物，获得更高的流动性和更低的塑性。当含水量超过一定阈值之后，陶土材料会转换成流体态，流体态的陶土能够流畅地挤出，但在打印过程中很有可能会塌陷。设置合适的含水量，确保陶土材料有足够的流动性和塑性是陶土 3D 打印的关键。此外，在陶土打印完成后的干燥烤制过程中，需要关注其收缩性。干燥过程经历以下几个步骤：首先，陶土表面的水分以蒸汽形式从表面扩散到周围介质中去，称为表面蒸发或外扩散；其次，当表面水分蒸发后，陶土内部和表面形成湿度梯度，使陶土内部水分沿着毛细管迁移至表面，称为内扩散。内、外扩散是传质过程，需要吸收能量。陶土在干燥过程中变化的主要特征是随干燥时间的延长，陶土温度升高，含水量降低，体积收缩，气孔率提高，强度增加。在干燥过程中，需要选择合适的干燥温度和干燥湿度，较大的干燥温度和较低的干燥湿度有利于陶土中的水分蒸发，加速干燥过程，提高干燥效率，但是，干燥过快使体积过快收缩也容易出现裂缝。

陶土 3D 打印在建筑 3D 打印领域的应用主要集中在黏土砖制备（见图 1-17）、非结构拱顶、遮阳板以及可持续建筑方面等。黏土砖材料分布广泛，具备防火、隔热、隔声、吸潮等优点，而且废碎砖块还可用作混凝土的集料，符合可持续发展的理念。

图 1-17　3D 打印黏土砖

对于小型建筑打印，截至 2024 年年底，国外仅存在几个小型项目。例如，加泰罗尼亚高级建筑研究所（IAAC）在巴塞罗那原位打印了一所黏土房屋，意大利 3D 打印公司 Mario Cucinella Architects（MCA）和 WASP 两个团队在马萨伦巴达使用可循环的自然生土材料打印了一所圆顶房屋，如图 1-18 所示。两个项目利用原位土等可再生材料在可持续建筑上面体现了其独到的先进性。

图 1-18　3D 打印黏土房屋

1.3.2　金属 3D 打印

金属 3D 打印，根据热源不同分为电弧增材制造（Wire and Arc Additive Manufacturing，WAAM）、激光增材制造（Laser Additive Manufacturing，LAM）以及电子束增材制造（Electron Beam Additive Manufacturing，EBAM）等，金属 3D 打印能够大大降低复杂零件的制造难度。近年来，金属 3D 打印以生产效率高、设备成本低、材料利用率高等特点在工业制造领域、建筑领域等得到了越来越多的关注。

1. 电弧增材制造

电弧增材制造是利用熔化极气保焊（Melt Inert-Gas Welding，MIG）、非熔化极气保焊（Tungsten Inert Gas Welding，TIG）以及等离子弧焊（Plasma Are Welding，PAW）等焊接工艺产生的电弧作为热源，以线材形式的合金材料作为原始材料，以大型数控机床或机械臂作为移动机构，按照预设路径实现材料逐层累积增加的一项技术，其原理如图 1-19 所示。

2. 激光增材制造

图 1-19　电弧增材制造原理

激光增材制造大体与电弧增材制造类似，不同点在于激光增材制造以高能激光束为热源，打印对象除了丝材以外也可以是粉末。激光增材制造可以分为激光选区熔化（Selective Laser Melting，SLM）、激光选区烧结（Selective Laster Sintering，SLS）和激光熔覆沉积（Laser Cladding Deposition，LCD）。

（1）激光选区熔化　激光选区熔化的制造过程可概括如下：在惰性气体环境下，打印机控制刮刀将粉末按照一定的铺粉层厚将材料粉末均匀地铺在基板台上，由设备内部计算机控制的激光高能热源按照一定的扫描路径，选择性地熔化粉末床上的目标区域，然后基板沿着 Z 轴以预设值下降一定高度，从而进行下一次成形，周而复始地重复以上步骤，直到完成最终成形件的生产。激光选区熔化技术的激光光斑一般为几十至上百微米，因此成形区域小，能量密度高，可完全熔化金属粉末，实现高密度、高精度、高性能金属构件的制备。

（2）激光选区烧结　激光选区烧结是一种基于聚合物粉末材料的增材制造技术，利用高能激光束的热效应，使聚合物粉末材料在激光照射下被加热至熔化或软化，然后相互粘结形成薄层，逐层堆积最终形成三维零件。在所有截面烧结完成后，通过清除多余的粉末，取出成型的零件。激光选区烧结和激光选区熔化工艺流程基本一致，主要存在以下差别：激光选区烧结使用混合粉末（如金属基材+高分子黏结剂或低熔点合金），通过表层熔融或黏结剂激活实现颗粒黏结，形成多孔结构，而激光选区熔化采用金属粉末，通过高能激光完全熔化实现冶金结合；激光选区烧结依赖激光器及粉末预热，无需支撑结构，未烧结粉末自然支撑悬空；激光选区熔化则需光纤激光器完全熔化金属，必须设计支撑结构以防变形并导热。激光选区烧结成形零件孔隙率高，力学性能较低，适用于非承重原型、复杂砂型及小批量定制件。

（3）激光熔覆沉积　激光熔覆沉积是一种通过激光加热材料表面，将材料添加到工件表面形成覆盖层的加工方法，根据送粉方式的不同可以将激光熔覆沉积分为以下两种：一种是同步送粉法，即当激光束热源作用在基体材料表面形成熔池的同时，合金粉末经由送粉器将其送至熔池内，使合金粉末受热熔化、与熔池内基体材料合金化、冷却凝固；另一种是预置粉末法，即首先将合金粉末在基材表面放置一定厚度，然后再用激光束热源作用在基材表面将合金粉末与基体材料重熔并合金化。激光金属沉积技术因其成形速度快、生产效率高的特点，可被用于大型金属构件的制备。但其所制备零件的尺寸精度以及表面光洁度相比激光选区熔化技术较差，往往需要在成形后期进行一定的表面处理。

激光选区熔化与激光熔覆沉积原理如图 1-20 所示。

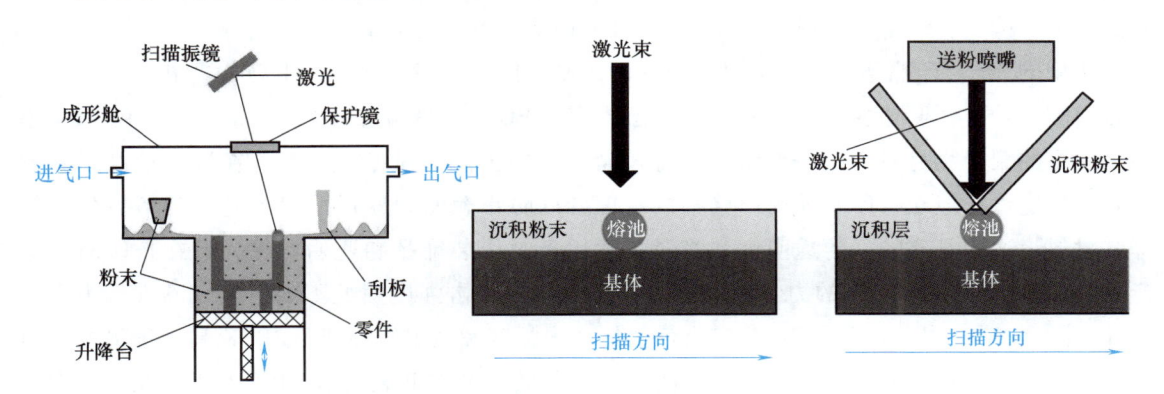

图 1-20　激光选区熔化与激光熔覆沉积原理

3. 电子束增材制造

电子束增材制造原理与激光增材制造原理类似，不同点在于电子束增材制造的热源为电子束，其能量较高，能够实现更高的熔化温度。另外，为了避免电子束与气体分子的相互作用，电子束增材制造通常需要在真空环境下进行，避免了激光增材制造存在的碳、氮、氧元素的污染问题。

钢结构节点个性化强，在单一建筑钢结构中，完全相同的钢节点数量极少。传统制造方式在生产不同节点时效率低下，制造成本高昂。目前，在建筑领域中，金属 3D 打印主要用于制造钢结构节点，电弧增材制造的钢结构节点如图 1-21 所示。采用金属 3D 打印能够有效克服传统方式在制造大型复杂金属构件时的不足，为实现高质量、高效率、大型复杂多向钢节点成形提供了有效手段。然而，钢节点为大型钢结构中的关键部件，需要长时间承受各种载荷的作用。钢节点是一次性构件，无法修补，因此 3D 打印得到的钢节点必须具备足够的强度和优良的韧性。同时，在大型钢结构中，钢节点通常需要连接各个方向的管件，承受来自不同方向的力。即使是轻微的管间角度偏差也可能导致连接部位产生巨大应力，从而影响整个钢结构的性能。因此，确保增材制造的钢节点具备足够的力学性能和成形精度成为关键。提高力学性能和成形精度的方法主要有采用高强度的打印材料；在打印材料中加入稳定剂防止打印过程中打印材料与产生气体相互作用；对打印零件进行后处理，消除零件内的孔隙与内应力。

图 1-21　电弧增材制造的钢结构节点

1.3.3　聚合物 3D 打印

聚合物是 3D 打印中应用最广泛的材料之一，以塑料为代表的聚合物在较低温度下具有热塑性、良好的热流动性与快速冷却黏结性（热塑性聚合物），或在一定条件（如紫外光）的引发下快速固化的能力（光敏树脂）。同时，聚合物材料的黏结特性允许其能够与较难成型的陶瓷、玻璃、纤维、无机粉末、金属粉末等形成全新的复合材料，从而大大扩展了 3D 打印材料的范围。因此，聚合物材料成为 3D 打印领域内最基本、发展最成熟的材料。

典型的 3D 打印热塑性聚合物材料包括丙烯腈-丁二烯-苯乙烯（ABS）、聚乳酸（PLA）、聚碳酸酯（PC）、聚醚醚酮（PEEK）、聚己内酯（PCL）、聚酰胺（PA）等。ABS 和 PLA 是使用最多的聚合物材料，ABS 打印件具有较高的抗冲击性和强度，且 ABS 在温度较高时具有良好的稳定性，但在打印时需要严格控制温度，以防止翘曲和变形。PLA 是一种环保的生物降解材料，通常具有较好的透明度和光泽，适用于制作装饰品和透明构件，且在打印时不会产生刺鼻气味。但是 PLA 的力学性能较差，韧性和抗冲击强度明显不如 ABS，不宜作为承重部件。除 ABS 和 PLA 之外，PC 具有出色的抗冲击强度和电绝缘性能；PEEK 具有很强的耐热性和较大的刚性；PCL 具有极大的伸展性并且熔点低，可在低温成型；PA 也叫尼龙，具有突出的耐腐蚀、耐油性。

光敏树脂是一种在常态下为稳定液态的打印材料，通常包含聚合物单体、预聚体和紫外光引发剂，光敏树脂在紫外光的照射下能够瞬间固化，从而构建实体。光敏树脂打印件通常比热塑性聚合物打印件表面更加平滑光洁，打印精度更高，通常被用来制备高端、艺术类的 3D 打印制品。光敏树脂种类繁多，通常可以分为通用刚性树脂、水洗树脂、高韧刚性树脂（类 ABS）、柔性树脂、弹性树脂、牙模树脂、珠宝浇筑树脂以及耐高温树脂等。

熔融沉积成型（Fused Deposition Modeling，FDM）是热塑性聚合物材料的主要 3D 打印工艺，其使用的是丝状的聚合物打印材料，由步进电动机输送到加热器内加热后，沿着打印件的界面轮廓和填充轨迹从挤出头挤出，耗材凝固并逐层堆积成型，其原理如图 1-22 所示。

FDM 工艺设备价格低廉，操作技术门槛低，打印材料价格便宜且容易制备，被广泛应用于低端入门级 3D 打印设备，是 3D 打印普及化和大众化的主要推动力。但是 FDM 相比于其他的打印方式，其表面精度较差，容易产生"阶梯效应"，使用较小的层厚能够减轻"阶梯效应"，但是也会大大增加打印时间，而且 FDM 在打印悬挂结构时需要打印支撑，打印完成后去除支撑，耗时耗力的同时还有可能对打印制品造成伤害，形成抽丝、凹坑、突起等缺陷。

此外，激光选区烧结（SLS）工艺也能够被用来打印热塑性高分子聚合物。但是与 FDM 相比，SLM 工艺需要升温和冷却，成型时间较长，打印出的产品表面常出现疏松多孔的状态，且有内应力，容易变形，就纯聚合物打印而言，不如 FDM 常用，SLM 通常用来制备以聚合物为基底，复合陶瓷、玻璃、纤维、金属等粉末为外加材料的复合材料打印件。

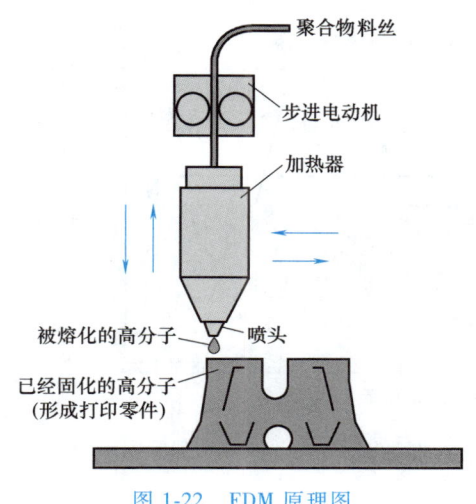

图 1-22 FDM 原理图

常见的光固化 3D 打印工艺主要有立体光刻成型和数字光处理（Digital Light Processing，DLP）。立体光刻成型的步骤可概括如下：首先完成模型搭建和模型切片；然后利用激光光束通过打印装置控制的扫描器，按设计的扫描路径照射到液态光敏树脂表面，令液态光敏树脂的特定区域固化，从而形成模型的一层截面；随后控制升降台下降微小的距离，让固化层上覆盖一层新的液态树脂，并且同时进行第二层扫描；此时，第二固化层将牢固地黏结在前一固化层上，以此步骤反复进行，从底部逐层生成零件，其原理如图 1-23 所示。数字光处理的原理与立体光刻成型类似，不同于立体光刻成型的点处理成型方式，数字光处理通过使用数字光镜来折射紫外光，并将图像穿过树脂槽底部的窗口投影在树脂上。数字光处理以面扫描的方式固化一定厚度及形状的薄层树脂，打印速度相比立体光刻成型更快，但是在打印大尺寸制品时也会受到数字光镜分辨率的限制。

对于聚合物 3D 打印在建筑领域的应用，如位于我国南京的欢乐谷主题东大门，如图 1-24 所示。该大门是全球最大的改性塑料 3D 打印建造体，长 52m，宽 26m，投影面积 1352m^2，曲面展开面积 1950m^2，多维双曲几何体实现的异形不规则悬挑跨度长达 30m。大门采用整体钢结构骨架找形，除屋面不可见的较为平整部分采用部分 GRP 材料外，其他彩色外表皮采用改性塑料 3D 打印的建构体系。建造团队研发了复杂模型的局部几何模型自适应反变形算法，将展开面积高达 1950m^2 的连续曲面转译为可供工厂打印预制的 4000 余块曲面板材，再运用团队自主研发的 FURobot 软件对每块单体进行可供机器识别与反馈的 3D 打印算法编程。每个板块单体均由大尺度改性塑料 3D 机器人在工厂完成预制 3D 打印，经过系统编号再运至现场进行模块化复合安装。最终从全局层面和单元层面克服了大尺度 3D 打印在尺度和精度的双重要求，在长度达到 52m 整体建筑尺度下，全局表皮打印板实现了亚厘米级的完成精度。

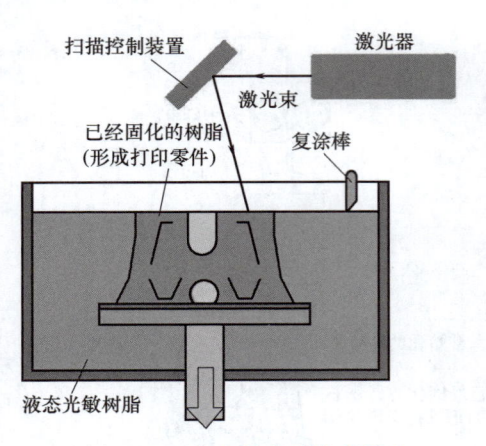

图 1-23　立体光刻成型技术原理

图 1-24　南京欢乐谷主题东大门

■ 1.4　其他混凝土数字制造（建造）技术

1.4.1　智能动态浇筑

　　智能动态浇筑（Smart Dynamic Casting，SDC）在 2012 年被首次提出，是一种由机器人驱动的，利用滑动模板定制混凝土结构的技术。智能动态浇筑通过缓凝剂和速凝剂的配合使用，来精准控制混凝土的水化速率，确保混凝土以流体形态进入模板，以足够支撑自重的强度离开模板；通过控制混凝土泵送速度配合模板的空间大小和运动速度来定制混凝土结构；通过在线反馈系统监测模板出口处混凝土的材料特性并反馈到机器控制系统，来调整模板的运动速度、混凝土泵送速度以及缓凝剂和速凝剂配比。智能动态浇筑系统构造组成如图 1-25 所示。

　　智能动态浇筑的核心是模板内混凝土的重力和与模板接触带来的摩擦力的力平衡问题。太小的摩擦力会导致混凝土从模板中流出，太大的摩擦力会导致混凝土被撕裂。为了减小摩擦力，可以在混凝土流动时从模板顶部注入润滑油，配合使用胶合板和鳞片状的聚丙烯板层压而成的模板，构成毛细管涂油系统。

　　智能动态浇筑最大限度地节省了混凝土材料和模板的使用，对于节约混凝土建造成本具有较高的应用价值。与 3D 打印不同的是，智能动态浇筑本质上是一种浇筑工艺，能够通过预置钢筋来制造钢筋混凝土，对于预制某些具有自由形状的承重构件，智能动态浇筑更具有实用价值，并且通过智能动态浇筑制造的混凝土结构是由模板"滑"出来的，所以具备非常平整规范的外表面。智能动态浇筑的首次应用在 2012 年，Fritschi 教授利用机械臂建造了一根 1.9m 高的柱子（见图 1-26），但是由于机械臂延伸高度和有效载荷的限制，建造物体的高度十分受限。

　　2018 年，苏黎世联邦理工学院和 30 多个行业合作伙伴在迪本多夫（Dübendorf）共同建造了世界上第一个有人居住的 3D 打印房屋（见图 1-27）——DFAB HOUSE 的 Empa NEST 大楼。团队通过 3D 打印技术建造各种自由形状的混凝土墙壁和楼板吊顶，运用智能动态浇筑技术在工厂中预制承重柱，并运送到施工现场进行模块化加工。该建造项目集成了机器人施工、

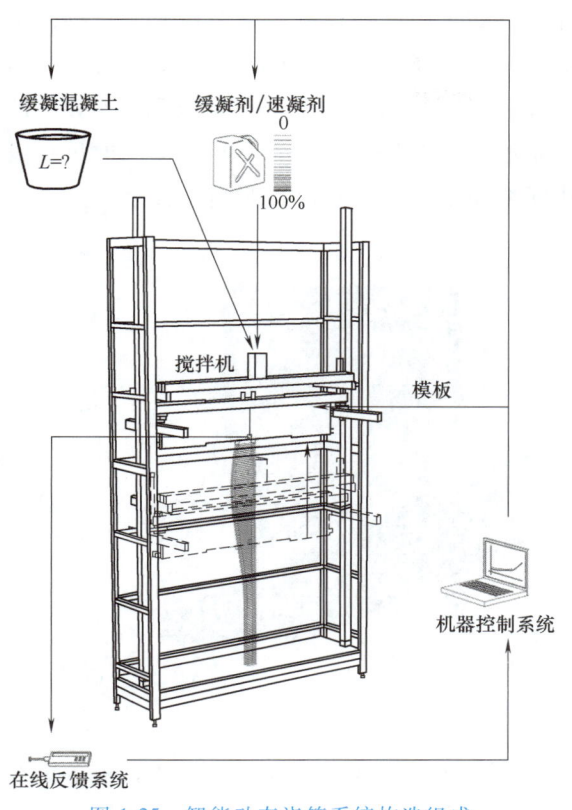

图 1-25　智能动态浇筑系统构造组成

图 1-26　智能动态浇筑首次被应用打印混凝土柱

a)

b)

图 1-27　Empa NEST 大楼和智能动态浇筑的混凝土承重柱

建筑 3D 打印、智能动态浇筑以及即将介绍的空间网架模板构建等多项自动化建筑技术，是数字建造的典型范例。

1.4.2　可重构针床模板

可重构针床模板同样是一种针对自由曲面打印的方法，可重构针床模板通过在一个包含多个固定点位高度可调的针床上铺设一层柔性基板，并在该柔软基板上进行混凝土挤出式 3D

打印。打印过程中,打印头与基板之间的距离保持一致,因此,在打印一个层片时,打印头的高度也会发生变化。应该注意的是,在混凝土打印时,竖直打印头距离曲面基板的距离不同,高处的基板会接收到相对较多的混凝土($T_1<T_2<T_3$);低处的基板则会接收到相对较少的混凝土,并且在高度梯度大的地方还有可能发生碰撞,如图 1-28 所示。驱动打印头的机械设备应该具备足够的自由度来使打印头横截面与曲面切线平行,以此保持曲面基板上每一点都能稳定地接收到相同量的混凝土。

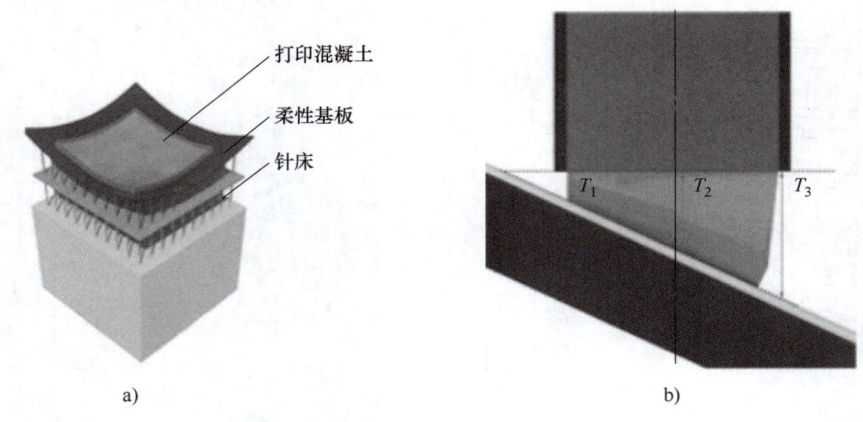

图 1-28 可重构针床模板示意图和打头示意图

可重构针床模板方法突出水平方向上的设计自由度,而不是竖直方向,即该方法能够配合曲面切片打印出高度任意变化的混凝土层片,这对于复杂表面打印具有较强的适应性。在一个打印项目完成后,可以通过调整针床各点位的高度来用作其他项目的模板,以实现可重构性。

可重构针床模板技术对于柔性基板的选择有着很高的要求,柔性基板的刚度要足够低,从而满足针床调整到任意所需形状的需要,同时又必须达到一定的强度来支承混凝土,防止混凝土的自重使基板产生变形,影响打印精度。氨纶(弹性模量为 200MPa,泊松比为 0.3)是一个可行的基板材料选择。此外,柔性基板与混凝土之间也应该有良好的黏结强度,保证在曲面打印混凝土时,混凝土不会受重力影响沿曲面下滑。因此,打印设备也要足够灵活从各个方向挤出混凝土。目前,可重构针床模板技术尚未出现大型工程应用,仅在理论层面和实验室环境下进行探索性的科研活动,对于面向实际应用的大型构件的制作方法还有待考察(见图 1-29)。

图 1-29 可重构针床模板方法打印的混凝土外壳框架

1.4.3 空间网架模板构建

空间网架模板的主要特点是在一个制造系统中集成了空间骨架和制造模板,空间网架模板主要依靠机械臂进行,在末端执行器上配备用于预制或者现场打印致密空间网格的专用打印头。在空间网格打印完成后，浇筑混凝土和混凝土保护层。空间网架模板构建技术有助于"编织"任意复杂空间结构的建筑，并且通过这种工艺建造的混凝土建筑能够消除混凝土 3D 打印带来的混凝土分层问题。

空间网架模板构建的核心在于混凝土能否充分填充空间网格，浇筑混凝土时应从网格上方进行，而不是从网格侧面填充，这样能够减轻混凝土捣实的工作压力。对于填充混凝土，应选用较低屈服应力的混凝土来获得更好的填充效果。同时，空间网格的密度也会影响混凝土浇筑的密实度，密度太高不利于混凝土充分填充，密度太低又有可能导致混凝土透过空间网格向外渗漏。因此，空间网格的密度和几何形状同样十分重要，一般来说，三角形的几何形状通常能够在较低的密度下阻止混凝土外渗。而对于混凝土覆盖层，应选用屈服应力更高的混凝土来增强整体结构的屈服应力，混凝土保护层的制造可以结合混凝土喷射式打印来进行。

以 Empa NEST 大楼为例介绍空间网架模板构建的应用，为了建造超过机器人静态工作空间的大型结构，苏黎世联邦理工学院团队开发了一套移动机器人系统用于打印空间网架结构及其配套的自适应环境检测策略。团队为机器人配备的末端执行器能够从水平和垂直两个方向上排列、焊接钢筋网格，这样的做法舍弃了传统 3D 打印的水平向层叠制造，能够实现更高的空间几何结构复杂度。空间网架模板构建还能够大幅度地提高复杂结构的施工速度。在 Empa NEST 大楼的施工现场，移动机器人在 125h 内完成了由 339 层和 22000 多个焊接节点组成的 2.8m 高的双曲面钢筋网，如图 1-30 所示。

图 1-30　Empa NEST 大楼的空间网架结构构建现场

思 考 题

1. 为什么建筑业的生产效率相对其他行业表现较差？如何利用 3D 打印技术提高建筑业的生产效率？

2. 3D 打印技术如何在建筑材料的使用和劳动力成本方面节约资源？这些优势如何在大规模建筑项目中发挥作用？

3. 建筑3D打印技术的发展历程中，哪些关键技术突破推动了其商业化？未来可能面临哪些技术挑战？

4. 混凝土挤出式打印、喷射式打印、注射式打印、胶凝材料喷出黏结集料床打印的打印原理和应用场景分别是什么？它们各自的优缺点是什么？

5. 在混凝土3D打印过程中，材料的流变性、可泵送性、可挤出性、可建造性如何影响打印效果？这些性能指标如何优化？

6. 如何利用3D打印技术实现建筑设计的高度自由化？这种技术对建筑设计师的工作有何影响？

7. 智能动态浇筑技术如何在节约材料和提高施工精度方面优于传统的建筑施工方法？该技术在建筑工程中的应用前景如何？

参 考 文 献

[1] COSTANZI C B, AHMED Z, SCHIPPER H R, et al. 3D Printing Concrete on temporary surfaces：The design and fabrication of a concrete shell structure［J］. Automation in Construction，2018，94：395-404.

[2] DÖRFLER K, HACK N, SANDY T, et al. Mobile robotic fabrication beyond factory conditions：Case study Mesh Mould wall of the DFAB HOUSE［J］. Construction Robotics，2019，3：53-67.

[3] HACK N, DRESSLER I, BROHMANN L, et al. Injection 3D concrete printing（I3DCP）：Basic principles and case studies［J］. Materials，2020，13（5）：1093.

[4] LU B, QIAN Y, LI M, et al. Designing spray-based 3D printable cementitious materials with fly ash cenosphere and air entraining agent［J］. Construction and Building Materials，2019，211：1073-1084.

[5] NEMATOLLAHI B, XIA M, SANJAYAN J. Current progress of 3D concrete printing technologies：Proceedings of the international symposium on automation and robotics in construction［C］. Taipei：IAARC Publications，2017.

[6] SCOTTO F, LLORET KRISTENSEN E, GRAMAZIO F, et al. Adaptive control system for smart dynamic casting：Proceedings of the Learning, adapting and prototyping-proceedings of the 23rd CAADRIA conference［C］. Hong Kong，CAADRIA，2018.

[7] 陈泽坤，蒋佳希，王宇嘉，等. 金属增材制造中的缺陷、组织形貌和成形材料力学性能［J］. 力学学报，2021，53（12）：3190-3205.

[8] 代铁励. 高层建筑多向钢节点电弧熔丝增材制造关键技术研究［D］. 武汉：华中科技大学，2020.

[9] 丁烈云，徐捷，覃亚伟. 建筑3D打印数字建造技术研究应用综述［J］. 土木工程与管理学报，2015，32（3）：1-10.

[10] 刘雄飞，李琦，王里，等. 喷射3D打印磷酸镁水泥与混凝土界面黏结性能研究［J］. 硅酸盐通报，2021，40（6）：1895-1904.

第 2 章

3D打印混凝土材料及其性能

■ 2.1　3D 打印混凝土材料的组成及配合比设计概述

应用于 3D 打印的材料主要有金属、陶瓷、塑料以及树脂等，混凝土是土木工程领域中最主要的打印原材料之一。由于混凝土具有良好的可加工性和力学性能，在 3D 打印建造工程中的应用越来越广泛。

3D 打印混凝土材料与传统混凝土相比，其组成成分发生了较大的变化。由于集料尤其是粗集料不利于材料的触变性，且受限于打印喷嘴尺寸及打印分辨率，3D 打印混凝土材料常为砂浆或水泥净浆。水泥净浆的收缩比较大，所以往往需要在其中加入纤维以增加其体积稳定性。此外，3D 打印水泥基材料配比中胶凝材料用量增加，且除水泥以外都是一些如高岭土、硅灰和粉煤灰等对流变性影响较大的掺合料。同时，3D 打印水泥基材料的外加剂种类也更加复杂，通常包括黏度改性剂、纳米材料、促凝剂、缓凝剂等。

2.1.1　3D 打印混凝土材料组成

混凝土 3D 打印是一种先进的智能建造技术，它利用计算机控制系统逐层堆叠混凝土材料来建造三维结构。混凝土是世界上用量最大的建筑材料，因其原材料易得、经济且具有可控可调的流变性、良好的包容性及耐久性等特点，依然是研究及应用最多的 3D 打印建筑材料。3D 打印混凝土原材料主要包括以下几部分：

1. 水泥

水泥是混凝土的基础成分之一，它在混凝土固化时形成坚固的基质。常用的水泥类型包括硅酸盐水泥体系、硫铝酸盐水泥体系、铝酸盐水泥体系、磷酸盐水泥体系、土聚水泥（地聚合物）体系及氯氧镁水泥等体系。

不同体系的水泥具有不同的特点，为实现 3D 打印，水泥也有不同的改性方法。由于硅酸盐水泥凝结时间较长，因此，常常加入促凝剂缩短其凝结时间。为了增强硅酸盐水泥的保水性和触变性，常常还加入黏度改性剂。硫铝酸盐水泥具有快凝、早强的特点，往往需要添加适量缓凝剂，并且也采用黏度改性剂以调节其保水性和触变性。磷酸盐水泥凝结时间较短，通常采用缓凝剂改性。由于适合土壤聚合物材料（土聚水泥）的化学外加剂较少，通常采用氧化石墨烯或者高岭土等无机黏度改性剂进行改性。氯氧镁水泥属于气硬性水泥基材料，优

建筑3D打印

势和不足都比较明显，主要应用于 D-shape 工艺。因为不同水泥体系具有不同特点，因此部分学者结合不同水泥体系的特点，开展了3D打印复合水泥体系的研究。

2. 集料

集料是混凝土中的颗粒状物质，通常分为粗集料和细集料，包括砂、碎石或其他粒径适中的颗粒，这些颗粒增加了混凝土的强度和耐久性。3D打印混凝土由于打印喷嘴尺寸和成型精度的限制，对集料的选用，尤其是粗集料的粒径有严格的要求。基于目前的打印技术，粗集料通常为粒径不超过 15mm 的碎石；常用的细集料包括石英砂、ISO 标准砂、河砂以及风积砂等。不同类别的砂及 SEM 图像如图 2-1 所示，颗粒级配如图 2-2 所示。

图 2-1 不同类别的砂及 SEM 图像

a) 风积砂 b) 河砂 c) 石英砂

d)

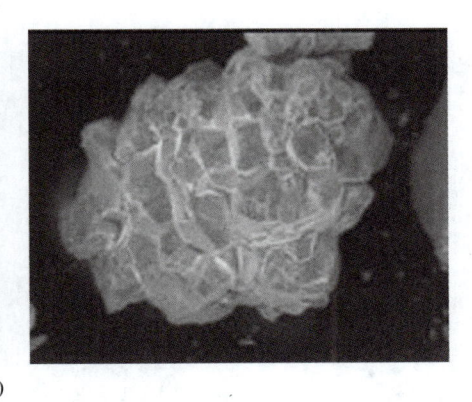

图 2-1 不同类别的砂及 SEM 图像（续）

d) ISO 标准砂

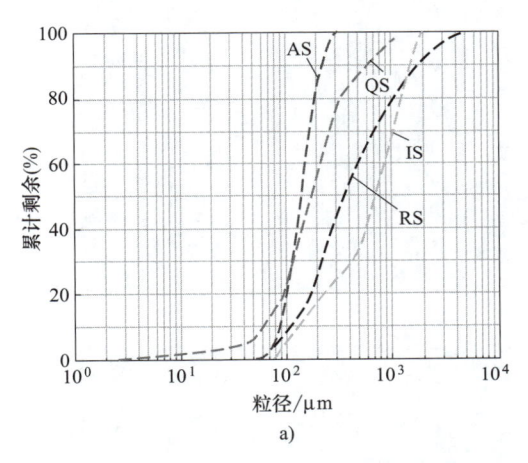

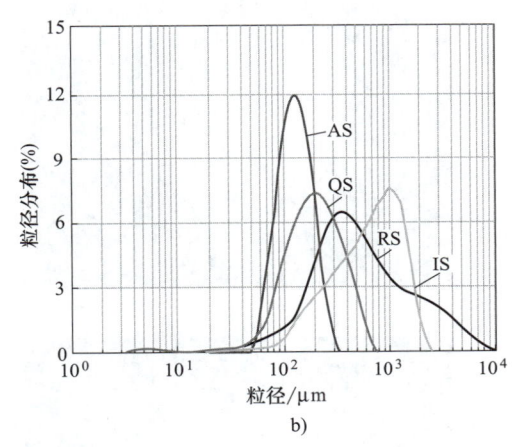

图 2-2 图 2-1 中四种集料的颗粒级配

a) 集料累计剩余 b) 集料粒径分布

3. 矿物掺合料

在 3D 打印混凝土中使用矿物掺合料是一种常见的做法，它可以改善混凝土的性能，并在一定程度上减小对环境的影响。矿物掺合料通常是一些细粉末或颗粒状的材料，它们与水泥一起混合，用于制备 3D 打印混凝土。这些矿物掺合料的使用有助于改善混凝土的强度、耐久性、抗裂性和其他性能。常用的矿物掺合料主要包括硅灰、粉煤灰、石英粉、矿渣粉、纳米黏土等。

4. 外加剂

在 3D 打印混凝土中，外加剂是向混凝土材料添加的化学物质或材料，它旨在改善混凝土的工作性能、强度、耐久性等方面。外加剂的选择和配比可能会对打印速度、打印精度、强度等方面产生影响，需要进行系统的研究和实验。因此，确保所使用的外加剂符合相应的建筑标准和法规也是非常重要的。常用的外加剂包括减水剂、增塑剂、黏结剂、促凝剂、缓凝剂、抗裂剂及颜料或着色剂等。

5. 纤维增强材料

纤维增强材料通常用于提高混凝土的强度、韧性和抗裂性。这些纤维增强材料可以是各种形状的材料，具体的选择取决于打印结构的要求。常见的纤维增强材料及 SEM 图像如图 2-3 所示。

a)

b)

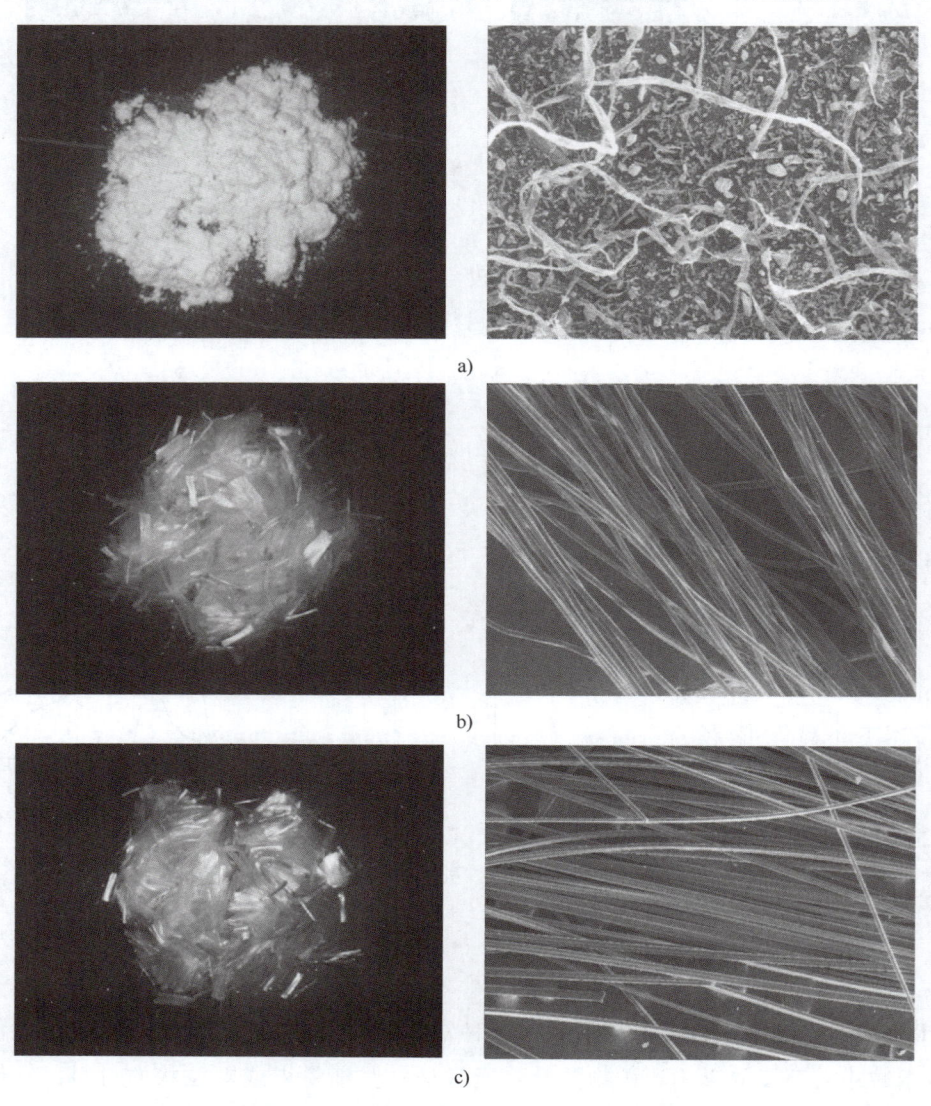

c)

图 2-3 常用的纤维增强材料及 SEM 图像
a）木质素纤维 b）PP 纤维 c）PVA 纤维

1）玻璃纤维。玻璃纤维是一种轻质且高强度的材料，通常以短切的形式添加到混凝土中，它能够提高混凝土的抗拉强度和韧性，减缓裂缝的扩展。

2）聚丙烯纤维。聚丙烯纤维是一种合成纤维，具有耐腐蚀性和耐碱性，它们可以有效地阻止裂缝的形成，并增加混凝土的抗冲击性能。

3）钢纤维。钢纤维是一种高强度的纤维，通常以钢丝、钢纱或钢纤维的形式添加到混凝土中，它们可以显著提高混凝土的抗拉和抗弯强度，同时提高抗冲击性。

4）碳纤维。碳纤维是一种轻质、高强度的材料，通常以纤维布或短切纤维的形式添加到混凝土中，它能够提高混凝土的强度，并降低结构的自重。

5）天然纤维。一些天然纤维，如草木纤维、麻纤维和棉纤维，也可以用作混凝土的增强材料，它们在一些应用中可能是可持续发展的选择。

6）纳米纤维。纳米级的纤维，如碳纳米管或氧化石墨烯纳米片，可以用于提高混凝土的力学性能，增强混凝土抗拉和抗弯性能，提升其初期强度。

6. 水

水是混凝土中的活性成分之一，用于水泥的水化反应。在3D打印过程中，需要精确控制水量，以确保混凝土在打印时具有适当的流动性和可堆叠性。

2.1.2 3D打印混凝土配合比设计概述

在混凝土3D打印技术中，混凝土材料的配合比是一个关键的工程参数，它涉及混凝土中水泥、集料、矿物掺合料、外加剂、纤维增强材料以及水等各种成分的精确配比，以满足所需的打印性能和最终混凝土结构的性能要求。材料的选择和配方设计对于确保打印过程的顺利进行以及最终建筑结构的性能至关重要。通过调整混凝土的成分，可以实现更好的可打印性、结构强度和耐久性。具体的配合比会因不同的打印设备、打印工艺和项目要求而有所不同。

为了确保混合物具有良好的可加工性和可打印性能，以用于大规模3D打印机，胶结材料的设计必须与3D打印机的设计相协调，包括其材料存储系统、输送系统、沉积系统、打印系统和控制系统。材料参数与设备参数之间的关系如图2-4所示。

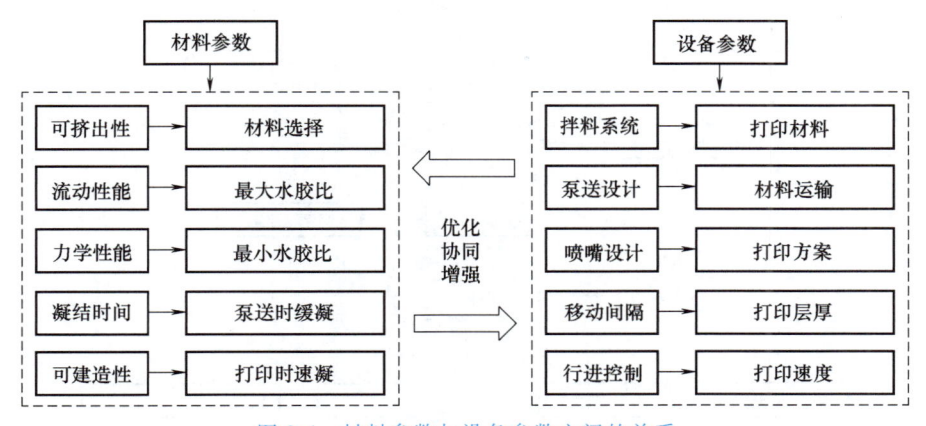

图2-4 材料参数与设备参数之间的关系

性能需求（包括但不仅限于工作性能、力学性能及耐久性能）是水泥基材料配合比设计的目标与内容。在进行3D打印水泥基材料配合比设计时，材料性能设计需求应该结合3D打印水泥基材料施工工艺、打印材料特性及应用服役环境综合决定。原材料的选用原则及规律则应该基于3D打印水泥基材料的性能需求。目前，关于3D打印水泥基材料的配合比设计方法，大多是基于少量的研究测试结果总结而出的经验方法，且仅考虑了工作性能及力学性能需求，工作性能主要考虑可打印性，力学性能则主要考虑材料的抗压强度，缺乏充分考虑3D打印水泥基材料特性及其使用场景的配合比设计方法。此外，鉴于3D打印建筑技术研究应用正快速发展且不断完善，其所用水泥基材料的性能需求也将随之发生变化，因此，相应的配合比设计方法也应该不断完善。例如，在3D打印水泥基材料配合比设计时，鉴于其采用无模施工、逐层叠加的施工工艺，是否应该考虑将水泥基材料收缩、各向异性作为设计目标及内容等，这均是值得讨论的问题。

总之，3D打印混凝土的材料配合比设计是一个综合考虑多个因素的复杂过程，旨在实现理想的混凝土性能和3D打印过程的协调统一。图2-5所示为3D打印混凝土材料配合比设计的一般要求，涵盖了在设计3D打印混凝土材料配合比时需要考虑的关键因素及调整方法。在整个设计过程中，需要进行试验和测试，通过不断优化材料配合比，以获得最佳的混凝土性能和3D打印效果。这涉及在实验室和现场进行系统的性能测试和打印试验，以验证设计的配合比是否满足项目需求。

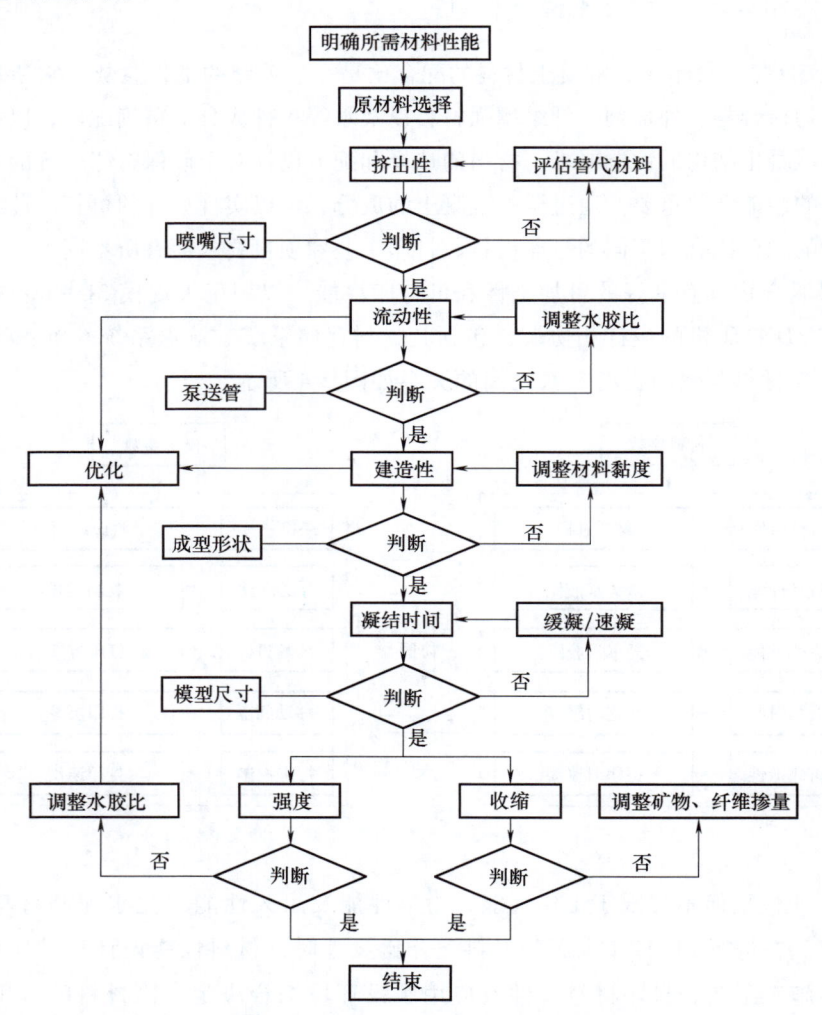

图2-5 3D打印混凝土材料配合比设计的一般要求

2.1.3 不同类型的3D打印混凝土

3D打印混凝土材料的组成和配合比可以根据不同的应用场景和使用要求设计成不同类型的材料形式。不同打印形式下材料的组分、状态以及性能需求也各不相同。截至2024年年

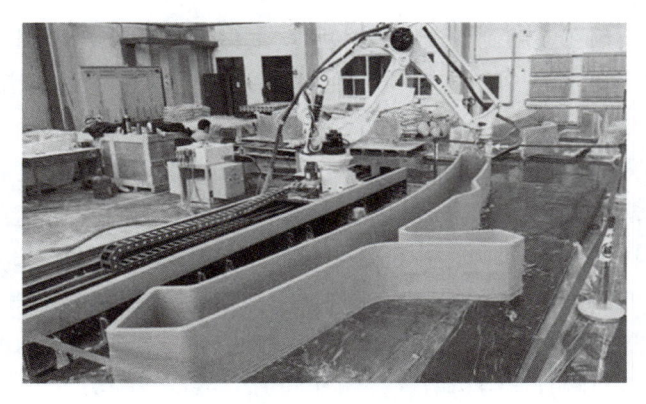

底，主流的打印形式可以分为挤出型 3D 打印混凝土、喷射型 3D 打印混凝土、粉末基 3D 打印混凝土三类。

1. 挤出型 3D 打印混凝土

挤出型 3D 打印混凝土是 3D 打印技术在建筑领域应用最广泛的建造形式，也是研究热度居高不下的研究热点之一。挤出型 3D 打印混凝土是一种将混凝土材料通过挤出喷嘴逐层挤出以构建物体的 3D 打印技术，通常为自下而上或在一定角度范围内倾斜的建造形式。挤出头的设计需要考虑挤出压力、喷嘴尺寸和形状，以及可能的多喷嘴系统。挤出型 3D 打印混凝土较常用的配合比形式为纤维混凝土（聚丙烯纤维、聚乙烯纤维、钢纤维等）、细石集料混凝土、循环再利用集料混凝土、地聚物混凝土、风积砂混凝土等。挤出型 3D 打印混凝土已在国内外取得了一系列的示范工程项目应用，如图 2-6 所示。

图 2-6 挤出型 3D 打印混凝土

现有的研究大多集中在基于挤出型 3D 打印技术的优化和应用上，尽管挤出型 3D 打印取得了一系列应用成就，但也仍存在固有的一些问题尚未得到妥善解决，这阻碍了其普遍应用。例如，挤出型 3D 打印混凝土技术在空间环境中沉积材料的灵活性较差，这种基于挤出的 3D 打印工艺的层间和丝间黏合强度较低，容易出现界面黏结过早断裂，从而产生整体结构的低结构容量。此外，与传统的浇筑混凝土相比，基于挤出的 3D 打印混凝土的机械性能通常较差，打印工艺与钢筋笼之间的空间碰撞限制了其在大型结构施工中的应用。

2. 喷射型 3D 打印混凝土

喷射型 3D 打印混凝土在一定程度上弥补了挤出型 3D 打印混凝土的不足之处。喷射型 3D 打印技术是结合喷射混凝土技术与 3D 打印工艺优势，通过机械臂控制混凝土喷枪，按照打印路径逐层打印并堆积成数字模型设计的混凝土结构，能够完成在三维空间任意角度的灵活智能建造，以及协同钢筋骨架进行灵活打印，如图 2-7 所示。基于喷射 3D 打印全角度灵活建造优势，可达到对既有建筑结构快速防护的目的。

3. 粉末基 3D 打印混凝土

粉末基 3D 混凝土打印（3DCP）是一种选择性地将黏结剂沉积到粉末床中，以便与内部粉末逐层反应的技术；这种技术有时也被称为混凝土粉末结合打印或粉末喷墨混凝土打印。通过专用的喷嘴系统，将混凝土粉末和黏结剂逐层喷射到粉末床表面，根据预定的设计模型

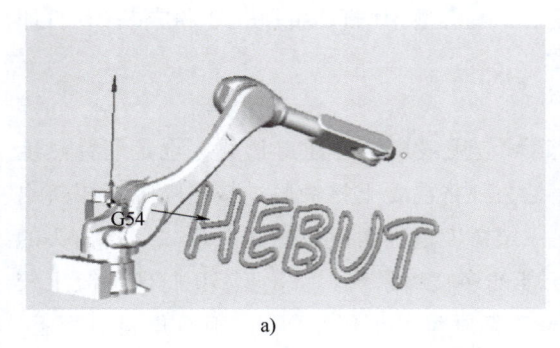

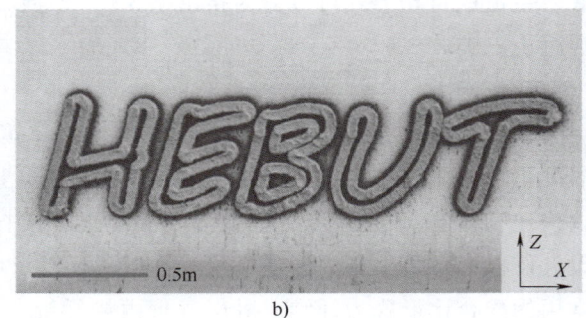

图 2-7 喷射型 3D 打印混凝土
a) 仿真模拟（箭头表示机器人坐标系坐标轴） b) 喷射打印效果

逐层铺设，喷射的黏结剂在接触到混凝土粉末后发生化学反应或物理固化，将粉末颗粒黏结在一起，形成实体的混凝土层。粉末基 3D 打印混凝土可以用于创造艺术品、雕塑和装饰品等。

每一层未水化粉末为后续打印层的水化产物提供支撑，以构建高度精细、复杂、可调节和可重复的 3D 空间结构。与传统的挤出型和喷射型的 3DCP 技术形成鲜明对比，基于粉末的 3DCP 技术能够控制 3D 裂缝或孔洞，并在打印结构中填充材料，以利用 3DCP 的灵巧性和灵活性。因此，粉末基的 3DCP 技术因其打印的物理模型可以进行精细化测试而享有盛誉。

粉末基 3D 打印的基本材料是粉末和黏合剂（油墨）。粉末和黏合剂的不同选择或类似材料的不同相关参数显著影响打印结构的可打印性和力学强度。截至 2024 年年底，市场上最常用的胶凝粉体材料是 3D Systems 公司生产的商业石膏材料，但因其价格高、凝结时间慢、强度低等特点并不被看好。因此，相关研究人员已经开展了大量工作来开发适用于粉末基 3DCP 的新型水泥基粉末材料。具体来说，地质聚合物已被广泛用作粉末基 3D 打印材料。经过后续处理固化抗压强度可达到 16.5~20.7MPa。一方面，随着聚乙烯醇（PVA）、快速硬化铝酸盐水泥和铝酸钙水泥的加入，粉末基 3D 打印硅酸盐水泥在后处理后表现出优异的打印精度和力学强度。另一方面，粉末床中黏结剂渗透率的不同极大地影响了打印混凝土的打印精度，从而影响结构力学性能。一般认为，粉末基 3D 打印工艺要求打印层间表面具有优良的黏结强度，前一层的打印层具有足够的强度来支撑后续的打印层，并且打印的混凝土可以在室温下不需要模具即可固化。因此，它要求粉末基 3D 打印中使用的材料具有高黏结强度、快速硬化、高早期强度和室温固化等优点。

为了满足上述要求，磷酸镁水泥（MPC）可以作为粉末基 3D 打印材料。MPC 是一种由硅酸镁、磷酸镁、纤维素等原料制成的水硬性黏结材料，具有黏结强度高、凝结硬化快、早期强度高、室温固化等特点，适用于施工工艺要求严苛的粉末基 3DCP。特别是，各种研究表明 MPC 可以有效地用作增强材料，这在混凝土结构的快速持久修复方面显示出巨大的潜力。MPC 还可以利用氧化镁的煅烧温度、缓凝剂、磷酸盐的种类、磷镁比和矿物组分来调节 MPC 的反应速率，以满足施工过程的可加工性要求。因此，MPC 被认为是基于粉末基 3D 打印混凝土的最佳材料，如图 2-8 所示。

图 2-8　粉末基 3D 打印混凝土
a) 打印设备　b) 打印工艺品

2.2　3D 打印混凝土的工作性能

建筑 3D 打印因其无模化、灵活化和快速化等优点越来越受到人们的关注，人们开始在建筑 3D 打印领域有了许多实质性的探索和尝试，都取得很好的成果。由于建筑工程示范项目大都集中在挤出型 3D 打印混凝土中，因此，该部分主要对挤出型 3D 打印混凝土材料的工作性能进行概述。从大量研究可以看出，现今 3D 打印混凝土的结构承载力、施工稳定性和制造成本等方面还有很大的提升空间，这说明 3D 打印混凝土有着前途宽广的研究领域。因此，相关 3D 打印混凝土的研究内容大部分可分为材料研发、性能提升、工艺开发三个方面。

3D 打印工艺的水泥基复合材料的制备和性能优化是发展混凝土 3D 打印技术的重点与核心。打印材料除了要满足传统混凝土施工工艺对材料的工作性能要求外，还需满足 3D 打印混凝土对材料挤出性、建造性、凝结时间和早期强度等可打印性能的要求，以及力学性能和耐久性能的要求等。混凝土 3D 打印整个工艺流程包括新拌材料的泵送、挤出、堆积成型等多个阶段，每个阶段由于材料的受力方式存在差异，对材料性能的具体要求各不相同甚至存在冲突，如图 2-9 所示。

图 2-9 混凝土 3D 打印工艺流程图

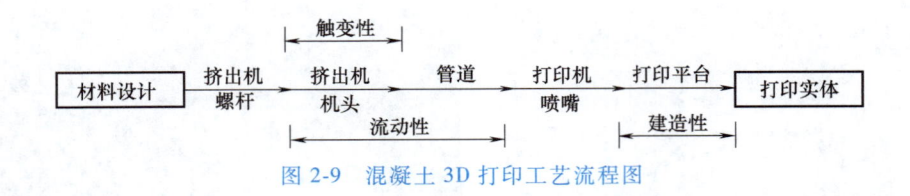

2.2.1 可挤出性

新拌的水泥基材料在均匀搅拌后首先要通过管道泵送到 3D 打印机处，再在程序设定的速率旋转螺杆或其他传动装置的带动下，达到 3D 打印机的挤出喷头处，最终稳定、均匀、不间断地挤出。3D 打印混凝土的可挤出性是指新拌混凝土材料能否通过喷嘴顺利挤出，且挤出的条带均匀连续，它代表着新拌材料在受到外力作用时的变形能力，其衡量标准为材料受力作用时变形的大小或速率。可挤出性可以直观地评价水泥基材料是否具备完成 3D 打印工艺流程中泵送、挤出流程的能力。尽管表征 3D 打印水泥基材料可挤出性的方法多种多样，但是并没有一个统一的标准和进行测试的专用仪器，一般通过 3D 打印机打印出相应的混凝土条带以进行直观观测验证，图 2-10a 所示的混凝土条带挤出不均匀，并且条带有中断，说明该配合比下材料可挤出性较差，经过一系列的材料优化，图 2-10e 所示的混凝土条带挤出均匀且连续，条带宽度稳定顺滑，说明该配合比下材料的可挤出性优良，满足挤出性能要求，可进行后续的打印工作。

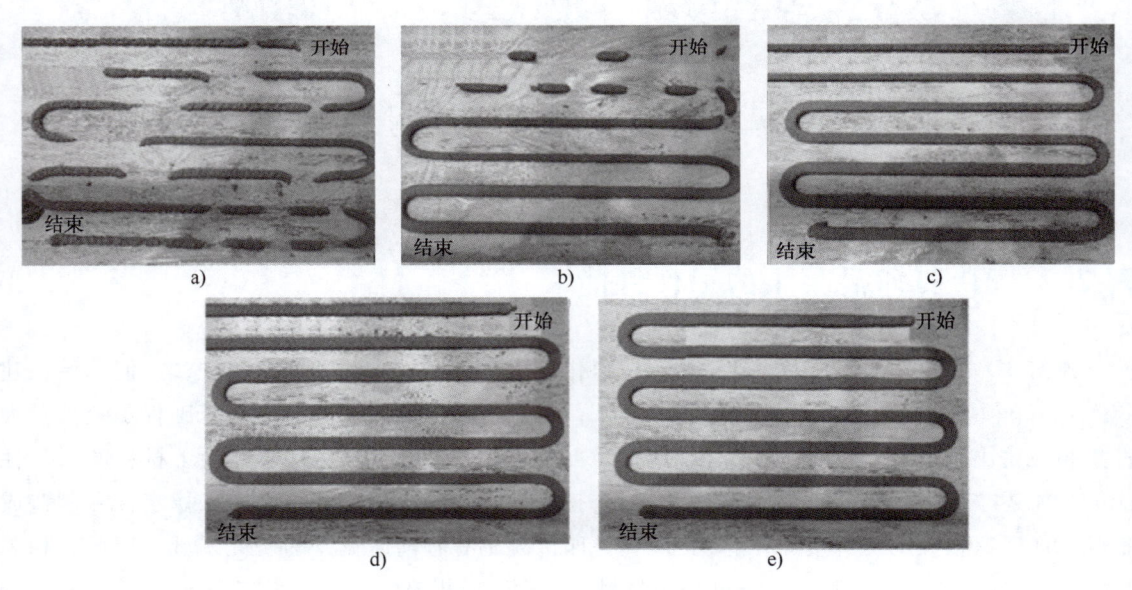

图 2-10 可挤出性测试及优化过程
（a、b、c、d、e 五种状态下材料可挤出性逐步提升）

2.2.2 可建造性

当水泥基材料通过 3D 打印机喷嘴被挤出后，按照预先设置的路径程序逐层堆叠在平台上时，需要有保证材料堆积所形成的结构不变形、不失稳、不坍塌的能力，这种能力称为 3D 打印水泥基材料的可建造性。可建造性代表的是3D打印水泥基材料处于静置状态下受到静态荷载不发生变形的能力。可建造性意味着水泥基材料可以承受自身重力荷载和上部其他层传给它的荷载，而且不会引起相关的变形甚至倒塌。该破坏发生的主要原因是由于快速建造过程导致底部材料承受超过其自身承载能力的自重荷载所致。混凝土3D打印过程中的失效形式如图2-11所示。需要承受的荷载超过它的力学强度（承载力）时，会发生变形甚至倒塌。由于早龄期材料硬化程度低，之后随时间升高，因此控制打印速度、间隔时间等打印参数与材料硬化过程相适宜是关键。

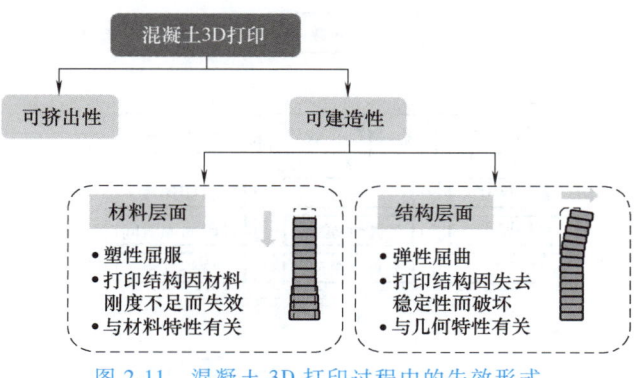

图 2-11 混凝土 3D 打印过程中的失效形式

可建造性可以直观评价3D打印水泥基材料是否拥有在短时间内快速堆积且保持原状的能力。表征3D打印水泥基材料的可建造性的方法有很多，其中最为常用的一种是通过3D打印机打印薄壁模型，通过测试打印模型的高度和成型效果来对3D打印水泥基材料的可建造性进行直观评价，如图2-12所示。因混凝土3D打印技术通过逐层堆积挤出的材料来进行无模板打印，且早龄期混凝土材料挤出后硬化程度较低，故在打印过程中结构易发生坍塌。3D打印结构的稳定成型与可建造性密切相关，良好的可建造性可以使结构能顺利地完成打印工作，有利于减少正式打印前的试验工作，提高施工效率，节约成本。

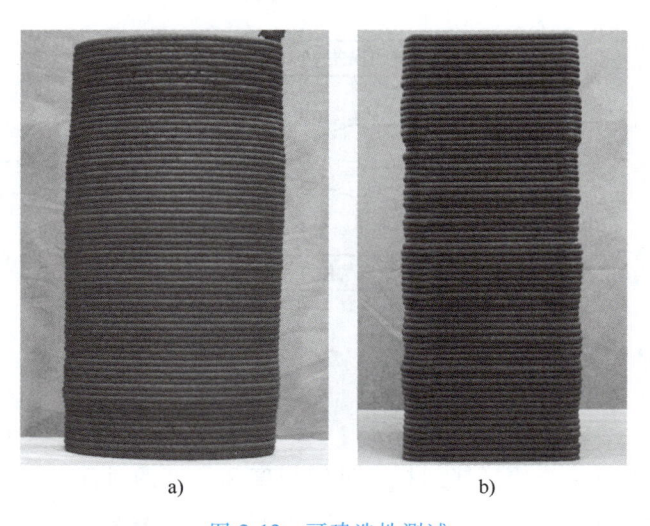

图 2-12 可建造性测试
a）圆形立柱　b）方形立柱

在混凝土 3D 打印过程中，在较大的自重荷载压缩作用下，尚未初凝的混凝土材料因正应力作用发生塑性流动而产生剪切应力，当剪切应力超过某一临界值时，材料的形状和体积发生明显变化，引发结构大变形从而导致坍塌。混凝土的流变性表示材料在外力作用下的变形和流动性质。静态屈服应力是衡量材料流变性的关键物理量，它指的是促使材料从静止状态到流动状态的临界剪切应力，可被选取作为判别打印结构稳定与否的临界参数。然而结构的破坏还存在因丧失稳定性而失去承载能力的情况，足够的稳定性是保证构件正常工作的必要条件。将流变性和稳定性相结合，建立的 3D 打印混凝土变形失稳判断流程图如图 2-13 所示。

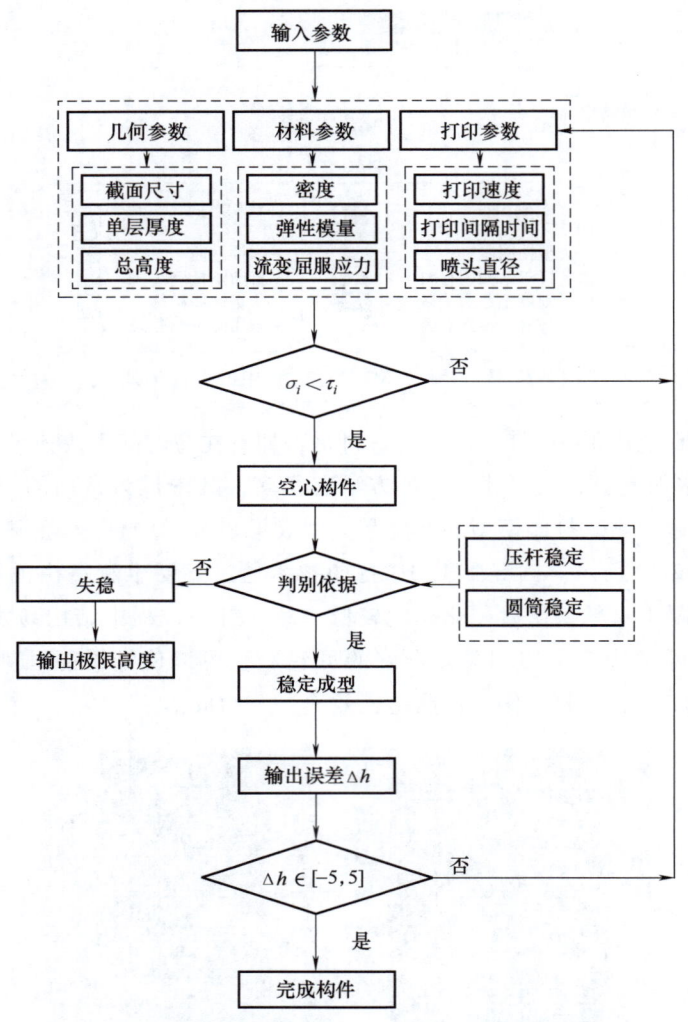

图 2-13　3D 打印混凝土变形失稳判断流程图

2.2.3　凝结时间

凝结时间是指混凝土从开始搅拌到具有足够强度和硬度的时间。测试凝结时间的方法可以通过观察混凝土的物理和力学性质来确定。3D 打印混凝土材料的凝结时间通常通过贯入阻力测试进行确定，并与流变测试结果相互对应，互为佐证。贯入阻力测试方法参考协会标准

T/CCPA 34—2022《3D 打印混凝土拌合物性能试验方法》执行。

材料的凝结时间会影响材料的可打印时间，材料可打印时间是指材料从拌和结束后保持可打印性能的时间。对于具有速凝速硬特点的材料，应设置较高的打印速度，否则容易导致材料输送过程中的硬化而发生堵塞。对于凝结速度较低的材料，应设置相应较低的打印速度，给材料的凝结和刚度发展提供时间，否则容易因为材料流动性大、刚度低而发生坍塌。然而层间结合强度随层间间隔时间增加而降低，这使我们面临了一个难题。打印时间必须足够长，以提供足够的力学强度来承担自身及之后层的重力，且层间间隔时间要足够短，以确保适宜的黏结强度。特别是在冬季较低的环境温度下，水泥基材料的凝结速度缓慢，是打印稳定成型的一个难点。

水泥加水拌和后开始水化过程，逐渐失去流动性和可塑性，最终凝结硬化。水泥水化的过程分为五个阶段进行，分别是初始水化期、诱导期、加速期、衰减期和稳定期。初始水化期形成钙矾石，液相中的钙离子不断被洗脱，氢氧化钙含量不断增加，从而进入加速期，在这个阶段生成的主要产物是 C-S-H 凝胶和钙矾石。进入衰减期后，C-S-H 凝胶和钙矾石继续产生，但生成速度较慢。最后，水泥反应进入尾声，生成的产物数量较少，水泥水化进入稳定期。

速凝剂在水泥水化过程中起到催化剂的作用，它能够促使铝酸三钙和无水硫铝酸钙的迅速水化形成大量钙矾石，加速水泥水化，使混凝土迅速凝结硬化，降低 3D 打印混凝土材料的凝结时间。缓凝剂能够吸附在水泥颗粒的表面，并与钙离子发生络合作用阻碍了氢氧化钙的形成，从而延缓了水泥和浆体结构的迅速形成，降低水泥的水化速度，使水泥的迅速凝结和强度的增幅较为平缓，能够使 3D 打印混凝土材料的凝结时间更加稳定，灵活可控。

根据 3D 打印工艺的要求，水泥凝结时间较长，早期强度低，难以支撑后续打印层的自重，不利于材料固化成型以及结构的稳定性。然而，水泥凝结时间过短，在 3D 打印泵送过程中易发生堵塞，甚至凝固在搅拌机中，影响材料的输送。根据多次尝试和摸索的经验，3D 打印水泥基材料的适宜初凝时间为 40~50min。

2.2.4 流变性能

流变是物质在外力作用下的流动和变形的性能，流变测试能同时得到塑性黏度、触变性和屈服应力等多个参数，可以用来表征 3D 打印混凝土材料的泵送性、可挤出性和可建造性等可打印性能。

传统的工作性能测试方法如跳桌试验、坍落度试验等难以对材料的打印性能做出有效评价，相比之下，流变测试能够通过不同的流变参数从多个角度对材料打印性能进行综合评价，因此成为研究材料打印性能的热门手段。关于流变性能的研究主要包括以下两个层面：一是研究各种因素对流变参数的影响，并通过各种掺合料、外加剂等改善材料流变性能和打印性能；二是着重研究流变参数与打印性能之间的关系，通常会涉及测试评价方法的建立和改进。

流变学是研究物质流动和变形性质的学科，主要的流变参数包括静态屈服应力、动态屈服应力、塑性黏度和触变性等。常用的流变测试方法是滞回曲线法和恒定速率剪切法，如

图 2-14 所示。滞回曲线法是剪切速率先从零匀速上升到一定值，再逐渐下降到零，这样测得的流变曲线可以分为上行段和下行段，上行段中剪切应力在剪切速率较小时出现的最大值称为静态屈服应力，下行段拟合曲线的斜率称为塑性黏度，与 y 轴的截距称为动态屈服应力，上行段与下行段围成的面积则可以用来反映材料触变性的大小。由于在剪切速率开始增大过程时，剪切应力的变化非常迅速，测得的静态屈服应力并不准确。同时水泥基材料早龄期工作性能具有经时变化特性，利用触变环面积来反映触变性的方法并不能真实反映水泥基材料的性质。恒定速率剪切法是使用极小的恒定速率剪切水泥基材料，初期材料表现出弹性特点，剪切应力随应变增大而增大，当达到峰值后，意味着材料开始发生流动，这个峰值即是静态屈服应力。这种测量方法的剪切过程对材料影响较小，静态屈服应力的测量比较准确，但无法得到塑性黏度和动态屈服应力等参数。

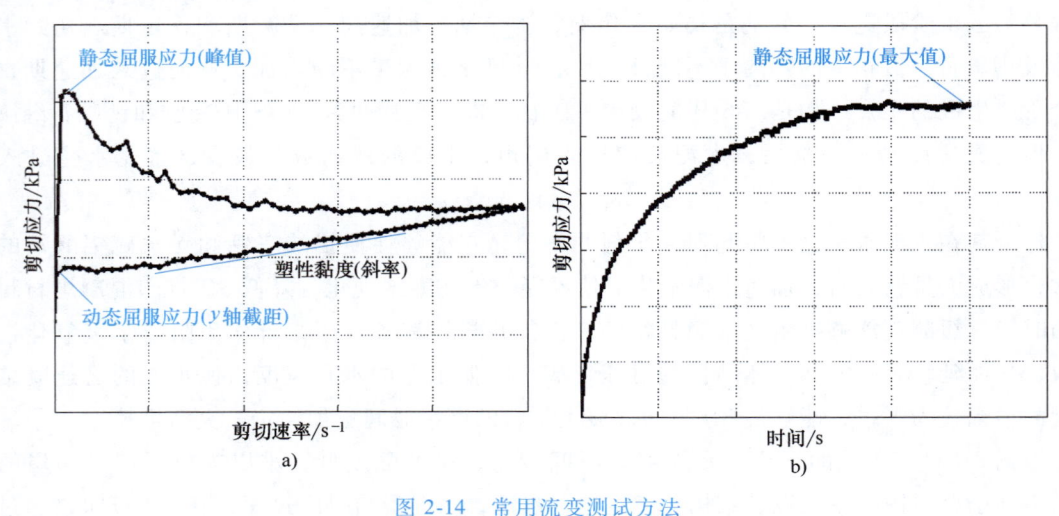

图 2-14　常用流变测试方法
a）滞回曲线法　b）恒定速率剪切法

2.2.5　超早期性能

理想的打印材料是在拌和后初期表现出较低的塑像黏度和适当的屈服应力以便于泵送和挤出，而在从打印头挤出以后，则应当具备较高的塑性黏度和屈服应力，才能防止流动并有足够的强度去支撑上层材料的剪切力。优异的可建造性是确保打印构件可以成功打印的前提和基础。混凝土材料的超早期力学行为对混凝土 3D 打印建造性能、结构稳定性能以及力学强度等具有重要影响。相对于传统的模板浇筑工艺，3D 打印建造过程对材料超早龄期的力学性质要求较高，流动性、凝结时间、早期刚度等需要与打印的速度、建造堆叠速率等相互协调，否则极易出现失稳坍塌现象，如图 2-15 所示。

由于混凝土材料早期性能随时间和环境不断变化，成为 3D 打印稳定堆叠建造的难点问题。研究材料超早期的力学行为对建造成型的影响机制，量化满足打印要求的材料特征参数范围，建立建造性和稳定成型的预测评估方法，对 3D 打印的标准化和工程推广具有重要意义。

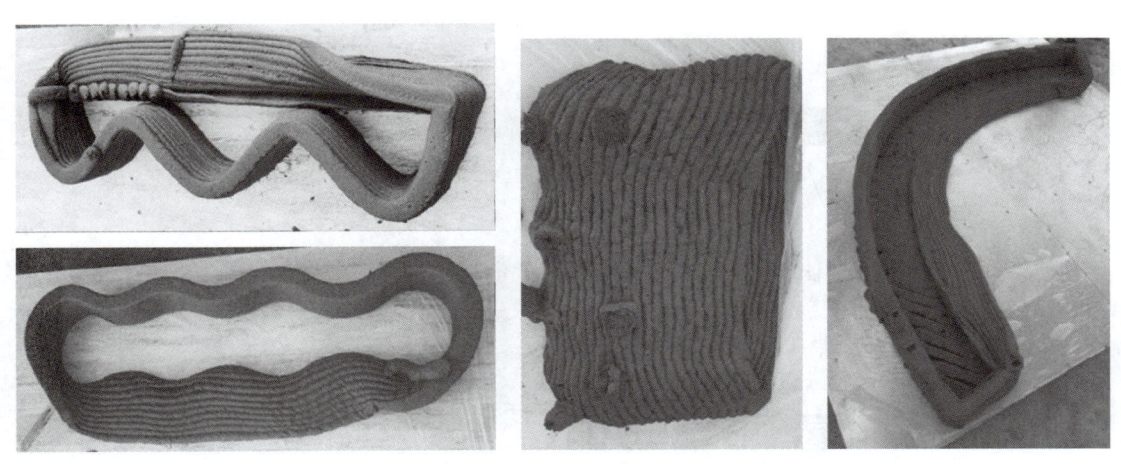

图 2-15　混凝土 3D 打印过程中结构发生失稳坍塌

3D 打印混凝土材料早期性能调控机理如图 2-16 所示，高硬化速率（C_h）和较长时间的贯入阻力临界值（P_c），有望接近预期的可建造性和可挤出性。OPC（曲线①）：常规普通硅酸盐混凝土材料，硬化速率较慢，凝结时间较长，具体表现为贯入阻力曲线斜率较低，凝结时间较长，有利于挤出，不利于成型。快硬（曲线②）：相对于普通硅酸盐水泥基复合材料而言，通过辅助手段提高混凝土材料的硬化速率（C_h）。3DP（曲线③）：通过配合比优化或辅助手段处理，在硬化速率无明显变化的情况下，加快凝结过程。为满足 3D 打印连续挤出以及稳定建造成型的要求，混凝土材料应具有适宜的凝结时间和较高的硬化速率。

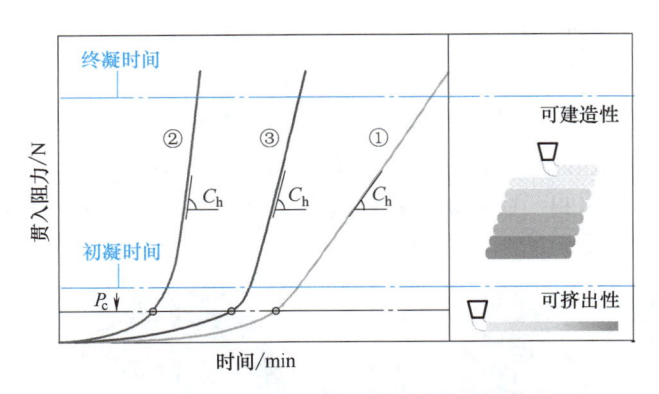

图 2-16　3D 打印混凝土材料早期性能调控机理

湿坯强度和弹性模量可用于评估 3D 打印混凝土的早期力学行为。3D 打印混凝土材料的湿坯强度与弹性模量可以参照 T/CCPA 34—2022《3D 打印混凝土拌合物性能试验方法》规定的无侧限单轴压缩试验进行测试。测试龄期分别为 15min、30min、45min、60min、75min、90min。为了消除颗粒尺寸和分布造成的尺寸效应，允许试件发生对角剪切破坏，试件选用直径为 70mm，高为 140mm 的圆柱体。试验采用万能试验机进行试验，加载速度取值为 30mm/min，直至加载位移为 40mm，停止加载，记录荷载-位移曲线，根据荷载-位移曲线计算应力-应变曲线，从而计算弹性模量。加载时试件上下表面各放一块亚克力板并涂抹凡士林用以减小或消除加载头对试件的摩擦力。试验方法和混凝土试块如图 2-17 所示。

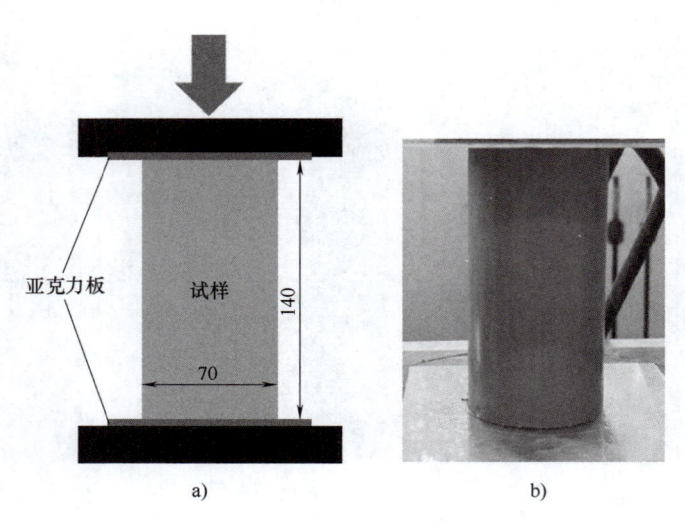

图 2-17 试验方法和混凝土试块
a) 无侧限单轴压缩试验示意图　b) 混凝土试块

2.3 其他打印材料及其性能

2.3.1 打印陶土材料及其性能

决定陶土材料能否顺利挤出并成型的最重要因素在于其塑性，而塑性又取决于陶土材料的含水量。随着陶土含水量的增加，固态陶土逐渐转变为糊状状态，导致陶土的屈服强度降低。当含水量超过其最大值时，陶土会完全变成流体状态。在实际打印过程中，可以顺利挤出糊状状态的陶土，但流体状态的陶土则可能导致打印失败或出现成型不完整的情况（见图 2-18）。因此，在打印过程中确保陶土材料具备合适的塑性和含水量十分重要。

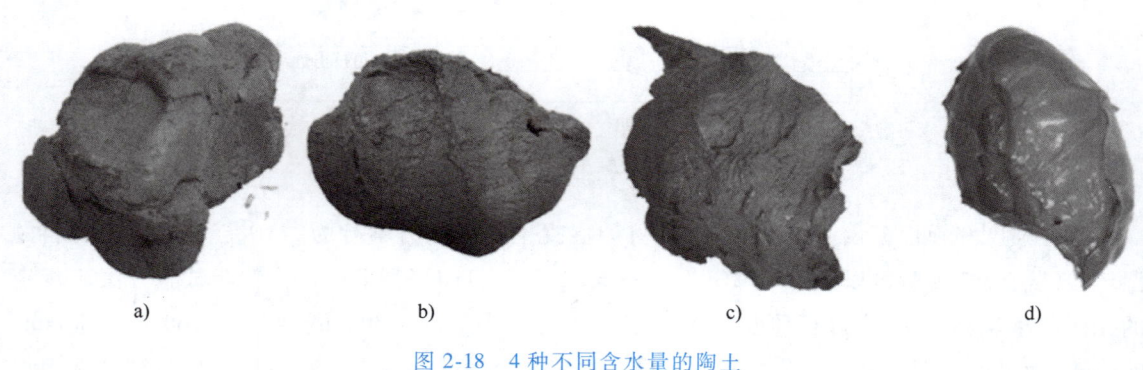

图 2-18　4 种不同含水量的陶土
a) 5%　b) 10%　c) 15%　d) 20%

陶土材料在 3D 打印过程中主要包括：可建造性、可泵送性和触变性三个工作性能。

1. 可建造性

陶土材料 3D 打印的可建造性与混凝土材料 3D 打印的可建造性概念类似，都是指材料在承受自身重力和外界荷载作用下，不发生流动变形，保持形态和结构稳定的能力。陶土材料3D打印的可建造性可以通过在不发生明显形变的前提下，单位面积的陶土条能够承受的最大荷载来表示。陶土材料的可建造性除了与含水量以及材料本身的矿物成分比有关之外，还与打印设备相关。一般来说，打印喷头位置过高可能会引发陶土材料在下落过程中对已成型陶土产生一定的冲击力，从而降低可建造性，引发打印结构塌陷。

2. 可泵送性

陶土材料的可泵送性是指陶土在外界荷载作用下发生流动变形的能力，可泵送性与可建造性是相互矛盾的，可泵送性要求陶土材料具备较低的屈服强度和黏度，而较低的屈服强度和黏度也会弱化其承受荷载的能力，从而降低可建造性。可泵送性可以用在单位外界剪切力的作用下发生流动变形的速率表示，此外，可泵送性也可以简单地通过陶土材料能否顺利通过较小直径的管道来表示。可泵送性由陶土材料的含水量、管道直径、喷嘴直径等因素决定，较高的含水量、较大的管道直径和喷嘴直径能够带来较高的可泵送性。但是较大的喷嘴直径也会显著影响挤出陶土条的宽度。

3. 触变性

触变性是指陶土材料在打印头内部挤出装置转动的剪切力作用下，从塑性较高的状态转变为流动性较大的状态，并且在从打印头挤出之后，又能够恢复原有塑性的能力。触变性能够通过陶土材料在挤出前后的黏度和屈服强度变化大小来表示。触变性是一项综合性能，较高的触变性意味着陶土材料能够在挤出前具备足够的流动性，顺利从管道中泵送到打印头；在挤出后拥有足够的塑性，能够承载自身重力和外部荷载。因此，较高的触变性能够同时达到较高的可建造性和可泵送性。

2.3.2 打印塑料材料及其性能

塑料材料在建筑3D打印中通常被用作建筑模板、外壳等非承重构件，而非用于墙板柱等承重构件，且常在工厂预制成型，因此对于塑料材料的工作性能要求不及混凝土材料、陶土材料或者金属材料。3D打印塑料材料的工作性能主要取决于所用塑料种类、打印工艺种类及参数设置。常用于建筑3D打印的塑料种类有PLA、ABS、PC、PET等。打印工艺一般使用熔融沉积工艺或者熔融颗粒制造工艺，二者的区别在于熔融沉积工艺使用专用的3D打印丝材，而熔融颗粒制造工艺直接使用塑料原料。熔融颗粒制造工艺更适用于大尺度物件3D打印，由于省去了制丝的过程，因此其成本更低，并且在制备多种塑料和填充物的复合材料时也更加灵活。打印参数主要有打印温度、打印速度、打印层厚、填充率、填充方式等。

1. 打印温度

打印温度是指塑料材料在打印头中融化的温度，打印温度会显著影响塑料材料的融化状态，从而影响其力学性能。当打印温度过低时，材料没有完全融化，塑性较高，不易从喷头中挤出，甚至有可能导致材料堵塞打印喷头，造成设备故障，并且塑性较高也会导致较低的层间黏结强度，降低成型构件的整体强度。当打印温度过高时，材料流动性过高，容易不受控制地从打印头中流出，并且在挤出后可能会因未及时冷却、无法承受自重而塌陷，不利于成型。因此，在塑料3D打印时需要设置合适的打印温度。

2. 打印速度

打印速度是指打印喷头在垂直方向和水平方向的移动速度。当打印速度过慢时，容易造成相邻两条塑料条的温度相差过大，进而降低黏结强度，并且过慢的打印速度也会使整体打印时间延长，经济效应差。当打印速度过快时，会使材料在喷头中还未完全融化就被挤出，导致挤出的塑料条中夹杂许多气泡，影响构件性能，并且打印速度过快会使先打印的层还未完全冷却凝固就被后打印层覆盖，出现坍塌或者拉丝，严重时还会造成第一层与打印床的结合不完全，使打印构件与热床脱离。

3. 打印层厚

打印层厚是指打印条的厚度，一般来说，更小的打印层厚能够减轻打印的台阶效应，带来更高的表面精度，但是也会显著增加打印时间，降低打印效率。当打印层厚过大时，会降低每层材料的冷却时间，层与层之间的黏结强度不够，从而降低力学性能，但是客观上也能缩短打印时间。因此，使用者需要权衡打印时间和力学性能，设置合理的打印层厚。

4. 填充率

填充率是指单位体积内填充材料的多少。与打印层厚类似，更高的填充率会使力学性能提升，但是也会增加打印时间，同时也会在一定程度上导致打印材料的浪费。低填充率虽说会降低力学性能，但是能提升塑料3D打印的经济效益。

2.3.3 金属堆焊打印材料及其性能

如第1章所讨论的，金属堆焊3D打印在建筑3D打印中的应用主要是用于打印各种建筑节点，这要求所打印的构件具备足够的强度、耐久性和抗腐蚀性。在金属堆焊3D打印中，这些性能与所用的打印材料和成型工艺直接挂钩。以激光选区熔化（SLM）为例，主要的成型工艺有激光能量输入、扫描路径、扫描间距等。激光能量输入越高，金属粉末融化越充分、越不容易产生粉末夹杂现象，成形构件的致密度和表面精度越好。但是过高的激光能量输入也有可能导致材料飞溅等现象。扫描路径主要有单向扫描、S形扫描、交叉扫描等（见图2-19），不同的扫描路径有不同的特点，单向扫描系统处理简单，但是容易导致成件两端应力不平衡；S形扫描能改善应力不平衡现象，但是也容易引起翘曲变形；交叉扫描可以改善气孔和裂纹。扫描间距是指激光束前后两次扫描中行与行的距离，扫描间距会影响激光束能量的分布。当扫描间距过大时，扫描区域会分离，导致金属粉末未能充分吸收激光能量，使得金属粉末无法完全熔化。这会降低两次扫描行之间的熔道搭接率，导致成品金属层表面不平整，最终影响成形件的质量。当扫描间距过小时，扫描区域大部分重叠，导致两次扫描行之间的金属部分重熔，可能导致成形件产生翘曲、收缩，甚至材料汽化，从而降低成形效率。

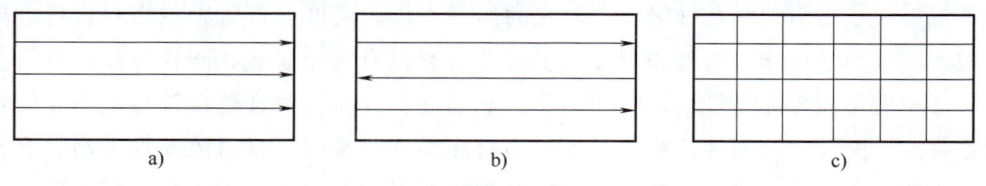

图 2-19 激光选区熔化扫描路径
a) 单向扫描 b) S形扫描 c) 交叉扫描

金属堆焊打印材料主要包括钛合金、铝合金、不锈钢、镁合金等。

1. 钛合金

钛合金具有生物相容性、耐腐蚀、耐高温、高强度比等特点，以及在医疗、航空航天、化工等领域得到了广泛的应用。Ti-6Al-4V（TC4）钛合金是最早在金属堆焊打印中的金属。但是钛及其合金的应变硬化指数低，耐磨性和抗塑性剪切变形能力差，因此限制了其在腐蚀磨损条件下的应用。为了克服上述缺点，铼钛合金已被开发用于高温环境，镍钛合金被开发用于高腐蚀场景。

2. 铝合金

铝合金具有优秀的理化特性和力学性能，在生活中许多领域都得到了广泛应用，但是铝金属的易氧化性，对光高反射性限制了其在金属堆焊打印中的应用。铝金属的3D打印存在易氧化、孔隙缺陷和致密度低等问题，需要严格控制气氛、激光功率和扫描速度等工艺条件。用于金属堆焊打印的主流铝合金是铝硅镁合金。

3. 不锈钢

不锈钢的耐腐蚀、耐高温、抗氧化性能优秀，并且其粉末制备工艺简单、成本低廉，是最早被应用于金属堆焊3D打印的金属材料。主流的不锈钢主要是304L不锈钢、316L不锈钢等。

4. 镁合金

镁合金是最轻的结构合金之一，具备出色的强度和阻尼性能，在许多领域都有替换不锈钢和铝合金的可能，并且镁合金同样具有优秀的生物相容性，在外科植入方面也比传统钛合金更有应用前景。

2.4 打印混凝土固化后性能测试

3D打印混凝土堆积过程导致了打印混凝土固化后在不同方向上的力学性能存在显著差异，即各向异性。所以，在打印混凝土固化后性能测试时，既要评估因此产生的新的性能指标，也要对传统性能指标的评估考虑这个因素。例如，力学性能需要通过在与打印路径相关的各个方向上施加负载来测试。这些需要评估的性能指标主要包括以下几个方面：

1）物理性能：打印结构的密度、层数、几何形状、耐火性等。

2）力学性能：抗压强度、弹性模量、拉伸强度/弯曲强度、层间黏结强度［此处可考虑直接（单轴）拉伸试验、弯曲试验和有/无正常载荷的剪切试验］、钢筋-打印混凝土黏结强度。

3）耐久性：氯化物渗透、抗碳化性、水和有害物质的输送、抗冻融性。

4）其他特性：收缩性、蠕变性。

根据目标结构的应用场景和荷载状况，不一定需要测试以上所有性能，在某些情况下，一项性能指标可从其他指标中得出，性能测试可能采用包括28d在内的不同混凝土龄期。

2.4.1 直接制备测试试件

1. 试件制备方法

直接制备打印混凝土材料试件用于材料固化后力学性能测试包括以下三种情况：

1）与制备传统混凝土试件类似，将打印混凝土材料直接浇筑到具有规则形状的模具中。

2）使用与实际打印设备不同的实验室打印设备（如简单的螺杆挤出机、活塞挤出机，甚至是手持式砂浆枪）打印制备测试件。

3）使用实际打印设备直接打印制备试件，试件尺寸较第二类试件制备情况中的更大。

除了上述不同的试件制备情况外，还必须考虑不同材料输送方式的影响。

虽然浇筑试件提供了打印混凝土的特性信息，但无法顾及由于缺少模板和材料分层带来的影响。重要的是，与打印试件相比，浇筑试件的密实程度也不同。由于3D打印混凝土通常不经历传统的振捣过程，因此与浇筑混凝土相比，其密实程度通常较低。第二类试件制备情况由于打印设备的差异将导致材料的受剪过程、打印头的材料压实、沉积速率等方面存在一些差异。第三类试件制备情况可以认为试件是通过完全自动化打印制备的。

2. 试件尺寸的影响

实验室制备的试件尺寸较小、层数有限，则后续层引起的（影响层间黏结强度）压实效应不会被充分考虑。因此，我们需要测试位于不同层高的材料性能，以便进行比较。如果发现差异显著，则需要考虑被测试件在实际结构中其上方的材料层数来估算其性能，或者可将该上方部分材料的重力直接加载到试件上，即德雷恩勒（Dressler）等人采取的测试方式。

实验室制备的试件层长和层间时间间隔通常也有限。打印机在每层起止点的升降动作将影响材料沉积速率及随后的层形状。因此，试件不应包括每层的末端部分。此外，更短的时间间隔将再次对层间黏结强度及层间流体、离子传输行为产生重大影响。如果可以延长实验室试件的层间时间间隔，则意味着材料流动停止相当长的时间，从而导致材料的结构处于静止状态，这与连续材料流动的实际打印情况相比，打印质量存在明显差异。

为了在实验室中尽可能准确地模拟实际条件，应将各层打印成矩形叠在一起更为合适，而不是打印一堵小"墙"，同时改变每一层的打印方向，如图2-20所示。此外，与实际打印相比，实验室试件的层形状可能会有很大差异，在制备试件时应尽可能还原实际打印情况下的打印路径形态，例如实现某些填充图案所需的角度。

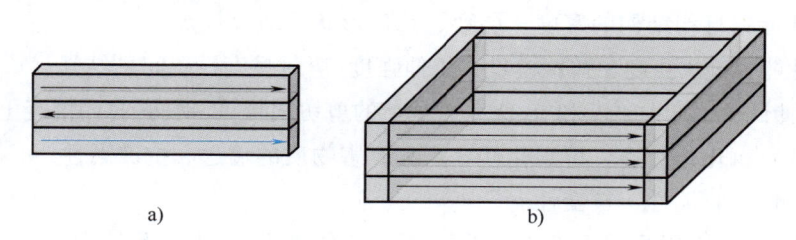

图 2-20 不同的打印方向

实验室制备试件时，需要考虑喷嘴几何形状和尺寸的影响，这既要考虑试件的几何形状，也要考虑材料特性。为了获得可靠的结果，用于制备实验室试件的喷嘴几何形状和尺寸应与实际应用中使用的大致相同。弗里克·博斯（Freek Bos）等人证明，在打印后续层时增加对下层的压力会减小两层之间界面处的空隙并增强黏结强度。

3. 养护类型与时长

打印过程中的环境条件会显著影响打印材料在硬化状态下的力学性能和耐久性。首先，打印件的表面积与体积通常很大，同时缺乏模板保护，打印过程中养护困难。这些因素共同导致水分快速蒸发，混凝土微观结构也随之发生变化，混凝土收缩明显，甚至开裂。其次，环境条件引起的水分流失会影响各层之间的黏结，这又极大地影响了打印件在力学性能和耐久性方面的整体性能。因此，最好在实际工况养护条件下打印试件。

为了实现质量控制标准化，试件的养护还必须根据适用规范或其他基准条件进行。此类基准养护条件可能包括用湿布和箔纸覆盖试件、在试件上洒水、打印后将试件浸入水中或将试件暴露在特定的气候室中。针对特定打印工况和应用场景来优化养护条件是一个需要考虑的问题。例如，与打印材料 X、层几何形状 Y 和层间时间间隔 Z 的打印件相比，打印材料 A、层几何形状 B 和层间时间间隔 C 的打印件可能需要不同的养护方法。另一个问题是将打印件移动到养护地点（如气候室）时，由于此时材料强度低且没有模板保护，可能会出现打印件塌陷等问题。至于养护时间，一方面，需要持续养护 28d 后进行性能测试以满足现行规范的要求；另一方面，还需要进行打印混凝土已知特性的早期测试。

4. 耐久性和收缩性测试试件准备

在制备试件以表征耐久性相关过程（如水或气的输送、氯化物侵入、碳化和冻融行为）时，需要特别注意打印过程特定参数产生的影响。例如，各打印层界面之间的孔隙率明显存在差异，这导致水分或氯离子和二氧化碳沿界面优先进入细孔隙中。因此，用于耐久性表征的试件需要包含至少两层以考虑界面相关效应。另一个问题是如何处理试件表面的不平整性。根据范德普滕（Van Der Putten）等人的研究，在较高的打印速度下，水优先从打印层的外侧吸收。如果事先将表面整平即去除层的外侧，则能降低孔隙率的差异并减少层内外侧附近的水传输。

另外，试件准备需要考虑打印试件的收缩，这是因为试件早期暴露于环境条件中，同时打印材料中通常混合含量较高的黏合剂，这两个方面都会增加收缩行为。因此，需要在打印材料设计阶段进行准确的收缩测量，以防止打印结构的收缩开裂。传统的收缩测量通常使用标准化的波纹管，然而，打印材料通常相对较黏稠使其很难密实地填充波纹管而不夹带气泡。这会影响所获测试结果的准确性和可靠性。因此，为了能够反映打印过程的影响，需要开发不同于现有规范的新测量装置与方法。

5. 钢筋-混凝土黏结强度测试试件准备

钢筋可以以各种方式集成到打印混凝土试件中，包括水平置于混凝土层之间、垂直或倾斜插入多个混凝土层中等，具体植筋方式详见第 2.5 节。钢筋与打印混凝土之间的黏结质量不仅取决于打印混凝土的成分、稠度以及钢筋的几何形状和状况，还取决于钢筋集成的过程。特别是，钢筋周围混凝土基质的孔隙度，在制备用于测试钢筋和混凝土间黏结强度的试件时需要考虑这一点。

拉拔试验通常用于评估混凝土和钢筋之间的黏结。拉拔试件的失效模式取决于试件是受约束的还是不受约束的。如果试件不受约束，则混凝土会因钢筋在周围混凝土中的楔入作用而产生纵向扩展的裂缝，从而发生劈裂破坏。然而，在受约束的试件中，钢筋会因钢筋肋对混凝土的剪切作用而从周围混凝土中脱黏,从而发生滑移破坏。滑移破坏是钢筋与混凝土之间黏结的首要破坏模式,因此通常制备受约束的拉拔试件。此外,还有许多其他参数会影响钢筋的破坏机制,如钢筋的表面状况、几何形状以及钢筋周围的混凝土体积。钢筋相对于打印层的尺寸、嵌入长度和方向可能是影响钢筋与打印混凝土之间黏结的主要钢筋相关参数。钢筋的尺寸、嵌入长度以及约束试件的尺寸应以导致钢筋滑移失效的方式选择,而不是混凝土劈裂失效或钢筋断裂。与打印相关的参数,即速度、间隔距离、层间打印时间间隔、喷嘴直径、打印混凝土的成分和打印层的几何形状也会显著影响打印混凝土和钢筋之间的黏结。因此,在制备拉拔试验试件时必须考虑这些参数。

比拉尔·巴兹(Bilal Baz)等人提供了一个制作用于拉拔试验试件的示例。首先打印三层混凝土;然后将直钢筋手动放置在新打印层中,使其与打印平面平行;最后再覆盖三层打印层。钢筋以平行和垂直于打印层两种方向放置;如图 2-21a 所示。钢筋的两远端放置在临时支架上,以确保在钢筋上打印第二层、第三层混凝土时,钢筋保持在原位并保持水平。打印过程完成后,在混凝土未硬化前将试件切割成预定尺寸,如图 2-21b 所示。首先将切割的试件养护 7d 后,切割钢筋的一端,并将试件放置在立方体模具的中心;然后将新鲜混凝土倒入立方体模具,为打印的试件提供良好的约束。虽然采用上述这种方法制备试件有助于采用现场最新技术进行拉拔试验,但浇筑混凝土的额外约束可能会影响打印试件的抗拉强度。

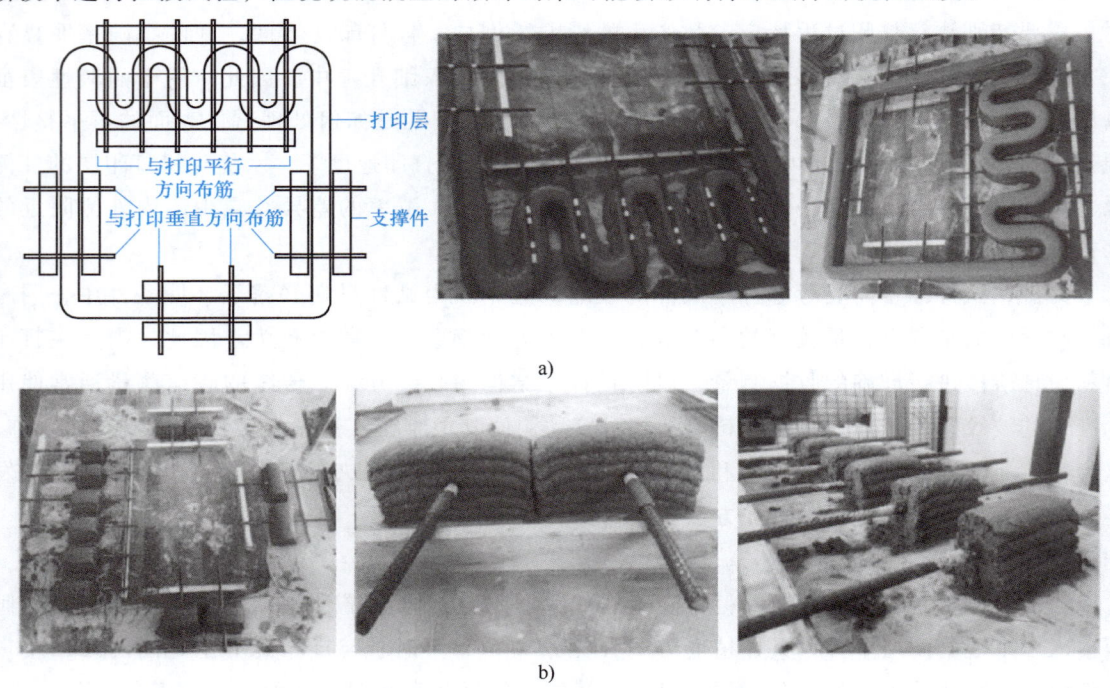

图 2-21 拉拔试验
a)沿与打印方向平行和垂直方向布置钢筋 b)切割打印试件得到平行或垂直方向布置的钢筋

2.4.2 从打印结构中提取获得测试试件

由于打印分层结构的特殊性,必须对打印后的材料和结构进行质量控制和特性测试(而不是未经历分层沉积过程的打印材料）。即使是在全尺寸打印过程中为了在后续层之间沉积而打印的少量材料，也可能与实验室中用于试件制备的层间打印时间间隔有很大不同，而层间打印时间间隔对层间黏结强度至关重要。另一个重要的考虑因素是整个全尺寸打印试件/结构中材料特性的均匀性。通常情况下，打印结构下部的密实程度高于上部，从而导致密度和强度的差异。

进行全尺寸打印时的一个实际问题是水平或垂直方向上的层之间存在冷接缝甚至空隙，如图 2-22 所示，此类空隙主要由于使用圆形喷嘴而产生。此外，平直的打印件和弯曲或倾斜肋条连接处较容易出现冷接缝或空隙，后者通常见于拥有竖向侧壁的试件内部。应该指出的是，由于较大的打印件中与打印系统相关的问题，可能会出现几何缺陷。显然，空隙、冷接头和薄弱界面对混凝土打印试件的力学性能有很大影响，需要采用适当的方法来评估这些影响。在这种情况下，从打印试件中钻样取芯可以获得有关空隙大小和分布的信息。

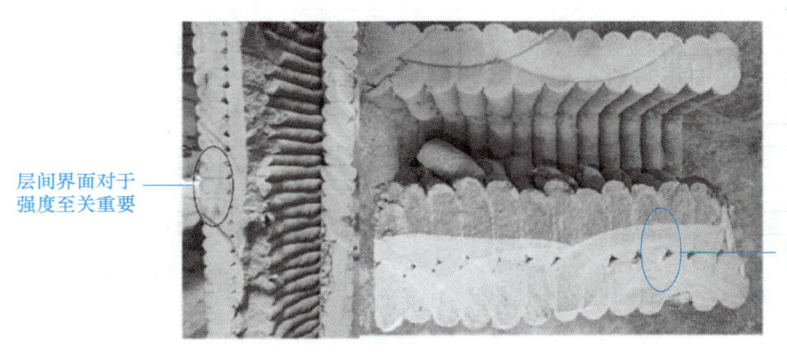

图 2-22　全尺寸打印件剖面显示出多处空隙

由此可知，试件提取的位置和待测试件的数量都需要反映整个打印结构中材料特性的可能变化。图 2-23 所示为不同方向的 3D 打印混凝土全貌及试件提取位置。这里的打印层宽度决定了试件大小，如果预计材料特性的变化较大，则待测试件的数量需要更多。材料特性的变化程度通常取决于待测试的特定属性。例如，拉伸试验通常比压缩试验产生更大的测量强度值变化，因此拉伸或弯曲试验应使用比压缩试验更多的试件。

图 2-23　不同方向的 3D 打印混凝土全貌及试件提取位置

从确定打印试件的力学性能的角度来看，另一个关键方面是待测试件的代表性。虽然对于传统混凝土，很容易根据有效标准制备立方体或圆柱形试件，但对于打印结构，确定合适的测试试件除了要考虑打印的特定横截面之外，还需要考虑分层效果。图 2-24 所示为普通打印墙体的三种填充方式，右下角的密实填充方式与传统墙体相似，试件提取相对简单；然而，其他两种填充方式在提取试件时，则需考虑需要包含多少内部图案等问题。值得注意的是，对于分层沉积的材料，试件尺寸对力学性能的影响一般会更加明显，与更均匀的浇筑混凝土相比，它们通常会表现出额外的缺陷。最后，钢筋被插入填充腔中并灌浆填实。这种情况下，测试钢筋和灌浆之间以及灌浆和打印混凝土之间的黏结是必不可少的。

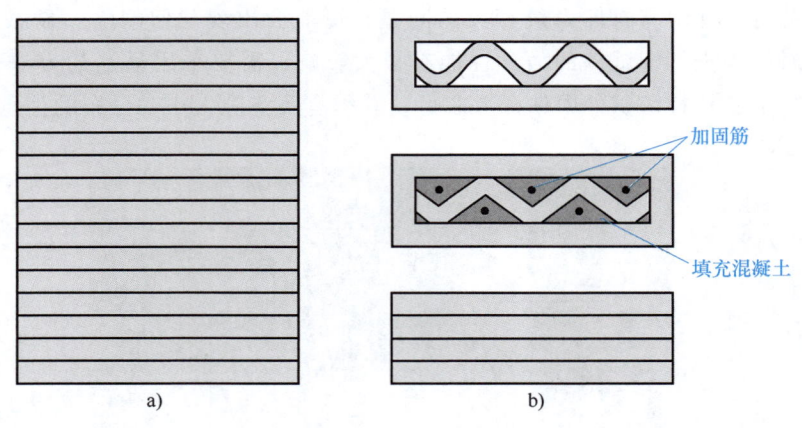

图 2-24　普通打印墙体的三种填充方式
a) 立面图　b) 断面图

在 28d 龄期进行测试可以将结果与现有规范和大量传统模筑混凝土数据联系起来。虽然界面黏结的发展速度可能与其他力学性能（如抗压强度和弹性模量）不同，但建议将测试时间标准化为 28d，以适用于一般应用场景。在材料达到足够强度之前，不应开始在较弱的界面区域进行钻芯取样，因为这些动态力学过程可能会造成损坏，尤其是在界面区域。对于标准化的质量控制测试，水养护通常用于传统混凝土施工。对于从 3D 打印试件中提取的试件，可以应用此类养护方法以便更好地进行比较。但是，由于实际环境条件可能会显著影响材料性能，因此应该在提取试件后立即进行测试，或者将收集的试件存储在与所研究结构构件接近的环境条件下。

2.4.3　破坏性测试方法

传统浇筑混凝土试件的几何形状一般具有更高的灵活性，打印制备的试件可参考其几何形状但难以完全照搬。例如，根据各种混凝土规范，高度为 300mm、直径为 150mm 的圆柱体定义了用于测试混凝土抗压强度的标准试件尺寸。虽然可以通过浇筑轻松制备此类试件，但 3D 打印制备此类试件要么很复杂，要么显得没有意义。此外，在大多数情况下，150mm 的直径太大，既不能代表薄壁打印试件，也不能从细长的打印结构中提取出此类试件。因此，使用较小的试件（如测试砂浆规范所要求的试件）是相对合理的。此外，值得注意的是，根据设计方法的不同，可能会使用不同的规范作为基础（如砌体规范或混凝土规范可用于墙体构件的结构设计)。因此,不同的几何形状可能相关,但也需要确定不同的材料特性。

1. 关于试件固有方向与加载方向的定义

打印混凝土与浇筑混凝土的力学性能测试并没有根本区别,但在测试时有以下几个方面需要注意,并需要采取特定的方法。

首先需要注意的是打印混凝土潜在的各向异性。对此,黎清泰(Thanh T. Le)等人指出一般可在3个正交方向上进行测试以反映这种各向异性,这些测试方向可能有几种不同的定义方式。弗里克·博斯(Freek Bos)等人建议将打印中涉及的方向定义为局部坐标系(u, v, w),其中 u 是打印路径的方向,v 为在打印平面内垂直于 u 的方向,w 则沿垂直于打印平面方向。然而,这些局部坐标轴不一定对应于测试方向,因此黎清泰等人和罗布·沃尔夫斯(Rob Wolfs)等人用罗马数字Ⅰ、Ⅱ和Ⅲ定义测试方向以示区别。需要说明的是,当试件沿每个正交方向的尺寸不同时(即如果它们不是立方体或球体而是梁等),这组定义是不完整的。因此,本书建议引入一个扩展版的方向性定义,由两个字母组成,中间用点隔开,其中第一个字母表示法向力的轴或弯曲荷载的旋转轴,第二个字母表示试件的纵向轴,如图2-25所示。这种方法为非立方体试件提供了9个可能的方向;而对于立方体试件,将减少到先前已知的3个方向。

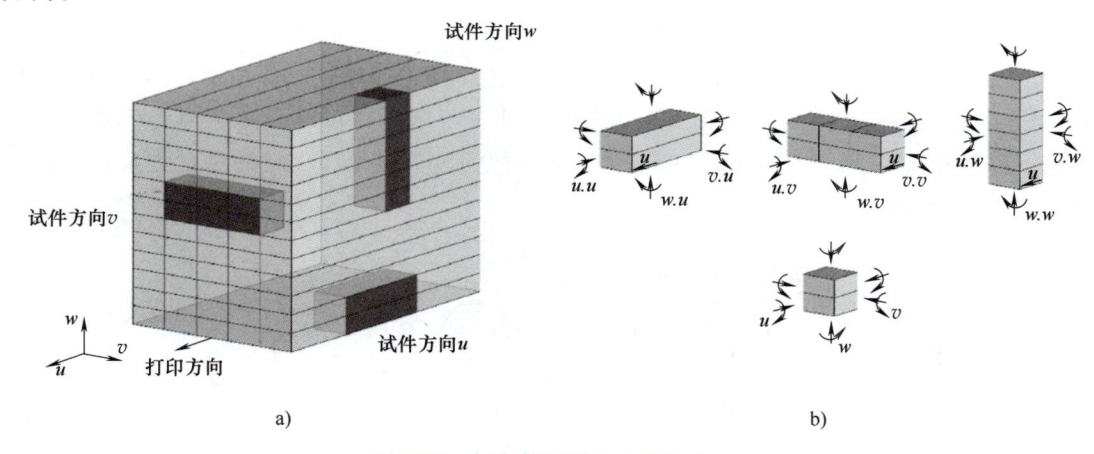

图2-25 打印件不同方向的定义

各个方向与测试性能的相关性并不相同;事实上,出于实际目的,不太可能需要确定打印砂浆梁在9个方向上的抗弯强度。此外,需要注意的是,虽然打印混凝土的方向性主要是由其分层特性引起的,但材料流动模式也可能引起各向异性效应,特别是当混合物中含有纤维时。

2. 抗压强度与弹性模量测试

为了测量抗压强度,通常对立方体试件进行不同方向的测试。对于立方体试件,仅保留3个方向,罗布·沃尔夫斯(Rob Wolfs)等人认为 u 和 v 方向是等效的。然而,考虑到潜在的方向效应(如空隙分布),这可能并不总是正确的。

在压缩试验中,试件通常以力驱动的方式加载。立方体试件的边长取决于打印混凝土线的宽度、混合物的最大集料尺寸以及测试所依据的规范。立方体尺寸可以是40~100mm。当从硬化的打印结构中取出芯体时,可以使用圆柱形试件。虽然结构规范有时可能要求测试高径比为 2 的圆柱形，但由于打印结构的宽度（v 轴）异常小，几乎不可能在所有三个测试方向上实现这种比例。因此，高径比为 1 是一种替代方案，在从现有的浇筑混凝土结构中取出芯体时也经常使用这种方案。对于 1 : 1 的比例，应考虑约束效应。值得注意的是，通过改变试件尺寸、试件提取位置可以在试件的平面部分中包含一个或多个相邻层。试件不仅可以从单股桩中获得，还可以从多股桩中获得，如图 2-25a 中的试件方向 v 所示，这可能有助于捕捉相邻层之间垂直界面的影响。

3D 打印混凝土的弹性模量的确定还没有受到太多关注。通常，该材料参数是通过位移测量［如在压缩试验中使用线性可变差动变压器（Linear Variable Differential Transformer，LVDT）］确定的。应变计以 120 的圆周间距安装在高径比为 2 的圆柱形芯材试件上，沿图 2-25b 所示的 $u.u$ 和 $w.w$ 两个方向，以满足设计或各向异性计算建模的要求。为了测试弹性模量，规范要求使用高径比（或高宽比、高深比）至少为 2 的细长试件（如圆柱形或棱柱形试件）。

3. 抗拉强度测试

受限于实际操作的难度，一般抗拉强度测试很少直接测量单轴拉伸强度，可采用间接测试的方式，即对梁体试件进行弯曲拉伸强度试验，或对具有矩形截面的柱体试件进行劈裂拉伸强度试验。但是，劈裂试验难以直接表征各向异性行为。这是因为破坏平面由施加的线性力的矢量决定，测试结果主要取决于试件中层界面的位置，如图 2-26a 所示。当力矢量和破坏平面与分层界面平面重合时，如图 2-26b 中的试件 1 所示，与在混凝土块中发生破坏的情况（以及试件 2 和试件 3）相比，预期获得的劈裂拉伸强度值较低，同时该测试方式也可用于层间黏结强度的测试。

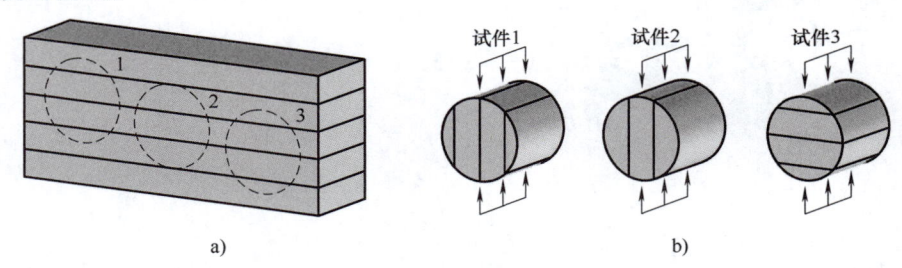

图 2-26 混凝土线性力的矢量定义

为测试弯曲拉伸强度，通常使用不同尺寸的棱柱形试件，如 40mm×40mm×160mm 或 100mm×100mm×500mm，进行三点或四点弯曲试验。可以按照图 2-27 所示的试件 1 和试件 2 将试件排列在壁中，以测试沿 u 方向试件的弯曲拉伸强度。在这里，分层界面可以垂直于荷载放置，也可以平行于荷载放置。请注意，3D 打印试件通常具有相对较薄的壁，不可能产生纵轴在 v 方向的棱柱。但是，除非分层界面是多条平行放置线材的一个影响因素，否则弯曲拉伸强度在 u 方向和 v 方向不会有显著差异。可以按照图 2-27 所示的试件 3、试件 4、试件 5 排列试件来测试沿 w 方向取向试件的弯曲拉伸强度。试件 4 表示最大拉伸应力作用在分层界面平面的情况，此时层间黏结强度再次成为影响弯曲拉伸强度的主要因素。在试件 3 和试件 5 所示的替代设置中，力矢量和分层界面平面不重合，很可能会产生不同的弯曲拉伸强度值。此时与试件 5 一样，四点弯曲测试似乎最能代表此方向试件的打印材料对拉伸力的整体响应。

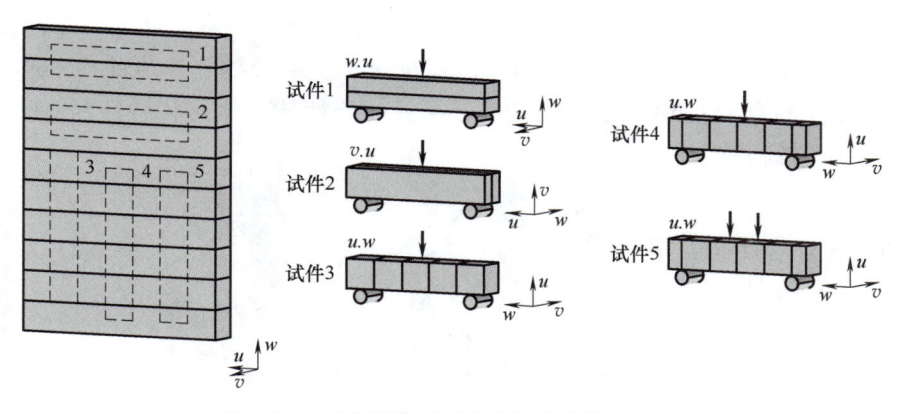

图 2-27 试件提取及弯曲拉伸强度测试方法

4. 层间黏结强度测试

上文在讨论进行劈裂拉伸强度或弯曲拉伸强度试验（力矢量作用于分层界面平面）的相关性时，已经讨论了层间黏结强度测试。更直接的方法是直接施加垂直于分层界面的拉力，如图 2-28 所示，可包含以下两种具体方法：第一种方法，使用从较大的多层试件中切割或提取出的小棱柱或圆柱体，并且仅包含一个垂直于切割方向（即最终荷载方向）的分层界面。请注意，如果芯材包含沿切割方向的槽口，如试件 2 和试件 4 所示，则可评估缺陷或空隙的影响。第二种方法，即所谓的拉拔试验，是评估传统混凝土结构黏结性能（如修复或加固层与旧混凝土基材之间的黏结）的常见做法。首先在打印件上切出一个圆柱形凹口，切割位置比分层界面位置更深一点。然后，将圆柱形金属适配器粘在混凝土上并施加单轴拉力，如图 2-28b 所示，水平和垂直分层界面都可以通过这种方式进行测试。

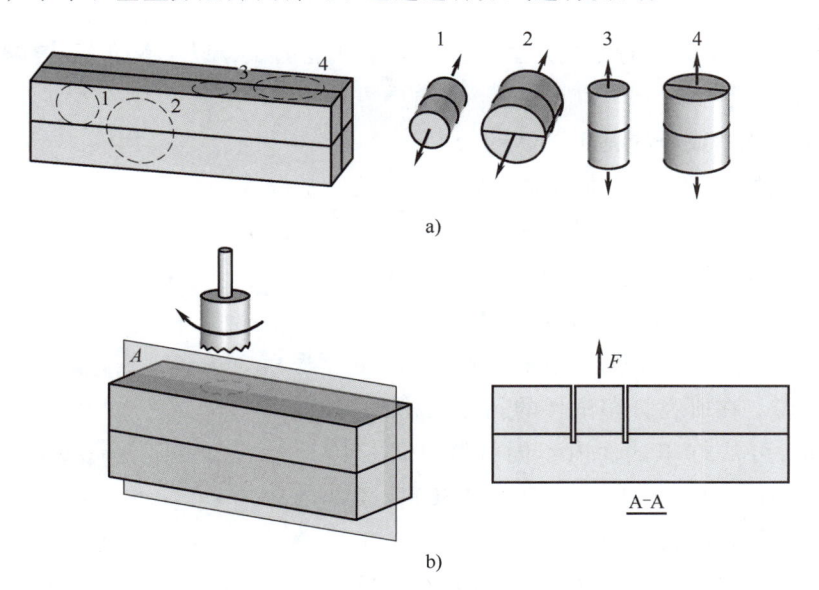

图 2-28 试件提取及拉拔试验
a）试件提取及层间黏结强度测试 b）圆柱形凹口切割及拉拔试验

最后，剪切黏结强度可用于评估打印试件的结构行为。图 2-29 所示为剪切黏结强度代表性试验设置。在第一个例子中,中南大学的学者使用从墙体中提取的 70mm 立方体试件,包含 4 层材料,试件的倾斜角设置为 60°,如图 2-29a 所示。虽然对于弱界面,这种布置可能在没有凹槽的情况下也能很好地工作,但对于分层界面特性与块体材料特性相对接近的情况,在分层界面平面上锯开凹槽应该是一种更安全的选择,如图 2-29b 所示。在第二个例子中,使用了自由放置在机器钳口开口中的钻孔芯试件,如图 2-29c 所示。马克西米利安·穆雷尔(Maximilian Meurer)和马丁·克莱森(Martin Classen)也使用了圆柱形试件,但将它们灌浆到钢管中,只允许中心部分自由。相比在自由放置的立方体上进行测试,圆柱形试件能提供更均匀的应力分布。灌浆试件应该更加准确,特别是在裂缝开始之后。还应注意,获得的剪切强度取决于所采用的实验装置引入的伴随压缩应力。

图 2-29 剪切黏结强度代表性试验设置
a) 分层界面倾斜于加载方向,无缺口 b) 分层界面倾斜于加载方向,有缺口 c) 分层界面平行于加载方向

在任何情况下,分层界面强度(拉伸或剪切)通常不大于块体材料强度。对于计算结构性能即整个打印对象的抗力,可以采用涂抹法和可选的各向异性法来获得较低的边界抗力值。原则上,可以对块体材料和分层界面使用相同的测试方法,但试件的定位必须使得块体或分层界面承受临界荷载。

5. 耐久性测试需要注意的问题

打印混凝土结构耐久性的测试方法远多于力学性能测试,以下仅介绍一些典型方法作为参考,主要包括:

1) 孔隙率和化学成分的表征。
2) 传输特性的测量,如气体渗透、碳化、氯化物扩散等。
3) 加速劣化测试,如冻融测试或置于高浓度化学溶液中。

可用于研究打印试件孔隙率和孔隙分布的测试方法包括压汞法(Mercury Intrusion Porosimetry,MIP)、气孔分析法和计算机断层扫描法(Computed Tomography,CT)。在研究打印试件的孔隙结构时,若采用 MIP 法,可从打印试件内不同位置(即层内、层间、层外侧)获取小试件(见图 2-30),通过捕捉整个试件的差异来准确估计孔隙率;若采用 CT 法,可直接研究完整的多层试件,能够可视化较大尺寸试件的孔隙结构(CT 法的局限性是该技术的特定分辨率,该分辨率随着试件尺寸的增加而降低)。

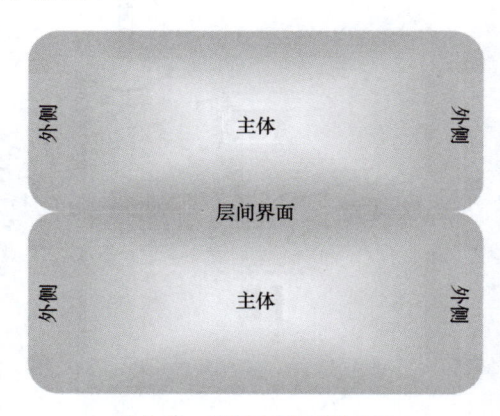

图 2-30 预计打印试件中会出现不同孔隙率的位置

关于传输特性的评估，要制备由两层或更多层组成的试件，以考虑与层间界面相关的影响。预期的侵蚀剂传输不再被视为单向的，这与标准化测试方法和预测模型的假设形成对比，而标准化测试方法和预测模型的基础源于这些假设。

冻融测试是加速劣化测试的代表。从传统混凝土结构中可以知道，在冻融测试中测量的材料损失很大程度上取决于暴露表面的状况。例如，在代表毛细管吸力和除冰溶液的冻融测试中发现，当使用拉丝表面而不是聚四氟乙烯表面时，材料损失增加了约65%，而当在锯切产生的表面上进行测试时，材料损失减少了50%以上。应用到3D混凝土打印的情况下，这意味着在浇筑试件、具有粗糙表面的打印试件和为获得平整表面而切掉外侧的试件所获得的结果之间可能会存在很大差异。此外，由于层间界面和外部区域（如果未切割）的孔隙率高，预计劣化程度会增加；外部区域的孔隙率还取决于试件的养护水平。在此阶段，必须生成打印试件和由相同材料制成的浇筑试件的抗冻融性数据，以便得出可靠结论。

6. 收缩性测试需要注意的问题

有多种标准化测试方法可用于测量水泥材料的收缩率。然而，所有这些方法都是为浇铸混凝土而开发的，因此需要对现有标准进行调整或采用新方法来评估打印混凝土的收缩趋势。导致需要进行调整的第一个重要因素是打印构件缺乏模板并直接暴露在环境中，即收缩测量在材料挤出后需立即开始。此外，打印构件具有分层结构，收缩受限可能导致层间滑移（由于孔隙水蒸发不均匀，层间颗粒联锁效果相对不如层内区域）。

为了在混凝土挤出后立即开始测量，可以使用非接触式激光测量技术来测量单根材料束的收缩率。为了不妨碍收缩运动，应将层打印在箔片上，从而在收缩过程中产生有限的摩擦阻力。此外，需要切割层端以获得指定长度和平整表面，也可以将具有平整光滑表面的钢参考点引入层端以测量收缩率。在范德普滕（Van der Putten）进行的研究中，通过将指定的目标点引入层顶面并结合图像分析，实现了对单层试件的即时收缩测量。除了立即开始收缩测量的重要性之外，还应考虑与层间界面的具体情况。张航华和肖建庄在研究中使用黑白标记物，将指示针固定在多层试件上，然后通过图像分析来监测收缩运动。为了防止层间界面对测量结果的影响，他们强调将指示针插入层内深处的重要性。

了解收缩程度是否会导致收缩裂缝的形成非常重要。传统混凝土可以通过浇筑环形试件并进行标准化环测试来验证。虽然可以遵循相同程序来评估打印混凝土的开裂性，但很难通过挤出材料来填充环形模具。相反，在格里特·莫利奇（Gerrit Moelich）等人和张航华和肖建庄的研究中，对分层墙体进行了约束收缩测量。虽然格里特·莫利奇等人测试了如何约束收缩的不同方法，即通过打印几何形状、底部摩擦、刚性试件连接的两根或四根钢棒，或通过与刚性试件连接的两根钢棒与约束中间的凹口相结合，但最终的试件制备由张航华和肖建庄进一步改进：他们将木质刚性试件替换为对层收缩行为影响较小的金属试件。多层试件顶部的固定钢板还包含一个锋利的角钢片，用作裂纹形成的凹口。通过图像分析进一步评估收缩开裂，研究了不同的阈值以准确可视化凹口附近的裂纹形成。格里特·莫利奇等人在进行约束收缩研究时使用了数字图像相关（Digital Image Correlation，DIC）技术。由于需要在材料未硬化状态下将散斑图案应用于打印层，他们指出使用粉笔基涂料以确保涂料不会影响与环境的水分交换率的重要性。与示踪剂相比，DIC的优势在于可以对完全可视化的表面进行连续测量,并且可以轻松追踪夹层和大部分层之间的任何可能区别。虽然示踪剂提供的是局部信息,并且需要测试人员事先决定是否要将它们置于大部分层间界面处,但它们比新打印试件上的散斑图案涂料更容易应用。

7. 钢筋-混凝土黏结强度测试需要注意的问题

一般而言,有两种类型的试验用于测量钢筋与混凝土之间的黏结,即拉拔试验和梁端试验,如图 2-31 所示。与仅受剪切力的拉拔试验不同,梁端试验中试件受弯矩和剪力的综合作用。对于浇筑和打印混凝土,用于拉拔试验的试件通常需要专门制作;用于梁端试验的试件可以是新制作的,也可以是从 3D 打印的结构中切割出来的。

当钢筋沿打印方向放置时,可能需要在梁端试验和常规拉拔试验中考虑分层的影响。另一方面,当钢筋处于垂直方向即穿过多个打印层时,分层的影响较小。然而,当竖向钢筋以穿透方式插入时,顶层可能存在缺陷(空洞),这可能会影响滑移。此外,还应考虑钢筋在梁试件中的相对位置,即它是在层间还是在层内。

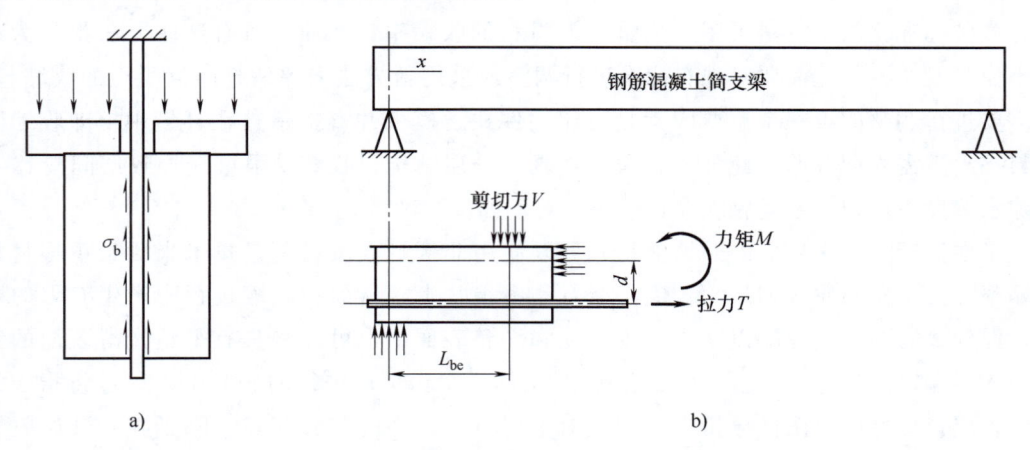

图 2-31 用于测量钢筋与混凝土之间的黏结试验
a) 典型拉拔试验 b) 梁端试验

2.4.4 非破坏性测试方法

考虑到混凝土 3D 打印快速的建造速度,需要采用新的技术来进行质量检测、控制和结构性能评估,以确保满足设计要求。以下介绍用于监测打印层质量和结构硬化特性的无损检测方法(Non-Destructive Testing,NDT),所检测或评估的特性包括但不限于几何精度、形状准确度、尺寸稳定性、打印层的塑性变形、表面缺陷以及早期力学强度发展等。鉴于打印过程的自动化特点,无损检测方法一般可伴随打印过程自动化同步进行,即实现在线无损质量检测与控制。

1. 固化性能监测

对于 3D 打印结构,早期裂缝形成的一个重要因素是水分过度蒸发。格里特·莫利奇等人在实验室中打印制备了暴露在均匀风速 [(13±1) km/h] 条件下的试件,其平均水分蒸发率为 0.412kg/m/h。他们使用数字图像相关法(Digital Image Correlation,DIC)技术监测随时间变化的塑性变形及早期裂缝的形成情况,在试件中嵌入标记以测量自由收缩,同时在试件表面喷涂斑点图案以方便测量约束收缩。研究发现：打印后前 2h 内打印混凝土会发生较大的自由收缩，与普通混凝土相比，其应变增益率和峰值应变均高出数倍。

3D 打印结构的硬化特性和早期力学性能也可能受到水分过度蒸发和暴露环境条件的影响。因此，监测新打印结构的硬化速率和早期强度发展，并提供适当的养护条件，非常重要。马国伟等人使用压电锆钛酸盐（PZT）贴片监测打印混凝土的硬化行为。根据电导谱的变化确定了共振频率偏移（RFS）和均方根偏差（RMSD）两个指标。研究发现可以使用 RMSD 值来监测和预测新打印混凝土的刚度，并调整打印工艺参数。

2. 结构缺陷检测

打印混凝土固化以后，需要检查缺陷以评估打印结构的承载能力、耐久性和使用寿命。在传统的混凝土施工中，通常使用声学、电气和电磁等无损检测方法来检测缺陷。

声学方法，例如超声脉冲速度（UPV）和超声断层扫描，基于测量波穿过结构的传播时间，可用于确定裂缝、空隙或高孔隙率区域的存在。对于测试，需要有一个平整的混凝土表面以确保与换能器正确接触，而打印结构通常并非满足此要求，则可考虑在测试前通过研磨进行表面处理。由于这些方法基于波在混凝土体内的传播，因此对于采用空心打印墙体（随后用绝缘材料回填）的结构，它们在检测墙体整个横截面缺陷方面的应用受到一定限制。截至 2024 年年底，只有少数关于声学无损检测方法用于 3D 打印的研究报告。米歇尔·海塞尔（Michelle Helsel）证明了使用超声断层扫描评估打印结构中的层黏结质量。马国伟等人表明，UPV 可用于估算打印试件的抗压强度。

电气和电磁方法是另一类广泛用于检测传统建筑缺陷的技术，通常精度较低，但测试设备较小且扫描过程较快，使其适合现场测试。此类方法可用于确定大空隙以及钢筋的位置和深度。与声学方法一样，这类方法通常要求平整的混凝土表面。

2.5 打印混凝土的植筋加固方法

当前，3D 打印混凝土技术面临的主要困难之一是缺乏可行的用于打印建筑尺度结构的植筋加固方法。现有的打印混凝土植筋加固方法可以根据材料（例如，钢材、热塑性塑料、FRP 和其他材料）或放置钢筋的阶段（预安装、打印中和打印后植筋加固）进行分类。但是，目前可用的测试数据有限，在实际施工中进行植筋加固的案例则更少。本节将介绍不同阶段对 3D 打印混凝土进行植筋加固的方法。

2.5.1 预先部署加固筋方法

轮廓工艺（CC）由贝罗克·科什尼维斯（Berok Khoshnevis）开发，是主要的混凝土打印技术之一，其将打印混凝土外壳作为模板，然后在这种模板内浇筑混凝土。垂直钢筋或绑扎钢筋网可以与 CC 打印方法相结合，在浇筑混凝土之前将它们安装在打印模板内（见图 2-32a、b）。水平钢筋和模板拉杆也可以手动铺设在层间或在打印过程中插入打印层中（见图 2-32c）。该方法已被全球多家 3D 打印混凝土建筑公司采用，包括 Contour Crafting Corp.（美国）、ICON（美国）、TotalKustom（美国）、WinSun（中国）、CyBe（荷兰）和 Apis Cor（俄罗斯）。埃里

a)   b)   c)   d)

图 2-32 一般预先部署加固筋方法

克·克里格（Eric Kreiger）等人也在建筑施工过程中实施了这种方法来加固打印混凝土墙（见图 2-32d）。图 2-33 所示为现场建筑施工中人工放置钢筋与 CC 打印方法相结合的更多应用。尽管这些公司利用 3D 打印技术只建造了固定式"模板"，而不是核心筒，但该方法实用性强，适用于制造墙体和柱子等垂直混凝土构件。然而，当墙体有垂直曲率时，该方法就会有局限性。

a)   b)   c)   d)

图 2-33 工地现场打印混凝土的预先部署加固筋方法

中国建筑公司北京华商腾达有限公司使用了类似的植筋策略，但其打印系统不同（见图 2-34）。在华商腾达公司的方法中，水平和竖向钢筋被固定在适当位置，同时利用自研的双喷嘴打印系统将混凝土逐层沉积在钢筋的每一侧。在打印过程中，两个喷嘴将竖向钢筋夹在中间，使其始终保持笔直，但限制了墙体的自由造型。

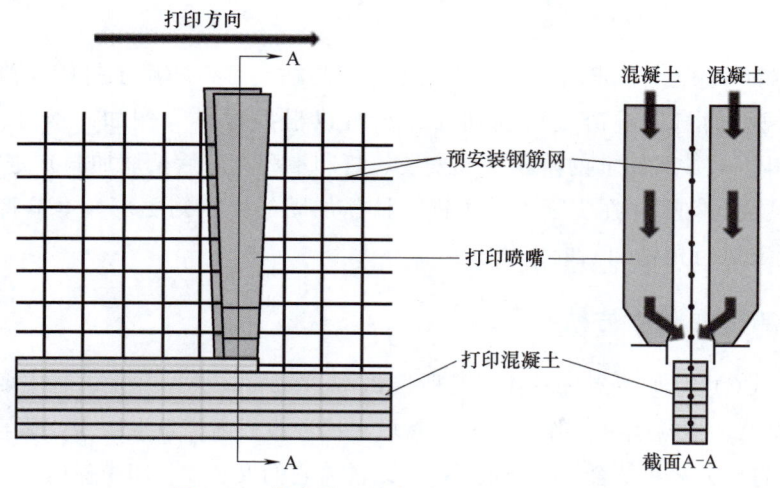

图 2-34 华商腾达的水平和竖向植筋示意

苏黎世联邦理工学院开发的网架模板概念使用三维网状结构来加固打印混凝土（详见 1.4.3）。在这种方法中，混凝土被喷射到穿孔模板上，该模板可由高分子聚合物通过挤出成形（见图 2-35a、b），或通过切割、弯曲和焊接钢筋制成（见图 2-35c）。这种预制网状结构既可用作加固材料，又可用作固定模板，无须使用一次性模板，从而节省材料。但是，由于这种网状结构的强度不足以抵抗结构荷载，因此它的应用仅限于非结构部件。西卡化学公司（瑞士）和 Branch Technology（美国）采用了这项技术。Branch Technology 用于建造内墙的方法（见图 2-35d）遵循网架模板概念，但使用碳纤维增强热塑性聚合物作为打印材料。打印网架模板后，基质中填充喷涂泡沫绝缘材料，然后用混凝土覆盖。

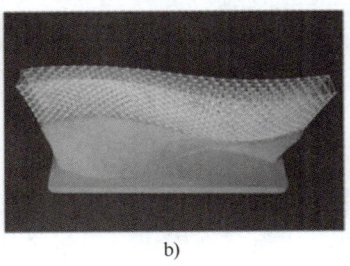

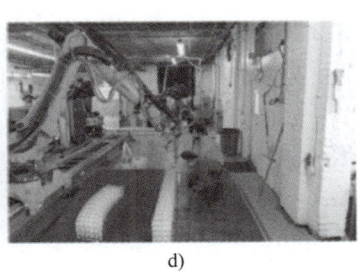

图 2-35　空间网架模板打印

2.5.2　后植入加固筋方法

多梅尼科·阿斯普罗内（Domenico Asprone）等人使用体外钢筋增强打印混凝土梁（见图 2-36）。混凝土梁的空心段沿厚度方向实施打印。然后，将空心混凝土块组装并用钢筋绑扎以形成梁结构。在这种情况下，钢筋起着以下两个作用：将每个段固定到位并在负载条件下提供体外加固。该方法先将钢筋的两端弯曲插入混凝土预留的孔中，然后填入砂浆将钢筋锚固在位置上。由于弯曲钢筋的存在，这种加固可以为梁同时提供平面内、外的抗力。此外，由于位置和方向的多变，外部钢筋有助于改善打印混凝土梁的压缩、拉伸和剪切行为，而不仅仅是像传统混凝土那样只增加抗拉性能。由于需要额外锚固钢筋和填充孔洞，使得其在施工时间方面相对于传统混凝土没有优势。

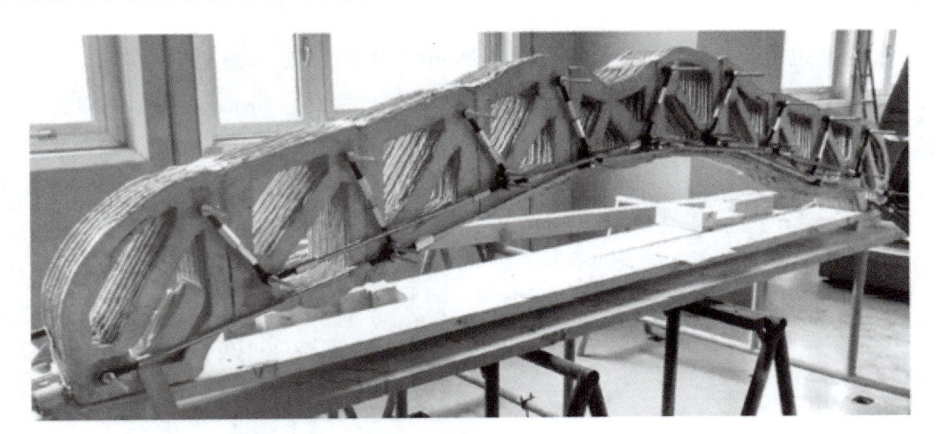

图 2-36　打印空心混凝土单元通过体外钢筋进行加固

冯鹏等人在打印过程之后，采用人工铺层程序，用玻璃纤维增强聚合物（GFRP）片材包裹并环绕打印的混凝土柱和梁，如图 2-37 所示。根据单轴压缩和弯曲试验结果，这种加固方法将混凝土柱的破坏模式从脆性转变为延性，将混凝土梁的破坏模式从脆性弯曲破坏转变为非脆性剪切破坏。GFRP 片材增强混凝土构件更具延性，因为它们在破坏前可以偏转更多，从而在开裂前抵抗更大的荷载。

传统钢筋混凝土的后张法也可用于固化后的打印混凝土。基于结构优化，混凝土构件可用更少的材料打印成空心结构，打印过程中产生的空腔可以用作管道，在张拉钢缆后进行灌浆。早在 2011 年，英国拉夫堡大学就使用这种加固方法打印了混凝土长凳。荷兰埃因霍温理工大学打印的世界上第一座钢筋混凝土桥也使用了纵向铺设并锚固在钢筋混凝土块上的预应力钢缆。莱尔·达席尔瓦（Leal Da Silva）等人和吉尔扬·万蒂格姆（Gieljan Vantyghem）等人分别将这种加固策略应用于打印混凝土柱和大梁。在这些研究中，混凝土构件垂直于打印层进行纵向分段打印，并通过对齐中心孔进行组装，然后钢索穿孔并张拉。关于后张拉法，仍然需要更多的实验来评估这种加固方法在打印混凝土中的有效性。

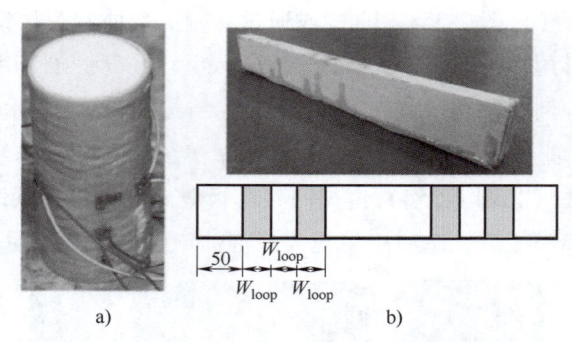

图 2-37 GFRP 板加固在打印混凝土构件中的应用
a）包裹打印混凝土柱 b）环绕打印混凝土梁

2.5.3 打印同步式加固方法

打印同步式加固方法是一种允许打印和植筋同时自动进行的加固策略。这种高度自动化的打印系统能够有效缩短人工加固的时间。通过这种方式，3D 混凝土打印可以充分发挥其相对于传统混凝土施工的潜力。然而，大部分打印同步式加固方法仍然处于研究阶段，其难点之一在于提高打印混凝土强度的效果比较有限。

在打印时同步自动生成和部署钢筋的策略是首选的。维克多·梅切林（Viktor Mechtcherine）等人提出了一种打印钢筋的自动化系统，这一过程称为气体保护金属电弧焊（见图 2-38a）。在这个过程中，连续送入的焊丝电极和金属基片之间的电弧使焊丝电极熔化并变成钢珠，钢珠沿长度方向累积形成钢筋（见图 2-38b）。然而，将打印混凝土和打印钢筋整合

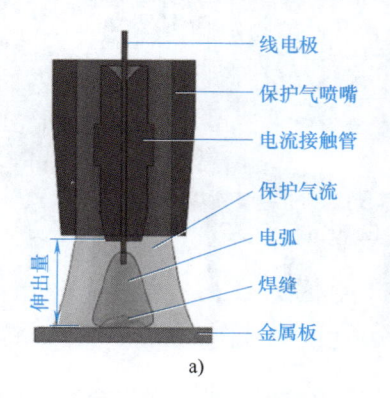

图 2-38 在打印混凝土的同时自动生成钢筋的钢筋打印概念
a）气体保护金属电弧焊系统 b）钢筋打印

在一起的原理和方法仍未得到解决。此外，钢筋打印所需的冷却系统对打印混凝土的影响以及冷却系统与打印系统的相互作用仍有待研究确定。

贝罗克·科什尼维斯（Berok Khoshnevis）早前设计了一种新颖的加固方法，用于在轮廓工艺打印过程中自动化部署钢筋。这里使用的"钢筋"由许多钢制零件组成（见图2-39），这些钢制零件可以组装成不同的形状（条带和网格）。打印过程由龙门系统操作，该系统包含用于打印构件外壳的喷嘴、用于组装钢制零件的机器人和用于混凝土填充的进料器。但是，这种昂贵且细节复杂的打印系统并未在实际施工中推广应用。

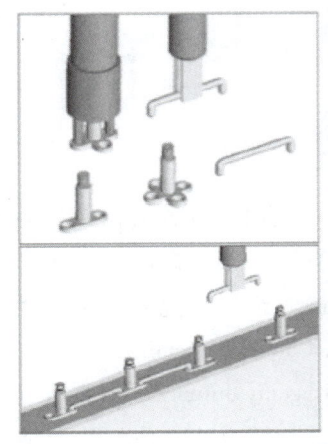

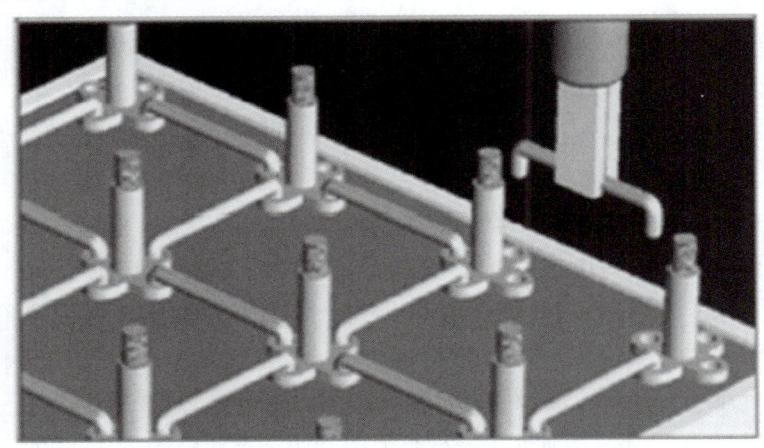

图2-39 贝罗克·科什尼维斯（Berok Khoshnevis）提出的打印混凝土同步加固构件

一种可以将打印和加固工艺结合起来的方法是纤维增强（见图2-40a），也称为不连续增强。短纤维很容易与混凝土及其他成分混合，达到均匀的稠度，然后挤出为新鲜混凝土，以普遍增强固化打印混凝土的抗剪、抗压和抗拉性能。曼努埃尔·汉巴赫（Manuel Hambach）使用碳纤维、玻璃纤维和玄武岩纤维（长度3~6mm，直径7~20m）对小尺度（试件尺寸约为几厘米）的打印混凝土进行了加固。如果将喷嘴的直径调整为2mm（小于纤维的长度），可实现挤出的纤维与打印方向一致。这种小直径喷嘴通常不用于打印混凝土，但在不将集料混入水泥混合物中的情况下做到这一点是可行的。沿高度取向的纤维增加了打印混凝土的抗弯强度和抗压强度，在测试的试件中，其最大值分别达到30MPa和82.3MPa。弗里克·博斯（Freek Bos）等人使用了类似的概念，但材料不同，其中将2.1 vol%的钢纤维（6mm）添加到混凝土混合物中搅拌，并与混凝土一起挤出，方向与喷嘴行进方向平行。实验记录到，在添加钢纤维后，打印混凝土的抗弯强度显著增加（从1.1MPa增加到5.95MPa）。此外，荷兰埃因霍温理工大学试验了在混凝土混合物中添加多种长度的钢纤维（6mm和13mm）（见图2-40b），以改善打印混凝土在负载条件下的力学性能。因此，6mm纤维可以弥合微裂纹，提高抗拉强度，而13mm纤维可以保持宏观裂纹，提高开裂后的延展性。虽然这种打印系统有助于3D打印充分发挥其自动化潜力，但仍有改进的空间。截至2024年年底，使用这种方法实现的最高强度水平仍然不足以在不增加钢筋的情况下建造大型混凝土构件。纤维的方向不一定需要与喷嘴对齐，因为通过扩大喷嘴直径可实现多向纤维分布，这更适合提高混凝土的整体性能，包括但不限于抗弯、抗压和抗剪性能。

另一种连续配筋策略已由河北工业大学的学者提出，即在喷嘴处实施连续微钢缆配筋于

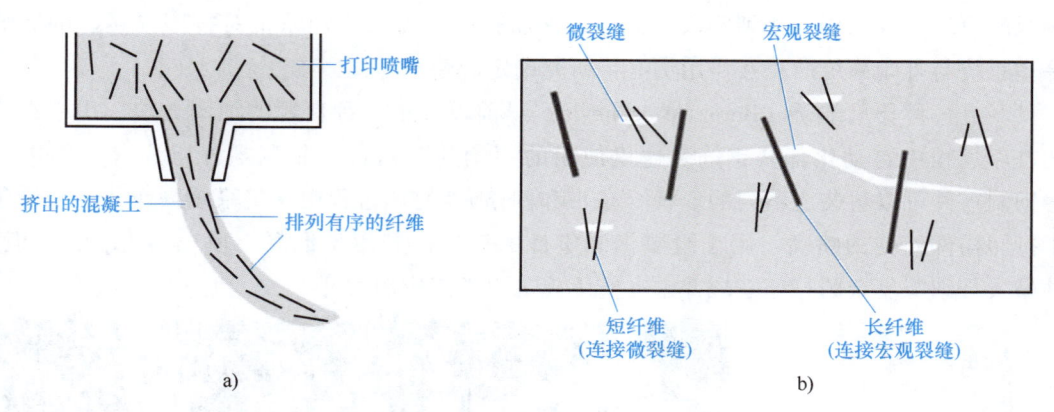

图 2-40 打印混凝土的纤维增强材料
a) 纤维增强打印混凝土挤出示意图 b) 不同长度纤维的功能

打印混凝土中（见图 2-41a）。该打印系统由用于打印混凝土的喷嘴和用于放置微钢缆的抽丝器组成，抽丝器由步进电动机驱动，可将微钢缆（直径 1.2mm）连续送入打印喷嘴。送料速度可调，也可同步打印混凝土和铺设微钢缆，并在打印的同时将微钢缆嵌入混凝土中。微钢缆增强混凝土的最大抗弯强度为 30MPa，这与曼努埃尔·汉巴赫（Manuel Hambach）研究的短纤维增强混凝土的最大抗弯强度相当。叶夫根尼·尤季诺夫（Evgeniy Jutinov）和弗里克·博斯（Freek Bos）研究了一种类似的打印系统，但采用不同的连续加固方法。他们认为钢丝绳（见图 2-41b）比钢链（见图 2-41c）和钢缆更适合用作加固材料，因为它在横向方向上具有很高的柔韧性，更容易操作，特别是对于曲线形结构。

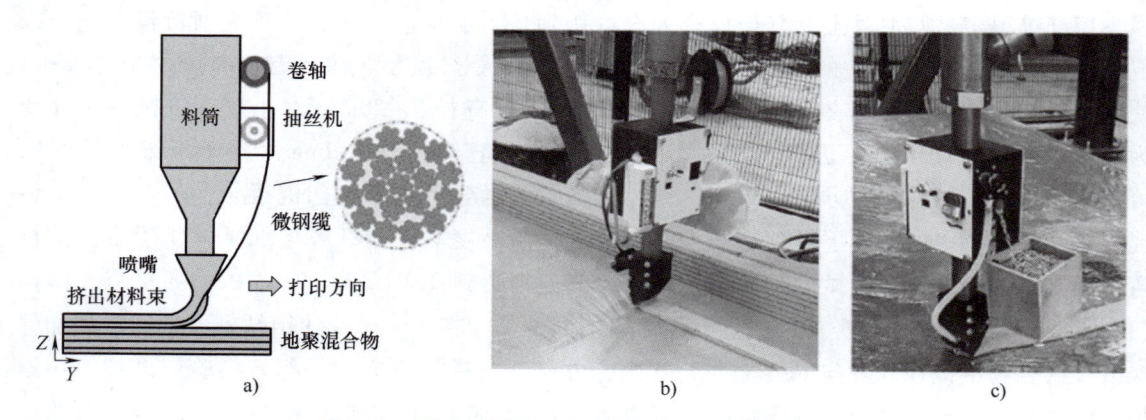

图 2-41 用于不同类型连续钢筋的混凝土打印系统
a) 连续微钢缆 b) 钢丝绳 c) 钢链

此外，还可以采用类似书本装订的形式将钢丝段钉入打印混凝土中。杰尼迪（Geneidy）和库马尔吉（Kumarji）试验了这种方法，将改装后的电动钉枪粘到机器人手臂上，将钉状钢丝型材（见图 2-42）插入设计位置的打印混凝土中。钉合过程是机器人手臂的连续操作过程，并与混凝土打印同时完成。不同形状的钢丝可用于不同的整体结构完整性。因此，该打印系统最显著的优势是，钢丝型材可以通过钉枪钉成不同的图案，并在打印过程中通过开关触发发射机构。更具体地说，钢丝型材可以插入并重叠成"X"形（见图 2-42b）在平行层间提供

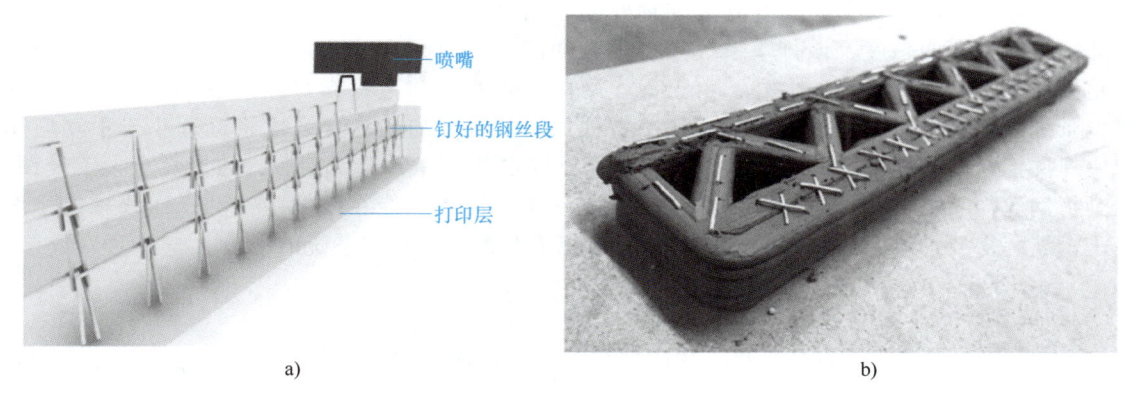

图 2-42 钢丝型材"装订"加固在打印混凝土中的应用
a) 与打印方向一致 b) 以"X"形进行部署

互锁力,或部署在角落以加强薄弱区域。虽然基于该技术的加固量仍远低于钢筋,但高灵活性和可控性使其值得被考虑用于加固 3D 打印混凝土。

常规混凝土中常用的钢丝网加固措施,钢丝网通常被水平嵌入混凝土板的中间深度处。马奇蒙特(Marchment)和桑杰亚(Sanjayan)提出了一种在打印混凝土墙时垂直嵌入钢丝网的方法。因此,钢丝网被卷起并垂直放置在线轴上,当喷嘴移动时,钢丝网从线轴上进料(见图 2-43a)。喷嘴头在中间有一个垂直缝隙,并沿行进方向位于线轴后面,以允许放置的竖向网格穿过竖向缝隙(见图 2-43b)。在喷嘴内部,打印混凝土的流动被该缝隙分开,但当混凝土打印在网格的两侧时,它们会在中间合并。通过这些设置,可以在打印过程中同时使用竖向网格和混凝土。网格高于层厚(17mm),但低于两层(34mm),以便各层之间在垂直方向上重叠并实现垂直方向的连续性(见图 2-43c)。在破坏试验(弯曲试验)后,钢筋屈服发

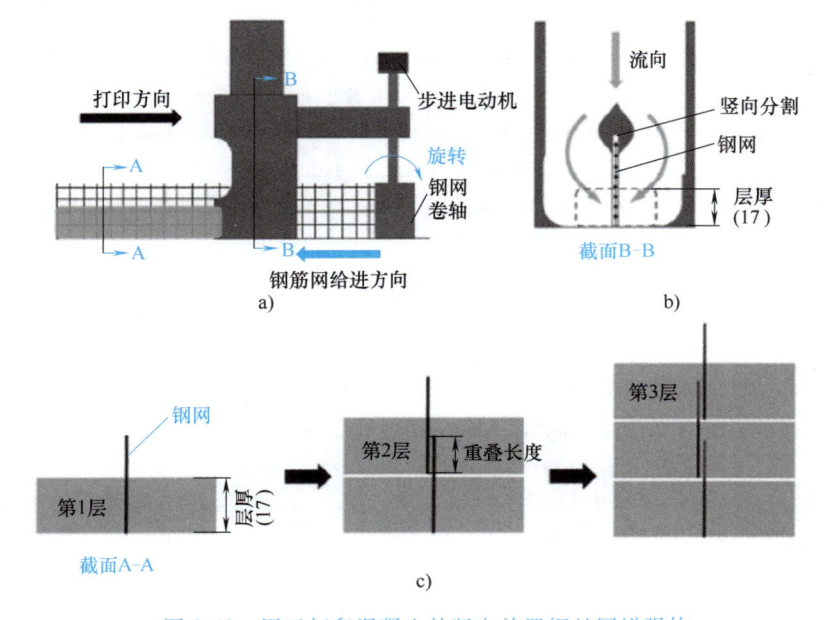

图 2-43 用于打印混凝土的竖向放置钢丝网增强体
a) 竖向钢丝网增强体的放置 b) 喷嘴头的横截面 c) 打印层之间竖向钢丝网的重叠

生在黏结破坏之前，这证明了混凝土和钢丝网之间存在足够的黏结强度，并且内嵌的钢丝网有助于提高抗弯曲强度。该打印系统具有很大的潜力，因为它是第一种在混凝土打印的同时自动添加垂直网格的方法。另外，由于钢丝网段在垂直方向上没有焊接或捆绑，并且定制的进料系统限制了钢丝网的刚度，因此使用这种加固方法增加的抗弯强度将远远小于手动应用整块焊接钢丝网。此外，建议切割网格以进行不同层的打印，但切割后，如果没有人工干预，很难将钢丝与喷嘴头槽口对齐。因此，网格应该非常灵活才能在线轴上滚动，而线轴的刚度低于钢筋。需要进一步解决和改进这些问题，以充分发挥该打印系统的潜力。

思 考 题

1. 3D 打印混凝土材料的组成和传统混凝土相比有何不同？为什么集料选择在 3D 打印中至关重要？

2. 在 3D 打印混凝土中，矿物掺合料如硅灰、粉煤灰和矿渣粉的加入如何影响混凝土性能？这些掺合料的作用机制是什么？

3. 外加剂在 3D 打印混凝土中的作用是什么？不同类型的外加剂如黏度改性剂、促凝剂、缓凝剂在具体应用中如何发挥作用？

4. 纤维增强材料如何改善 3D 打印混凝土的抗裂性和强度？不同类型纤维如玻璃纤维、聚丙烯纤维、碳纤维的优缺点是什么？

5. 3D 打印混凝土的配合比设计需要考虑哪些性能要求？如何通过调整水泥、集料、外加剂等成分优化打印性能和最终结构性能？

6. 挤出型、喷射型和粉末基 3D 打印混凝土各自的应用场景是什么？它们在工艺和材料选择上的区别和挑战有哪些？

7. 如何通过控制凝结时间、流变性和早期强度来优化 3D 打印混凝土的打印性能？这些因素如何影响打印结构的稳定性和建造效率？

参 考 文 献

[1] AL-SHANNAG M J, CHARIF A. Bond behavior of steel bars embedded in concretes made with natural lightweight aggregates [J]. Journal of King Saud University-Engineering Sciences, 2017, 29 (4): 365-372.

[2] ASPRONE D, AURICCHIO F, MENNA C, et al. 3D printing of reinforced concrete elements: Technology and design approach [J]. Construction and building materials, 2018, 165: 218-331.

[3] ASPRONE D, MENNA C, BOS F P, et al. Rethinking reinforcement for digital fabrication with concrete [J]. Cement and Concrete Research, 2018, 112: 111-121.

[4] BAZ B, AOUAD G, LEBLOND P, et al. Mechanical assessment of concrete-Steel bonding in 3D printed elements [J]. Construction and Building Materials, 2020, 256: 119457.

[5] BOS F, BOSCO E, SALET T. Ductility of 3D printed concrete reinforced with short straight steel fibers [J]. Virtual and Physical Prototyping, 2019, 14 (2): 160-174.

[6] BOS F, WOLFS R, AHMED Z, et al. Additive manufacturing of concrete in construction: potentials and challenges of 3D concrete printing [J]. Virtual and Physical Prototyping, 2016, 11 (3): 209-225.

[7] BOS F P, AHMED Z Y, JUTINOV E R, et al. Experimental exploration of metal cable as reinforcement in 3D printed concrete [J]. Materials, 2017, 10 (11): 1314.

[8] BULCK L. Assembling structural 3D concrete printed elements [D]. Eindhoven: Eindhoven University of Technology, 2017.

[9] DE VILLIERS J P, VAN ZIJL G P, VAN ROOYEN A S. Bond of deformed steel reinforcement in lightweight foamed concrete [J]. Structural Concrete, 2017, 18 (3): 496-506.

[10] DER KRIFT V. C. The structural potential of steel fibres in 3D-printed concrete: exploring nonlinear numerical strategies for the analysis of hardened Fibre reinforced 3D-printed concrete structures [D]. Eindhoven: Eindhoven University of Technology, 2017.

[11] DRESSLER I, FREUND N, LOWKE D. The effect of accelerator dosage on fresh concrete properties and on interlayer strength in shotcrete 3D printing [J]. Materials, 2020, 13 (2): 374.

[12] FEDEROWICZ K, KASZYŃSKA M, ZIELIŃSKI A, et al. Effect of curing methods on shrinkage development in 3D-printed concrete [J]. Materials, 2020, 13 (11): 2590.

[13] FENG P, MENG X, ZHANG H. Mechanical behavior of FRP sheets reinforced 3D elements printed with cementitious materials [J]. Composite Structures, 2015, 134: 331-342.

[14] HACK N, LAUER W V. Mesh-mould: Robotically fabricated spatial meshes as reinforced concrete formwork [J]. Architectural Design, 2014, 84 (3): 44-53.

[15] HAMBACH M, RUTZEN M, VOLKMER D. Properties of 3D-printed fiber-reinforced Portland cement paste [J]. Cement and Concrete Composites, 2017 (79): 62-70.

[16] HELSEL M A. NDT to characterize 3D printed concrete interlayer bonds [D]. Champaign: University of Illinois at Urbana-Champaign, 2019.

[17] HOŁA J, BIEŃ J, SCHABOWICZ K. Non-destructive and semi-destructive diagnostics of concrete structures in assessment of their durability [J]. Bulletin of the Polish Academy of Sciences Technical Sciences, 2015, 63 (1): 87-96.

[18] JUTINOV E. 3D concrete printing: research and development of a structural reinforcement system for 3D printing with concrete [D]. Eindhoven: University of Technology Eindhoven, 2017.

[19] KEITA E, BESSAIES-BEY H, ZUO W, et al. Weak bond strength between successive layers in extrusion-based additive manufacturing: measurement and physical origin [J]. Cement and Concrete Research, 2019, 123: 105787.

[20] KHOSHNEVIS B. Automated construction by contour crafting—related robotics and information technologies [J]. Automation in construction, 2004, 13 (1): 5-19.

[21] KHOSHNEVIS B, HWANG D, YAO K-T, et al. Mega-scale fabrication by contour crafting [J]. International Journal of Industrial and Systems Engineering, 2006, 1 (3): 301-320.

[22] KLOFT H, KRAUSS H-W, HACK N, et al. Influence of process parameters on the interlayer bond strength of concrete elements additive manufactured by Shotcrete 3D printing (SC3DP) [J]. Cement and concrete research, 2020, 134: 106078.

[23] KREIGER E L, KREIGER M A, CASE M P. Development of the construction processes for reinforced additively constructed concrete [J]. Additive Manufacturing, 2019, 28: 39-49.

[24] LE T T, AUSTIN S A, LIM S, et al. Hardened properties of high-performance printing concrete [J]. Cement and concrete research, 2012, 42 (3): 558-566.

[25] LEAL DA SILVA W R, ANDERSEN T J, KUDSK A, et al. 3D Concrete Printing of post-tensioned elements [C]. MADRID: International Association for Shell and Spatial Structures (IASS), 2018.

[26] LI V C, BOS F P, YU K, et al. On the emergence of 3D printable engineered, strain hardening cementitious composites (ECC/SHCC) [J]. Cement and Concrete Research, 2020, 132: 106038.

[27] LIM S, BUSWELL R A, LE T T, et al. Developments in construction-scale additive manufacturing processes [J]. Automation in Construction, 2012, 21: 262-268.

[28] MA G, LI Y, WANG L, et al. Real-time quantification of fresh and hardened mechanical property for 3D printing material by intellectualization with piezoelectric transducers [J]. Construction and Building Materials, 2020, 241: 117982.

[29] MA G, LI Z, WANG L, et al. Micro-cable reinforced geopolymer composite for extrusion-based 3D printing [J]. Materials letters, 2019, 235: 144-147.

[30] MA G, LI Z, WANG L, et al. Mechanical anisotropy of aligned fiber reinforced composite for extrusion-based 3D printing [J]. Construction and Building Materials, 2019, 202: 770-783.

[31] MARCHMENT T, SANJAYAN J. Bond properties of reinforcing bar penetrations in 3D concrete printing [J]. Automation in

Construction, 2020, 120: 103394.

[32] MARCHMENT T, SANJAYAN J. Mesh reinforcing method for 3D concrete printing [J]. Automation in Construction, 2020, 109: 102992.

[33] MECHTCHERINE V, BUSWELL R, KLOFT H, et al. Integrating reinforcement in digital fabrication with concrete: A review and classification framework [J]. Cement and Concrete Composites, 2021, 119: 103964.

[34] MECHTCHERINE V, GRAFE J, NERELLA V N, et al. 3D-printed steel reinforcement for digital concrete construction-Manufacture, mechanical properties and bond behaviour [J]. Construction and Building Materials, 2018, 179: 125-137.

[35] MEURER M, CLASSEN M. Mechanical properties of hardened 3D printed concretes and mortars-development of a consistent experimental characterization strategy [J]. Materials, 2021, 14 (4), 752.

[36] MOELICH G M, KRUGER J, COMBRINCK R. Plastic shrinkage cracking in 3D printed concrete [J]. Composites Part B: Engineering, 2020, 200: 108313.

[37] OGURA H, NERELLA V N, MECHTCHERINE V. Developing and testing of strain-hardening cement-based composites (SHCC) in the context of 3D-printing [J]. Materials, 2018, 11 (8): 1375.

[38] RAHUL A, SANTHANAM M, MEENA H, et al. Mechanical characterization of 3D printable concrete [J]. Construction and Building Materials, 2019, 227: 116710.

[39] REINOLD J, NERELLA V N, MECHTCHERINE V, et al. Extrusion process simulation and layer shape prediction during 3D-concrete-printing using the particle finite element method [J]. Automation in Construction, 2022, 136: 104173.

[40] SALET T A, AHMED Z Y, BOS F P, et al. Design of a 3D printed concrete bridge by testing [J]. Virtual and Physical Prototyping, 2018, 13 (3): 222-236.

[41] SHELTON T. Cellular fabrication: Branch technology, 2014-present [J]. Technology/Architecture + Design, 2017, 1 (2): 251-253.

[42] VAN DEN HEEVER M, BESTER F, KRUGER J, et al. Mechanical characterisation for numerical simulation of extrusion-based 3D concrete printing [J]. Journal of Building Engineering, 2021, 44: 102944.

[43] VAN DEN HEEVER M, BESTER F, KRUGER J, et al. Numerical modelling strategies for reinforced 3D concrete printed elements [J]. Additive Manufacturing, 2022, 50: 102569.

[44] VAN DEN HEEVER M, DU PLESSIS A, KRUGER J, et al. Evaluating the effects of porosity on the mechanical properties of extrusion-based 3D printed concrete [J]. Cement and Concrete Research, 2022, 153: 106695.

[45] VAN DER PUTTEN J. Mechanical properties and durability of 3D printed cementitious materials [D]. Ghent: Ghent University, 2021.

[46] VANTYGHEM G, DE CORTE W, SHAKOUR E, et al. 3D printing of a post-tensioned concrete girder designed by topology optimization [J]. Automation in Construction, 2020, 112: 103084.

[47] WANGLER T, LLORET E, REITER L, et al. Digital concrete: opportunities and challenges [J]. Rilem technical letters, 2017, 1 (1): 67-75.

[48] WOLFS R, BOS F, SALET T. Hardened properties of 3D printed concrete: The influence of process parameters on interlayer adhesion [J]. Cement and Concrete Research, 2019, 119: 132-140.

[49] WU Z, MEMARI A M, DUARTE J P. State of the art review of reinforcement strategies and technologies for 3D printing of concrete [J]. Energies, 2022, 15 (1): 360.

[50] XU Y, YUAN Q, LI Z, et al. Correlation of interlayer properties and rheological behaviors of 3DPC with various printing time intervals [J]. Additive Manufacturing, 2021, 47: 102327.

[51] ZHANG H, XIAO J. Plastic shrinkage and cracking of 3D printed mortar with recycled sand [J]. Construction and Building Materials, 2021, 302: 124405.

第 3 章

3D打印工艺装备体系

■ 3.1 打印工艺装备体系的组成

3.1.1 概述

3D打印混凝土工艺装备体系是一种结合现代制造技术与传统建筑材料的创新技术。该体系利用计算机控制的自动化设备，通过精确控制混凝土喷射、固化等过程，实现复杂结构物的快速、高效构建。这种技术在建筑行业中具有重要的应用价值，尤其是在特殊结构建设、灾后重建和定制化建筑领域展现出巨大潜力。随着技术的发展和市场需求的增长，3D打印混凝土技术正逐渐成为研究和应用的热点。本章旨在介绍3D打印混凝土工艺装备体系的关键组成部分及其功能，以及如何通过这些装备实现高效、稳定的混凝土打印过程。

3D打印混凝土工艺装备体系主要包括三轴移动平台、六轴机械臂、喷射单元、旋转单元和扫描仪等核心部件（见图3-1）。这些部件协同工作，确保了混凝土可以按照预设路径精确地喷射并固化，从而形成所需的结构形状。其中，三轴移动平台提供了基础的运动支持；六轴机械臂则负责精细操作；喷射单元和旋转单元共同完成混凝土的喷射和固化过程；扫描仪则用于实时监测和调整打印过程，确保精度和质量。

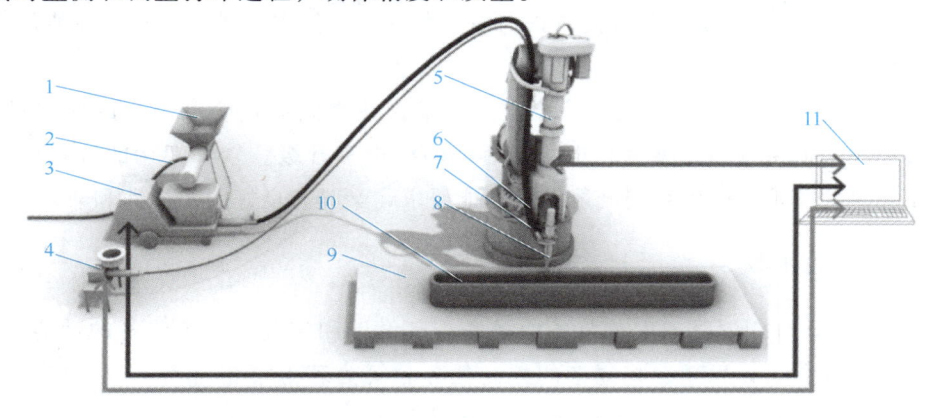

图3-1 3D打印混凝土工艺装备体系
1—料斗和搅拌机 2—加水管线 3—砂浆泵 4—加速泵 5—机器臂 6—砂浆管线 7—加速管线
8—打印头 9—可移动打印平台 10—打印部件 11—计算机控制和监控站

控制系统是整个工艺装备体系的"大脑",它通过软件框架对各个部件进行统一管理和协调,确保整个打印过程的顺畅和高效。控制系统不仅需要处理来自各个部件的信号,还要根据打印任务的需求,实时调整各项参数,如喷射压力、速度和路径等,以适应不同的打印环境和要求。深入研究3D打印混凝土工艺装备体系可为该技术的进一步发展和应用提供理论基础和技术支持,推动3D打印技术在建筑领域的广泛应用,为未来的建筑设计和施工提供更多的可能性和便利。

3.1.2 软件结构

在3D打印混凝土工艺装备体系中,软件结构是实现精准控制和高效操作的关键。该软件结构主要由以下几个部分组成:

1) 用户界面(UI):提供直观友好的操作界面,使操作者能够轻松设置打印参数、监控打印过程及调整机器状态。用户界面设计应考虑到易用性与功能性的平衡,确保操作者可以快速熟悉并有效利用软件。

2) 数据处理模块:负责接收来自传感器的数据,对这些数据进行预处理和分析。数据处理模块将实时数据转化为控制指令,以便于机器执行相应的动作。此外,该模块还需具备一定的故障诊断功能,能够在设备出现异常时及时发出警告。

3) 运动控制模块:控制3D打印混凝土机器人的移动和操作。运动控制模块根据数据处理模块提供的指令,通过算法计算得出机器各关节的最优运动轨迹和速度参数,确保打印过程的精准性和高效性。

4) 喷射控制模块:负责管理喷射单元的操作,包括喷射压力、喷射距离和喷射速度的控制。该模块需要根据打印任务的具体要求,动态调整喷射参数,以适应不同的打印环境和材料特性。

5) 安全管理模块:保障整个打印过程的安全性。安全管理模块通过监控机器状态、环境条件等信息,评估潜在的安全风险,并采取相应的预防措施。在检测到危险情况时,能够立即启动安全保护程序,如紧急停机、报警等。

6) 维护与更新模块:提供软件的维护与更新服务,包括软件错误修复、性能优化以及新功能的添加等,确保系统长期稳定运行。

整个软件结构应当基于模块化设计原则,每个模块之间通过明确定义的接口进行通信。这样不仅有助于降低系统的复杂度,也便于后期的维护和升级。软件架构的选择应充分考虑到实际应用场景的需求,确保系统既能满足功能要求,又具有良好的扩展性和兼容性。

3.1.3 主要功能模块

控制系统是3D打印混凝土工艺装备的核心,其设计和实现对整个装备的性能至关重要。控制系统采用模块化设计思想,将复杂的控制任务分解为若干个相对简单的功能模块,以提高系统的可维护性和扩展性。主要功能模块包括以下几个部分:

1) 用户界面模块:该模块负责与用户进行交互,接收用户输入的指令,并向用户反馈操作状态和结果。它提供了一个友好的图形界面,使用户能够轻松地设置打印参数、监控打印过程和查看打印结果。

2）路径规划模块：根据 3D 模型数据，该模块负责生成 3D 打印混凝土的精确路径。它需要考虑到机器人的运动限制、喷射速度和方向等因素，以确保打印过程的准确性和效率。

3）喷射控制模块：负责控制喷射单元的工作，包括喷射压力、喷射速度和喷射时间等。该模块根据路径规划模块提供的路径信息，精确控制喷射头的移动，确保混凝土沿预定路径准确喷射。

4）旋转控制模块：控制旋转单元的运动，包括旋转速度和旋转角度。通过调节旋转速度和角度，该模块能够实现混凝土在不同层面上的均匀覆盖，保证打印结构的稳定性和强度。

5）扫描仪控制模块：负责控制扫描仪的工作，实时获取打印表面的形貌信息。该模块通过分析扫描数据，帮助优化打印路径，减少材料浪费，并提高打印质量。

6）安全监控模块：负责监控装备的运行状态，包括温度、压力等参数。一旦检测到异常情况，该模块能够立即发出警报并停止打印，以保障操作人员和设备的安全。

通过这些功能模块的协同工作，3D 打印混凝土工艺装备能够实现高效、精准的打印操作，满足建筑工程中复杂结构的快速制造需求。未来，随着技术的进步和创新，这些功能模块还将不断优化升级，以适应更广泛的应用场景和更高的性能要求。

3.2 材料制备与沉积机构

3.2.1 打印混凝土搅拌制备机构

在 3D 打印混凝土的混凝土制备过程中，搅拌机构起着至关重要的作用。它不仅确保了混凝土材料的均匀性，还影响到最终产品的质量和强度。因此，对搅拌机构进行深入的分析，对于提高 3D 打印混凝土的性能具有重要意义。搅拌机构的设计需要考虑多个因素，包括混凝土的流动性、压实度以及打印速度等。流动性是指混凝土在搅拌过程中的流动能力，这直接影响到混凝土的均匀性和可打印性。压实度则决定了混凝土结构的稳定性和耐久性。打印速度是指 3D 打印过程中，混凝土从挤出到固化的时间，这直接关系到生产效率。

为优化搅拌机构，可采用计算流体动力学（Computational Fluid Dynamics，CFD）模拟技术（见图 3-2）。通过模拟混凝土在搅拌过程中的流动情况，可以精确地预测混凝土的流动性和压实度。因此，模拟结果还可以帮助评估搅拌机构的设计方案，找出最佳的搅拌参数。在

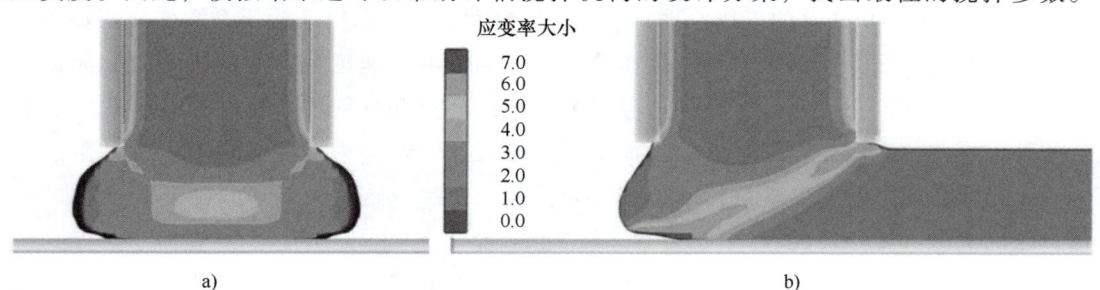

图 3-2 3D 打印混凝土挤出过程模拟

搅拌机构的设计中,搅拌叶片的数量、形状和排列方式都会对混凝土的搅拌效果产生显著影响。通过优化搅拌叶片的设计,可以有效提高混凝土的均匀性,减少气泡和孔隙,从而提高混凝土的整体性能。此外,搅拌机构的材料选择也非常关键。材料的强度、韧性以及耐磨性都直接影响到搅拌机构的使用寿命和打印混凝土的质量。因此,在设计过程中应选择高性能的材料来制造搅拌机构,以确保其在长期使用过程中的稳定性和可靠性。

综上所述,搅拌机构的设计和分析是3D打印混凝土制备过程中的一个核心环节。通过对搅拌机构的深入研究和优化,可以显著提高混凝土的打印质量和产品的性能。未来的研究将继续探索更加高效和创新的搅拌机构设计,以满足3D打印混凝土日益增长的应用需求。

在进行3D打印混凝土搅拌机构的结构设计时,需要考虑到混凝土的流动性、黏度以及与3D打印技术的兼容性。混凝土作为一种高黏度材料,其在传统建筑领域已有广泛应用,但将其应用于3D打印领域则面临新的挑战。因此,设计时不仅要保证搅拌机构能够有效地拌和混凝土,还要确保其适用于3D打印过程中的精确控制。

3D打印混凝土搅拌机构的设计主要包括以下几个关键部分:搅拌叶片、混合室和控制系统。搅拌叶片采用特殊设计的形状,以增加混凝土的流动性和拌和效率。拌和室则是搅拌过程的主体部分,它的大小和形状需要根据所需打印混凝土的体量来确定。控制系统则负责调节搅拌速度、搅拌时间等参数,以实现对混凝土打印质量的精确控制。

在设计过程中,利用计算流体力学(CFD)模拟技术来优化搅拌机构的结构。通过模拟不同的搅拌条件,可以预测混凝土在搅拌过程中的流动行为,从而进一步优化搅拌叶片的设计和拌和室的形状。此外,还应考虑搅拌机构与3D打印设备的接口问题,确保搅拌机构可以无缝集成到现有的3D打印系统中。

3.2.2 混凝土容积式泵

混凝土容积式泵一般包括泵体和控制系统,泵体负责将预先配制好的混凝土从泵池中输送到打印头挤出,控制系统根据预设打印过程实时调整泵送速度以适应不同需求。泵体结构设计关键在于其内部管道的布局与连接方式。泵体由多个部分组成,包括进水口、出水口、主体框架以及驱动机构。为了确保混凝土的顺畅输送,内部管道需要经过精心设计,以减小流动阻力并避免堵塞。进水口设计为宽大的圆形或矩形孔洞,便于混凝土的顺利进入。出水口则采用窄长的形状,以提高混凝土的喷射速度和准确性。在主体框架上,采用轻质高强度的材料,以降低整体重力并提升耐久性。驱动机构是泵的核心部件之一,负责提供动力。根据3D打印混凝土容积式泵的工作原理,可以选择电动机、气动机或液压系统作为驱动源。每种驱动方式都有其优势,例如电动机操作简便,气动机响应速度快,而液压系统则能提供更大的驱动力。因此,在设计时需要综合考虑泵的使用环境和性能要求,选择最合适的驱动方式。此外,泵体的表面处理也是结构设计中不可忽视的一环。为了提高混凝土的黏附性和防腐蚀性,泵体表面可能需要进行特殊处理,如涂层或镀层。这些处理不仅能延长泵体的使用寿命,还能提升其整体性能。

总之,3D打印混凝土容积式泵的结构设计涉及泵体的整体布局、内部管道的优化、驱动机构的选择以及表面处理等多个方面。通过对这些关键因素的精心设计,可以确保泵体具备高效、稳定且耐用的特点，满足现代混凝土施工的高标准要求。

在 3D 打印混凝土容积式泵的设计中，控制系统是确保其高效、稳定运行的关键部分。该系统包括硬件和软件两大部分，旨在实现对打印过程的精准控制，保证混凝土结构的质量和强度。

控制系统的硬件部分主要由微处理器、传感器、执行器以及通信接口组成。微处理器作为系统的核心，负责处理来自各传感器的数据，并根据预设程序控制执行器进行相应动作。传感器用于监测混凝土的温度、湿度等关键参数，确保打印过程在最佳状态下进行。执行器则负责驱动 3D 打印机械臂、调整打印头位置等动作，精确控制混凝土的沉积过程。通信接口则确保控制系统能够与外部设备如 PC 或智能手机等进行数据交换，便于操作者远程监控和调整打印过程。

控制系统的软件部分则主要包括用户界面、控制算法和故障诊断模块。用户界面友好直观，使得操作者能够轻松设定打印参数、启动或暂停打印任务。控制算法则基于数学模型，能够根据传感器反馈实时调整打印策略，优化混凝土的结构性能。故障诊断模块能够及时发现系统潜在问题，提示操作者采取相应措施，确保打印过程的安全性和可靠性。

综上所述，3D 打印混凝土容积式泵的控制系统设计涵盖了硬件和软件两方面，通过集成高效的传感器、精准的执行器以及灵活的软件平台，实现了对打印过程的全面控制。该系统不仅能够提高混凝土结构的打印效率和质量，还能够降低生产成本，具有广泛的应用前景。未来，随着控制技术的进一步发展和材料科学的突破，3D 打印混凝土容积式泵的控制系统将更加智能化、高效化，推动建筑行业向数字化、自动化方向发展。

为确保 3D 打印混凝土容积式泵的高效运行和长期稳定性，须制定一套全面的性能测试方案，旨在评估泵的流量、压力、耐久性以及其在不同工况下的适应性。测试内容主要包括以下几个方面：

1）流量测试：通过标准流量计测量泵在不同转速下的实际输出流量，与设计值进行对比分析，评估泵的流量性能是否达到预期目标。

2）压力测试：使用压力传感器监测泵在各个工作点的压力输出，确保泵能够在规定的压力范围内稳定工作，并且满足施工要求。

3）耐久性测试：连续运行泵一定周期（如 24h 或 72h），检验泵的结构稳定性和耐久性，并针对 3D 打印混凝土材料的特殊性能进行评估。

4）适应性测试：模拟不同的施工环境和条件（如温度、湿度、施工基础不同等），测试泵的适应性和稳定性，确保在复杂多变的施工环境中也能保持良好的工作性能。

基于上述测试结果，综合评价泵的整体性能，包括泵的运行效率、能耗情况以及维护成本等，为后续的优化设计提供数据支持。为确保测试的准确性和可靠性，每项测试都需要采取相应的控制措施，如使用校准过的仪器设备、保证测试环境的稳定性以及重复测试以减少偶然误差的影响。此外，收集和记录所有测试数据，并采用统计学方法进行分析，以便更加客观地评估泵的性能。

3.2.3　3D 打印混凝土喷头系统

3D 打印喷头设计是 3D 打印建造技术发展与应用的关键技术之一。水泥基材料通过打印喷头出口进行塑形，经过逐层堆叠沉积获得所需的轮廓形状。为了保证能够流畅连续地挤出条带均匀、表面整齐的混凝土材料，应进行合理的喷嘴设计及确定适用的相关工艺参数。

水泥基材料挤压性能受喷嘴横截面面积、行进速度和出口形状的影响。挤压后的混凝土需要保持设计形状，尺寸应与自重作用下喷嘴输出截面保持一致，并具有足够的强度，以避免结构发生变形和倒塌。由于打印层变形与层间接触面积近似成反比，所以整体结构可建造性与喷嘴出口形状有关。明确喷头结构与打印适配性之间的关系打印是质量控制和规范实践的必要条件。

1. 通用型 3D 打印喷头

图 3-3 所示为河北工业大学设计的螺杆式 3D 打印喷头，喷嘴开口形状为圆形，可以普遍适合绝大多数的路径设计方案。该打印喷头主要由步进电动机、螺杆、料筒和终端喷嘴等部分组成。整套打印喷头通过法兰盘与机械臂连接，螺杆通过电动机驱使旋转提供挤出水泥基材料的压力，同时螺杆两侧还设有沿筒壁竖向的刮壁杆，防止材料挂壁堵塞料筒。料筒由左右两侧的锁扣与螺杆紧密连接，料筒设有方形进料口和圆形卡扣接口两种进料方式，方形进料口为手动上料，一般用于打印前的筒壁润湿和材料测试工作。圆形卡扣接口用于与泵料管连接，源源不断地接收结构打印所用水泥基材料，是正常打印阶段最重要的上料方式。最下端为终端挤出喷嘴，通常设计为圆形，可根据不同的打印需求灵活更换不同口径。

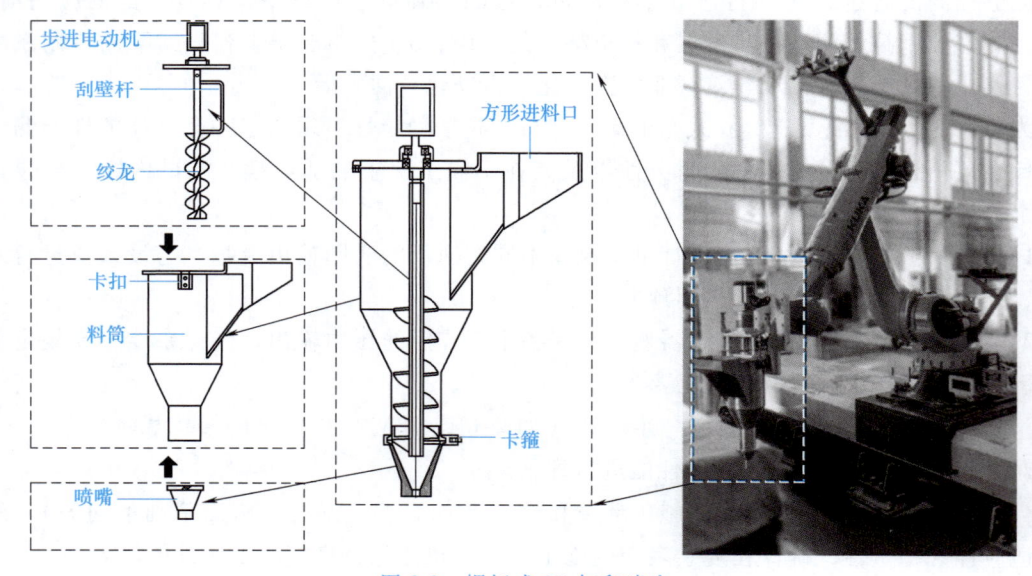

图 3-3 螺杆式 3D 打印喷头

图 3-3 所示的常用挤出式水泥基材料 3D 打印喷头，虽然可以满足大部分的打印场景和应用需求，但也存在自身固有的缺陷。例如，无法同步加筋、层间弱面以及圆形喷嘴导致的成形表面"阶梯效应"。基于此类缺陷，针对上述基础喷头进行的改良设计如图 3-4 和图 3-6 所示，这种设计提高了打印结构的抗弯强度和层间结合强度，改善了打印构件的表面质量。

2. 同步微筋打印喷头

该打印喷头系统由打印头、步进电动机和计算机控制系统组成，能在混凝土挤出的同时，将连续的纤维微筋送入打印头中并从喷嘴挤出（见图 3-4）在料筒上装有微筋挤出机，由步进电动机控制，用于微筋的输送。微筋挤出机包括主动轮和从动轮，从动轮上设有凹槽，作为微筋挤出的通道，主动轮带动从动轮转动，从而将微筋通过凹槽挤出。由于喷嘴直径与微筋直径相差较大，在混凝土与微筋的同步挤出过程中，微筋会在挤压作用下出现摇摆，难以嵌入打印条的中心位置。在打印头内部设置内径为 2mm，外径为 3mm 的毛细管作为微筋的输送通道，避免微筋在输送过程中的摇摆及弯曲，保证微筋的准确置入。同步微筋打印喷头系统通过联动装置实现微筋输送与混凝土材料挤出的同步控制。

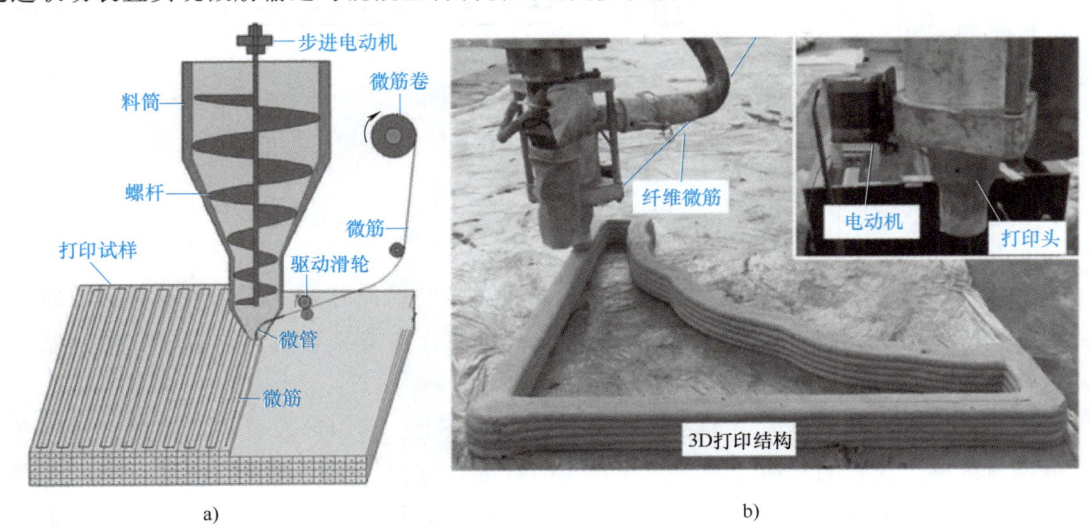

图 3-4 同步微筋打印喷头
a）喷头设计简图　b）实际打印过程

为保证微筋在毛细管内的顺利输送，微筋应具有足够的压缩刚度。为避免微筋在置入过程中，特别是打印弯曲路径或换层时刺穿混凝土，微筋需要具有较低的弯曲刚度，以实现灵活打印。通过对钢丝绳微筋、尼龙纤维微筋、碳纤维微筋、聚乙烯纤维微筋、芳纶纤维微筋进行挤出对比测试，优选钢丝绳微筋（SM）作为同步微筋植入 3D 打印水泥基材料。钢丝绳微筋可以被顺利送入打印头并与混凝土同时挤出。这是因为钢丝绳微筋的压缩刚度大、弯曲刚度小，适宜在 3D 打印过程中同步置入。

3. 同步布钉打印喷头

同步布钉打印喷头喷口为方形，运用方形喷头的优点是可以提高打印构件的打印质量，当进行弧形或转弯路径打印时可以跟随打印方向旋转喷头。电动式 U 形钉自动布钉系统由方形打印头和 U 形钉射钉装置两部分组成，具体构造如图 3-5a 所示。其中方形打印头包括伺服电动机 A、传动带、绞龙、传动齿轮组、进料口、料筒、方形喷头和伺服电动机 B（用于与传动齿轮组配合控制方形挤出头转动）。U 形钉射钉装置包括电磁铁激发装置、撞针、储钉盒、推动滑块和出钉口。

伺服电动机 A 通过传送带带动绞龙旋转，绞龙上套接有轴承，轴承外圈与料筒上端固定，上端两个皮带轮分别与绞龙和伺服电动机 A 的输出轴连接，绞龙的旋转中心与料筒中心线对齐，进料口位于料筒上部，位置高于 U 形钉射钉装置。料筒的下部套接轴承外侧，与方形挤

建筑3D打印

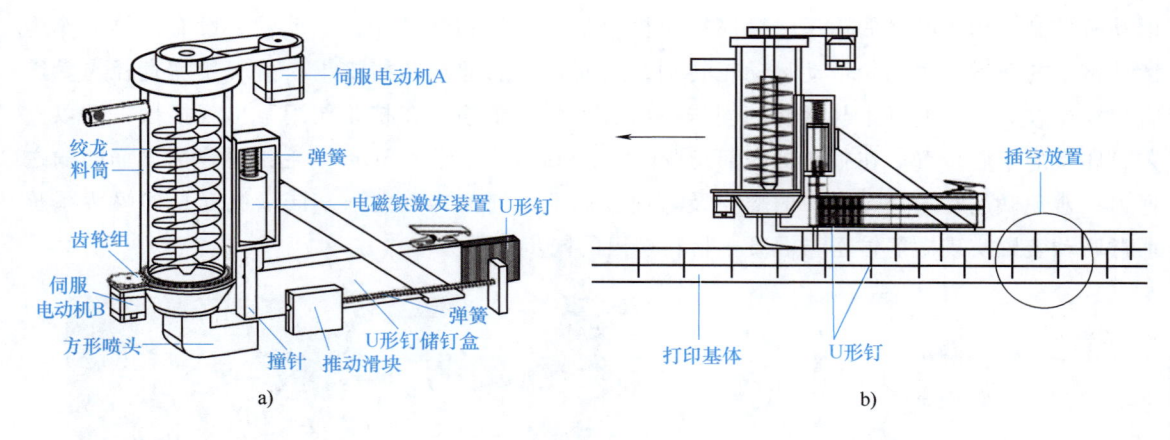

图3-5 布置U形钉打印喷头
a) 喷头设计简图 b) 实际打印过程

出头内侧相连，伺服电动机B输出轴连接一齿轮，齿轮与料筒外壁上的齿相啮合，带动方形挤出头转动。挤出头一端连接电动机，另一端伸长以便连接U形钉射钉装置，U形钉射钉装置与方形挤出头共同转动实现跟随路径发射U形钉。

电磁铁激发装置的壳体固定于方形挤出头伸长部分上，其内部放置铁芯撞针，外部壳体周向缠绕有线圈。撞针的一端为方形，放置于撞针的轨道中，另一端为圆柱形，穿过线圈内部。方形撞针的厚度等于U形钉一颗钉的厚度或是一颗钉厚度的整数倍。有一复位弹簧嵌套于铁芯上，弹簧的一端与线圈壳体固定连接，另一端与铁芯的端部连接。储钉盒内部设有U形槽，储钉盒的头部与电磁铁激发装置连接，U形钉从储钉盒头部的出钉口射出。推动滑带动U形钉向头部移动。

工作时，U形钉在滑带的推动下，向储钉盒头部移动，电磁铁激发装置通电后产生磁力，在磁力的作用下线圈中间的铁芯向下移动撞向位于储钉盒头部的U形钉，U形钉被射出出钉口；拌合料通过进料口进入到料筒，在绞龙的推动下进入方形挤出头，挤出的拌合料截面呈方形，拌合料从挤出头挤出后，从出钉口射出的U形钉钉脚垂直插入拌合料中。当打印路径为曲线时，伺服电动机B转动带动方形挤出头转动，与挤出头连接的U形钉射钉装置也随着转动，从而实现自适应打印路径的U形钉自动布钉功能。

4. 双材料同步打印喷头

双材料同步打印喷头设计原理如图3-6所示。新拌普通水泥基材料由混凝土泵送至储料仓，并通过步进电动机控制螺旋杆旋转将其从打印喷头中挤出。在普通水泥基3D打印连续纤维增强复合材料（3D Printing Continuous Reinforced Composites，3DP-C）挤出的同时，3D打印超高性能混凝土（3D Printing Ultra-High Performance Concrete，3DP-UHPC）材料通过空气压力控制推动储料仓中的活塞移动从打印喷嘴处挤出。两种材料在打印喷嘴处结合实现同步混凝土增强混凝土。为便于实现两种3D打印混凝土材料的协同挤出，根据两种材料的流变特性采用两种不同的挤出输送方式。3DP-C采用螺杆挤出打印，打印喷嘴选取直径为50mm的圆形喷嘴，3DP-C挤出电动机转速量程范围在0~100r/min；3DP-UHPC采用压缩气体推动活塞挤出打印，空气压缩机可提供的压缩气体压力范围为0~1.0MPa。

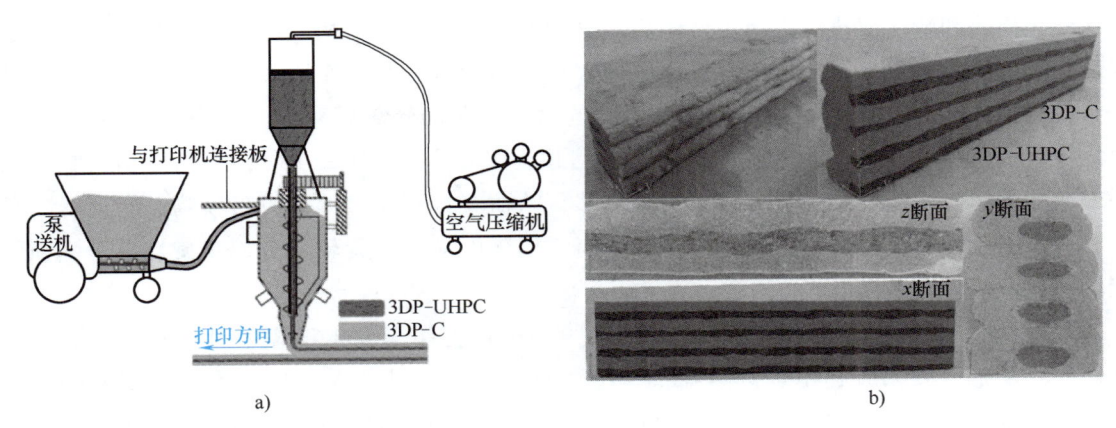

图 3-6 双材料同步打印喷头
a) 喷头设计简图 b) 成型试件截面

其控制机制和功能如下：使用高压气体推动 3DP-UHPC 储料桶中的活塞泵送 3DP-UHPC 材料；普通水泥基材料则通过常规泵送设备进行泵送。新鲜状态下的 3DP-C 和 3DP-UHPC 材料分别通过普通水泥基泵送管和 3DP-UHPC 专用泵送管输送到普通水泥基储料桶和 3DP-UHPC 喷嘴处。挤出电动机通过动力传输带带动空心绞龙旋转。空心绞龙的两端安装密封轴承，以连接和支撑 3DP-UHPC 喷嘴。密封轴承的作用是防止普通水泥基材料进入空心绞龙内部，避免填充硬化，从而降低 3DP-UHPC 喷嘴的运动独立性。密封轴承的内径和外径分别为 20mm 和 35mm。借助密封轴承的支撑，3DP-UHPC 喷嘴和空心绞龙保持互相独立的运动，实现 3DP-UHPC 与普通水泥基材料的协同打印过程。

5. 其他形式打印喷头设计

1）可变几何形状打印喷头系统。为解决 3D 打印混凝土表面因"阶梯效应"所导致的表面光洁度问题，研究人员提出了一种可变几何形状打印喷头设计，该喷嘴能够调整其出口形状以控制挤出水泥基材料的几何形状。该打印喷头主要包括三个模块，即一个打印模块（包括喷嘴入口、水泥基材料通道和喷嘴出口）和两个位于打印模块两侧的变形模块。在每个变形模块的侧板上安装由步进电动机和齿轮箱组成的 10 组电动机，以驱动两侧 10 个滑块的布置并改变其形状。10 个滑块都是单独控制的，每个滑块都可以自由地、连续地独立于其他滑块运动。在顶板上安装位移传感器，监测滑块的位置。

喷嘴出口形状的调整策略由专用的切片算法控制，该算法根据设计的结构分析目标挤出物的几何形状。一旦确定目标挤出物的几何形状，将根据先前开发的预测人工神经网络模型建立的数据库分析合适的喷嘴出口形状。通过使用可变几何形状的喷头可以在打印过程中控制挤出物的几何形状，以达到所需的轮廓结构。通过与传统固定形状喷嘴打印的类似结构进行基准测试对比，使用该喷嘴打印的结构表面光洁度有明显改善。

2）可变尺寸的方形喷头系统。该喷头系统由四个功能模块组成，分别是搅拌模块、沉积模块、转向模块和喷嘴变化模块。喷嘴变化模块主要由带减速器的伺服电动机、旋转转盘、间距板、四个带四对滑块和导轨的等腰三角形小板组成。旋转转台以电动机为动力，转动使板材做离心或向心运动，以改变喷嘴尺寸，喷嘴形状始终为方形。3D 打印成形过程主要是由喷嘴变化模块和转向模块的协同运行完成。喷嘴变化模块的四个相同的等腰三角形活动板在同一水平面上紧密连接，形成中心对称结构。每个活动板获得一个刚性连接与滑块，通过轴承与转盘连接。当接收到旋转信号时，伺服电动机将驱动转台相对于转向模块的转筒旋转，使四个滑块同时沿其轨迹固定在转筒上的板上滑动。然后，迫使四个等腰三角形活动板做离心或向心运动，使这些活动板的界面产生位移，从而获得可变尺寸的方形喷嘴。转向模块负责驱动喷嘴旋转。当接收到旋转信号时，转筒与伺服电动机的旋转部分同步旋转，引起喷嘴旋转。

3) 近喷嘴快速搅拌打印喷头系统。为了解决3D打印混凝土过程中对可建造性和可泵送性的相反流变要求，提出了近喷嘴快速搅拌打印喷头设计。在这项技术中，干燥的混合材料直接进入打印头，然后与水和外加剂拌和，搅拌时间短，在挤出前生产可打印的混凝土。

4) 矩形打印喷头系统。矩形打印喷头就是将喷嘴出口由圆形设计为矩形，矩形喷嘴打印出的条带具有恒定的力学强度和稳定的形状特征，能消除圆形喷嘴导致的成形表面"阶梯效应"，保证构件表面光洁度。另外，还可以在矩形喷头的基础上，在喷头两侧附加对称刮板，保证先后成形相邻条带在 Z 方向的对齐。由于侧向刮板的挤压作用，也可以在一定程度上消除层间弱面的不利影响。

5) 可旋转打印喷头系统。该喷头系统主要针对矩形喷嘴出口进行优化设计。圆形喷嘴出口之所以可以普遍适合大部分的路径，就是因为其在任何角度的拐角处无须任何变化即可稳定通过。但是对于矩形喷嘴出口来说，在拐角处喷头必须跟随打印路径做相应的角度变化，方可保证打印条带的稳定成形，对精细化混凝土打印具有很好的应用效果。

3.2.4 其他材料沉积机构分类

材料沉积机构在3D打印领域中起着至关重要的作用，它直接影响打印物体的质量、精度以及生产效率。除上述挤出式沉积方式以外，根据不同的打印技术和应用需求，还包括以下几种常见的材料沉积机构：

1) 喷墨式（Inkjet-based）：这种机构主要用于喷墨打印，通过精确控制墨水滴的位置和数量来沉积材料，适用于高分辨率的图像打印和特定的材料沉积。

2) 粉末床熔融（Powder Bed Fusion，PBF）：如选择性激光熔化（SLM）或电子束熔化（EBM）技术，使用激光或电子束作为能源，将粉末材料逐层熔化成固体。这种方法适合金属材料的打印。

3) 立体光固化（Stereo Lithography Appearance，SLA）：通过紫外线激光束逐层固化液态光敏树脂，从而构建三维物体。该技术能够实现较高的表面光滑度和细节复杂度。

4) 黏结喷射（Binder Jetting）：该技术首先打印出多层粉末材料，然后使用黏合剂逐层喷射，使各层材料紧密黏结在一起。这种方法适用于复杂形状的快速原型制造。

5) 粉末床喷墨打印（Powder Bed Inkjet Printing）：结合粉末床固化和喷墨打印的优点，通过喷射黏合剂在粉末材料上形成黏结层，然后进行烧结处理。这种技术能够实现更高的材料利用率和更强的结构强度。

每种材料沉积机构都有其独特的优势和局限性，选择合适的机构对于提高 3D 打印的效率和打印物品的质量至关重要。随着 3D 打印技术的不断发展，未来还将出现更多创新型材料沉积机构，以满足更广泛的应用需求。

3.2.5　材料沉积机构设计的关键因素

在 3D 打印技术中，材料沉积机构的设计是实现高效、精准打印的核心环节。该过程涉及多个关键因素，包括但不限于打印速度、热管理、精确控制和机械稳定性。

1）打印速度：打印速度直接影响到材料沉积的效率。较高的打印速度可以显著缩短生产周期，但同时也可能导致打印质量下降，如层间不平整或结构强度减弱。因此，找到打印速度与打印质量之间的平衡点至关重要。

2）热管理：在 3D 打印过程中，热管理对于保持材料的稳定性和打印精度至关重要。过高的温度会导致材料变形或熔化，而不足的温度则可能使材料无法正确流动。因此，精确控制加热试件的温度是确保打印质量的关键。

3）精确控制：精确控制材料的沉积过程是实现复杂结构打印的前提。这包括精确控制喷嘴的位置、运动路径以及材料的流动特性。通过优化控制算法和提高系统响应速度，可以显著提升打印精度和结构的细节表现。

4）机械稳定性：在 3D 打印过程中，机械系统的稳定性直接影响到打印结果的质量。任何微小的振动或偏移都可能导致打印失败或产品质量下降。因此，采用高质量的机械组件和稳定的驱动系统对于确保长时间稳定打印至关重要。

5）材料特性考虑：不同的打印材料具有不同的物理和化学特性，这些特性将直接影响到材料沉积机构的设计。例如，一些材料需要在较低温度下处理，而另一些则可能需要高温。了解并考虑材料特性对于设计适合的沉积机构至关重要。

6）用户交互与反馈：用户友好的操作界面和实时反馈机制可以帮助操作者更好地控制打印过程，及时调整参数以适应不同的打印需求。这不仅提高了打印效率，也增强了用户体验感。

综上所述，材料沉积机构设计的关键因素涵盖了从打印速度、热管理到机械稳定性等多个方面。通过综合考虑这些因素并进行优化，可以显著提高 3D 打印的效率和质量。

3.2.6　材料沉积机构设计流程

材料沉积机构的设计是一个复杂而精细的过程，涉及多个步骤和考虑因素。在 3D 打印技术中，这一流程尤为关键，因为它直接影响到最终产品的质量和性能。以下是材料沉积机构设计的主要步骤：

1）需求分析与规划：明确 3D 打印任务的具体需求，包括所需材料的种类、打印对象的形状、大小以及预期的物理和化学性能。基于这些信息，进行初步的设计规划。

2）材料选择：根据需求分析的结果，选择合适的材料。不同的 3D 打印材料具有不同的特性，如强度、柔韧性、热稳定性等，选择合适的材料对实现设计目标至关重要。

3）设计机构参数：确定材料沉积机构的关键设计参数，包括喷嘴尺寸、移动速度、温度控制范围等。这些参数将直接影响到打印的效率和打印件的质量。

4）结构设计与优化：采用 CAD 软件进行机构的详细设计。设计时需要考虑机构的可靠性、耐用性以及易于维护等因素。通过模拟分析和优化算法，改善设计，减小故障风险。

5）原型制作与测试：设计完成后，制作原型并进行测试。测试内容包括但不限于机构的运动精度、材料沉积均匀性、打印速度等。根据测试结果对设计进行必要的调整。

6）系统集成与调试：将设计好的材料沉积机构与 3D 打印系统其他部分集成，进行全面的系统调试。调试过程中需要反复验证机构的工作性能，确保各部分协同工作，达到最佳打印效果。

7）性能评估与迭代优化：在实际打印应用中对机构性能进行全面评估，收集反馈信息。根据使用经验和客户反馈，对设计进行迭代优化，提升机构的整体性能和用户体验。

材料沉积机构设计流程是一个循环迭代的过程，每一次迭代都旨在解决存在的问题，提高打印质量和效率。随着 3D 打印技术的不断发展，新的设计方法和材料的出现将为材料沉积机构的设计带来更多的可能性。

■ 3.3 打印动作执行机构

3.3.1 龙门框架式打印机构

龙门架/机械臂组合式 3D 打印系统是将龙门架结构和机械臂两种运动平台结合在一起的组合式系统，它结合了龙门架的高速和稳定性以及机械臂的灵活性和自由度，能够在大尺寸范围内进行高精度的 3D 打印。特别是在制造具有复杂的几何形状和内部结构的部件时，可以实现更大的工作空间、更高的打印精度和更少的建造周期，如图 3-7 所示。

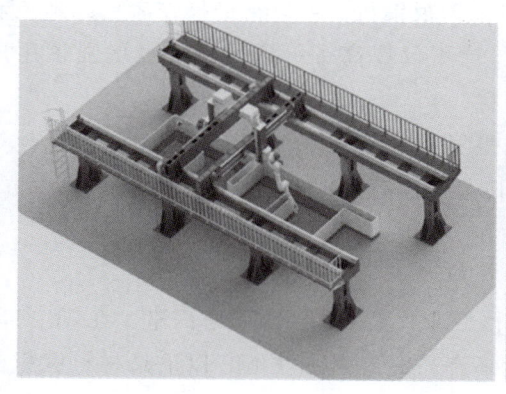

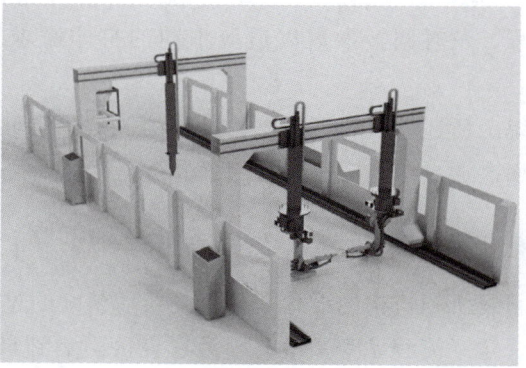

图 3-7　双机械臂（左）和单机械臂（右）

龙门架作为打印平台的主要组件，负责 X、Y 轴的运动执行和机械臂的位置定位。机械臂则负责 Z 轴的运动执行以及打印头的精确定位。同时，机械臂得益于多自由度的结构特性，可以在多个方向上移动，使得打印头到达工作区域内的任何位置，能够适应各种不同的打印需求和复杂的打印路径，实现更为灵活和多样的打印应用。

3.3.2 多轴机械臂式打印机构

六轴机械臂在 3D 打印混凝土工艺装备体系中扮演着至关重要的角色，它是实现精确建造和复杂结构打印的关键组件。如图 3-8 所示，该机械臂具有 6 个自由度，能够进行多方向的移动和旋转，为混凝土喷射提供高度的灵活性和准确性。六轴机械臂的设计考虑到了操作的复杂性和精细度，其结构通常包括多个关节和臂段，每个部分都可以独立控制，以适应不同的打印需求。这些关节和臂段的协同工作，使得机械臂能够模拟人手的灵活运动，执行复杂的打印任务。

图 3-8 六轴机械臂整体及细部构造

在 3D 打印混凝土过程中，六轴机械臂首先根据预设的模型路径进行定位，然后沿着特定的轨迹进行混凝土喷射。机械臂的每个关节和臂段的运动都是通过精密的控制系统来实现的，多轴机械臂 3D 打印控制系统框架模型如图 3-9 所示，由用户层、控制层、传输层、物理层及硬件层组成。

用户层主要包括一体化人机交互界面及 Gcode 文件管理，通过 UI 界面实时监测打印过程中的温度、额定速率等工艺参数。控制层是整个系统框架的关键部分，包含读取 Gcode 文件中的点位数据、挤料计算、温度控制，并通过 Ether CAT 协议栈与传输层对接。传输层及物理层负责将过程数据以以太网帧的方式进行接收与转发。硬件层分为机械臂从站和挤料从站，分别控制机械臂各轴电动机工作及臂末端挤出机构挤料。

通过设计挤料从站与机械臂从站，将多轴机械臂 3D 打印中运动与挤料的控制放在了同一优先级上，使二者在通信上的同步性得到了保证。而对于通信的实时性，在用户层数据输入，到最后硬件层的响应，所经历的关键节点包括：主站计算处理（TMaster）、主从站间通信

(Ttrs)、从站计算处理（TSlave）以及执行层硬件响应（THardware），每一个节点都在不同程度上增加了指令的响应延时。TMaster 为主站在接收到用户层发来的指令后，所做相关运算及生成数据帧并向 PC 物理层转发所耗费的时间；Ttrs 主要指物理上的电缆介质传播延时；TSlave 指主站数据帧报文传输到从站 ESC 时，ESC 向从站微控制器的数据转发延时及 MCU 的运算延时；THardware 则指从站 MCU 依据主站数据帧命令驱动挤出电动机、机械臂等执行机构的硬件响应时间。通过实验测量各节点通信延时，可测试其对运动-挤料协同性控制的影响。除此之外，要做到机械臂 3D 打印中运动-挤料的协同控制，两种工艺机构的实时打印速度也需要与机械臂末端运动距离以及挤料量匹配。

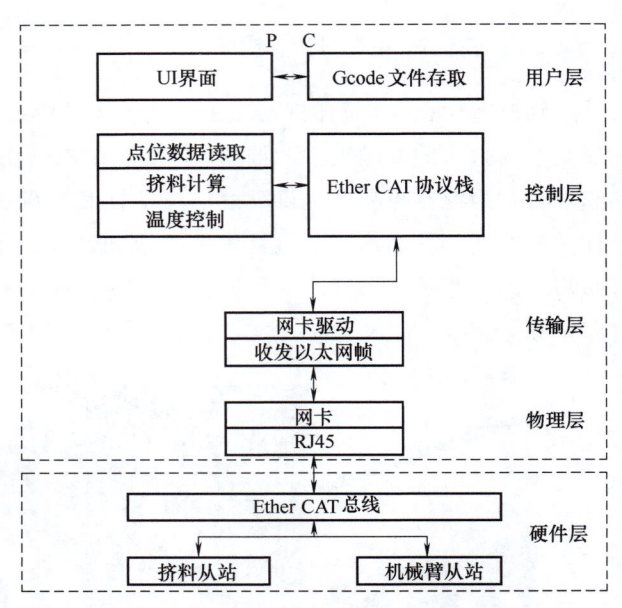

图 3-9　多轴机械臂 3D 打印控制系统框架模型

总之，六轴机械臂在 3D 打印混凝土工艺装备体系中起着核心作用，它通过高度的灵活性和精确控制，能够完成从简单到复杂的各种打印任务。随着技术的进步，未来六轴机械臂的性能将得到进一步提升，为 3D 打印混凝土领域带来更广阔的应用前景。

3.3.3　悬索驱动式打印机构

悬索驱动式打印机构是一种并行式机器人，相比多轴机械臂式打印机构等串行式机器人来说，具备更大的工作空间和更快的打印速度。悬索驱动式打印机构由基础和末端执行器、柔索、电动绞盘以及控制系统组成。基础部分通常是一个刚性框架或平台，末端执行器是用于增材制造的打印头或工具持有器，并且需要完成水平和垂直两个方向的运动。末端执行器通过多根柔索（通常超过 6 根）连接到基础，以实现其位置和方向的精确控制。每根柔索由一个电动绞盘控制，在工作空间内通过调整柔索长度来移动末端执行器。一个复杂的控制系统用于同步绞盘的动作，确保精确的移动，并且通常需要传感器反馈以实时调整柔索长度。一种悬索驱动式打印机构如图 3-10 所示。

悬索驱动式打印机构在设计时，不仅需要考虑打印头运动轨迹的精度问题，同时还需要保证打印头在打印过程中，不会与已打印物体相碰撞，这就要求悬索驱动式打印机构具备更高的系统整体刚度水平。综合来看，打印精度和抗扰动性限制了悬索驱动式打印机构的应用

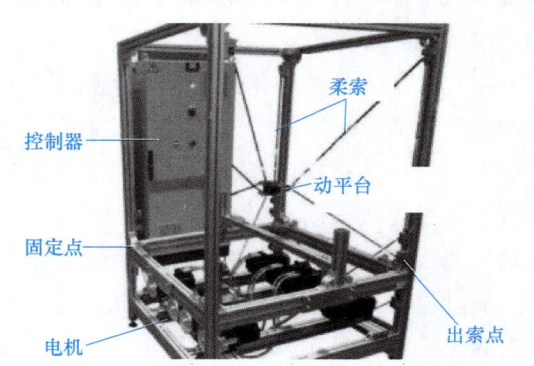

图 3-10　八索 6 自由度 3D 打印机

场景。随着各种控制系统的改进和柔索材料的进步，悬索驱动式打印机构在未来的增材制造领域可能扮演更加重要的角色。

3.3.4 打印机构移动机器人平台

移动式打印是一种新兴的增材制造技术，结合了移动机器人和 3D 打印技术。移动式打印系统通常包括一个上述的打印机构和一个能够移动的机器人平台。通过这种方式，机器人可以在移动的同时进行 3D 打印，逐步创建结构和物体。移动式 3D 打印具有大规模制造的能力。传统的固定式 3D 打印系统（例如龙门式，机械臂式）的打印空间都受限于机器本身的尺寸，移动式 3D 打印系统从根源上解决了这个问题。

截至 2024 年年底，移动式 3D 打印主要有三种方式：移动-打印，打印-移动-打印和移动时打印。移动-打印指的是移动机器人仅用于打印设备的初始运输的方法。在这种方法中，通常使用移动机器人将打印设备运输到指定地点，在指定位置打印完成之后再退场；这种方法仍受限于打印机构本身的尺寸。典型案例是由麻省理工学院开发的 Digital Construction Platform 系统，如图 3-11 所示，该系统是一个全自动的移动机器人系统，能够自行移动到施工现场完成打印任务。

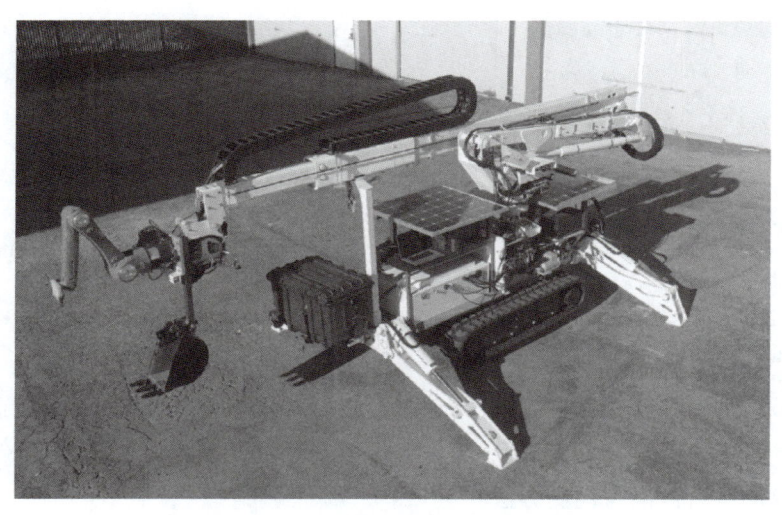

图 3-11 移动-打印履带式移动机器人打印平台

打印-移动-打印是指在打印过程中移动机器人会逐步改变位置以改变打印系统的打印范围，分部完成整体结构的打印。打印-移动-打印通常先将待打印物体切割为几个部分，这种方法比移动-打印更加灵活，也有更大的打印范围。典型案例是由康考迪亚大学开发的一种同步定位和增材制造系统（Simultaneous Localization and Additive Manufacturing，SLAAM），如图 3-12 所示，该系统使用 3D 扫描仪和全站仪定位，在静止位置打印待打印物体的特定部分，随后移动到另一个位置打印物体的其余部分，循环重复此步骤直到整个物体打印完成。

移动时打印是指移动机器人在打印过程中主动移动，这种方法比前面两种更为灵活、自由，但是如何优化机器人的运动路径和减小机械臂末端执行器的累计误差也给移动时打印带来了应用层面的限制。典型案例是由伦敦大学学院开发的一套自动移动 3D 打印系统，如

图 3-13 所示。该系统使用 TCP（Tool Center Point，工具中心点）算法推导可行的机器人基础路径，进而发送到 SLQ-MPC 运动控制器规划机器人的实际运动路径；该系统成功打印了超过 250mm 长的"领结"。

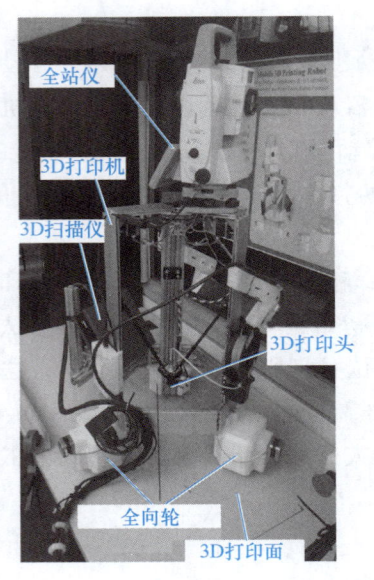

图 3-12　打印-移动-打印轮式
移动机器人打印平台

图 3-13　移动时打印轮式移动机器人打印平台

■ 3.4　打印成形质量监测与检测

3.4.1　打印件质量在线监测

3D 打印混凝土技术可以减少材料浪费、缩短施工时间，并且能够实现传统方法难以实现的设计。然而，为了确保 3D 打印混凝土结构的质量，需要进行有效的监测和检测。以下是几种常见的打印成形质量监测与检测方法：

1）视觉检测。实时监控：使用高清摄像头对打印过程进行实时监控，确保打印路径的准确性。后期检查：打印完成后，对结构进行视觉检查，寻找裂缝、空洞、不均匀等缺陷。

2）激光扫描。利用激光扫描技术对打印完成的结构进行三维扫描，与设计模型进行对比，检测尺寸精度和形状的一致性。

3）超声波检测。通过发射超声波并接收反射波来检测混凝土内部的缺陷，如裂缝、空洞等。

4）X 射线检测。使用 X 射线对混凝土结构进行无损检测，可以检测到内部的缺陷和不均匀性。

5）冲击回波法。通过冲击混凝土表面产生应力波，然后检测这些波的传播特性来评估混凝土的均匀性和完整性。

6）声发射检测。监测混凝土在受力过程中产生的声波，通过分析声波的特性来判断混凝土内部的微小变化和缺陷。

7）拉拔试验。对打印完成的混凝土结构进行拉拔试验，评估打印层之间的黏结强度。

8）耐久性测试。通过测量水或其他液体在混凝土中的渗透性来评估其密实和耐久性。

9）微观结构分析。使用扫描电子显微镜（SEM）等设备对混凝土的微观结构进行分析，以评估其微观缺陷和均匀性。

为了确保3D打印混凝土结构的质量，通常需要结合多种检测方法，以全面评估结构的性能。此外，随着技术的发展，还可能开发出新的检测技术和方法来进一步提高检测的准确性和效率。

3.4.2 打印机构末端定位精度测量方法

1. 基于加速度计和陀螺仪的姿态估计方法

在3D打印机构末端定位精度监测中，姿态估计是关键技术之一。加速度计和陀螺仪作为常用的惯性测量单元（Inertial Measurement Unit，IMU），在实现高精度姿态估计方面具有显著优势。本节将详细介绍这两种传感器在姿态估计中的应用及其相互配合的原理。

加速度计能够测量物体在各个方向上的加速度，包括重力加速度。通过分析加速度数据，可以推断出设备的运动状态和倾斜角度。然而，加速度计受到外界振动和加速度的影响较大，容易累积误差。陀螺仪则能够测量设备绕各轴旋转的角速度，进而确定设备的旋转角度。与加速度计相比，陀螺仪对振动的敏感度较低，因此，在测量短时间内快速变化的姿态时，使用陀螺仪更准确。

结合加速度计和陀螺仪的数据，可以采用多种算法进行姿态估计，如卡尔曼滤波、扩展卡尔曼滤波等。这些算法能够综合考虑加速度计和陀螺仪的数据，有效减小误差，提高姿态估计的准确性和稳定性。在实际应用中，需要对加速度计和陀螺仪的数据进行预处理，包括去噪声、校正偏差等步骤，以保证数据质量。此外，还需根据实际应用场景选择合适的姿态估计算法，并对算法参数进行调整优化，以达到最佳的估计效果。

总之，基于加速度计和陀螺仪的姿态估计方法在3D打印机构末端定位精度监测中具有重要作用。通过合理利用这两种传感器的特点，并采用高效的算法进行数据融合处理，可以显著提高姿态估计的精度和稳定性，为3D打印精度控制提供了强有力的技术支持。

2. 基于视觉的三维重建技术

基于视觉的三维重建技术是一种利用摄像机捕捉场景图像，通过计算机处理重构出物体或环境的三维模型的方法。这种技术在3D打印机构末端定位精度监测中发挥着重要作用，因为它能够提供精确的空间信息，帮助改善定位精度。

该技术主要包括特征点检测和特征点匹配两个步骤。首先，通过分析从不同角度拍摄的多张图片，识别并标记出可靠的特征点。然后，通过对这些特征点进行匹配，利用三角测量原理计算出特征点在三维空间中的坐标位置。在混凝土3D打印机构末端定位精度监测中，基于视觉的三维重建技术具有以下优势：

1）高精度：由于三维重建依赖于大量的视觉信息，结合设定的算法，可以实现较高的空间定位精度。

2）实时性：该技术能够快速处理图像数据，提供即时的定位反馈，适合动态监测3D打印过程中的末端定位精度。

3）无需额外传感器：与其他依赖于激光、电磁等传感器的定位技术相比，视觉三维重建技术无需额外的硬件设备，降低了系统复杂度和成本。

但是，该技术也存在一些挑战，如在光照条件不佳或视野受限的情况下，特征点的检测和匹配效果会受到影响，从而影响定位精度。因此，算法的实现对计算资源的需求较高，对数据实时处理能力有一定要求。

综上所述，基于视觉的三维重建技术在混凝土3D打印机构末端定位精度监测中具有显著的应用价值，但仍需针对其局限性进行进一步的研究和优化。

3. 基于电子标记点的多传感器融合定位系统

在3D打印机构末端定位精度监测中，基于电子标记点的多传感器融合定位系统是一种高效的方法。该系统通过将不同类型的传感器（如光学相机、惯性测量单元IMU、磁力计等）的数据进行融合处理，以实现对3D打印机构末端位置和姿态的精确监测。

电子标记点在此系统中起到关键作用。它们被固定在3D打印机构上，可以被各种传感器捕捉并用于定位计算。每个电子标记点都有其独特的位置和移动模式，这些信息通过传感器收集后，利用算法处理，可以准确地反映出3D打印机构的位置和姿态。多传感器融合技术的应用，使得系统能够综合利用不同传感器的优势，减少各自的缺陷，提高整体定位精度。例如，光学相机能够提供高精度的空间位置信息，而IMU则能够提供快速的动态变化信息。通过适当的算法处理，这些信息被有效融合，可获得更加准确和稳定的定位结果。

为了实现电子标记点的多传感器融合定位系统，需要解决以下几个关键技术问题：

1）标记点识别与追踪：需要开发有效的算法来准确识别和追踪电子标记点的位置，即使在复杂的环境或条件下也能保持高精度。

2）数据融合算法：需要设计高效的数据融合算法，以实现不同传感器数据的有效整合。这包括时间同步、数据滤波和误差补偿等关键步骤。

3）系统校准：为了确保定位精度，必须对系统进行精确的校准，包括传感器校准和标记点位置校准等。

通过上述技术的实施，基于电子标记点的多传感器融合定位系统能够显著提高3D打印机构末端定位的精度和稳定性，从而为3D打印过程中的精确控制提供强有力的支持。这一系统的成功应用，对于推动3D打印技术的发展和应用具有重要意义。

4. 基于激光测距仪的三维坐标测量方法

激光测距仪因其高精度和远距离测量能力，在3D打印机构末端定位精度监测中发挥着重要作用。本节主要介绍利用激光测距仪进行三维坐标测量的原理及实施步骤。

激光测距仪通过发射激光束并接收反射回来的激光信号来测量物体的距离。该技术依赖于光速的恒定值，从而确保测量结果的准确性。在3D打印机构末端定位监测中，可以将激光测距仪固定在预定位置，通过计算机控制激光束对目标点的扫描，获取目标点的三维坐标信息。

实施步骤如下：首先，根据3D打印机构的具体布局和工作环境，确定激光测距仪的最佳安装位置，以覆盖所有需要测量的区域。然后，通过编程设置激光测距仪的扫描路径，确保能够全面且精确地测量到末端定位点的坐标。在测量过程中，激光测距仪会持续发送激光信号，并实时记录返回信号的时间差,通过这些时间差计算出目标点与激光测距仪之间的距离。

为了提高测量精度,采用多个激光测距仪协同工作是一种常见做法。这样不仅可以减小单个测距仪的测量误差,还可以通过多角度测量来提高整体测量的准确性和可靠性。此外,还需要考虑激光测距仪的校准问题,定期对其进行校准,以确保测量数据的准确性。

在实际应用中,还需要注意激光测距仪的选型和使用环境。由于激光测距仪对环境光线敏感,因此,在光照条件较差的环境使用时,需要采取相应的措施,如增加光源强度或使用遮光材料等,以避免环境光干扰测量结果。

总之,基于激光测距仪的三维坐标测量方法为3D打印机构末端定位精度监测提供了一种高效、准确的手段。通过优化测量方案和设备配置,可以进一步提高测量精度,满足3D打印机构在精密制造领域的应用需求。

3.4.3　打印机构末端定位精度影响因素分析

1. 3D打印机构末端定位误差分析

在探讨3D打印机构末端定位精度的研究中,准确分析和理解其中的误差成为提升整体打印质量和精度的关键。本节将深入探讨3D打印机构末端定位过程中可能出现的误差来源,并对其进行系统性分析。

首先,需要考虑的误差类型是由于机械结构本身的不完善造成的,包括但不限于机械磨损、零件制造误差、装配误差等。这些因素会直接影响打印头或工具的运动精度,从而导致打印产品的尺寸偏差。其次,电子控制系统的误差也是不容忽视的因素。电子试件的非线性特性、温度变化引起的性能波动以及软件算法的不完善等都可能引入误差,影响末端定位的准确性。此外,环境因素对3D打印机构末端定位精度同样有着重要影响。例如,室内温度和湿度的波动可能会影响材料的流动性,进而影响打印精度;振动和气流等外界干扰也可能导致打印过程中的微小误差累积。最后,打印参数的选择也是影响定位精度的另一个重要因素,包括打印速度、层高、填充密度等参数的设置,若未根据实际情况合理选取,可能会引入额外的误差,影响最终打印产品的质量。

综上所述,3D打印机构末端定位误差的来源多样且复杂,需要通过综合分析和细致的实验研究来识别和解决。只有全面掌握这些误差来源,才能采取有效措施进行减少和控制,从而提高3D打印的精度和可靠性。

2. 3D打印机构末端定位误差测量方法

在3D打印技术中,精确测量机构末端定位误差对于提高打印质量和精度至关重要。当前,多种测量方法被广泛应用于误差的检测与分析。本节将详细介绍几种常见的测量方法及其特点:

1) 采用基于电子标记点的多传感器融合定位系统。该方法通过在打印平台上设置多个固定的电子标记点,利用加速度计、陀螺仪和磁力计等传感器收集姿态信息,进而实现对机构末端定位精度的实时监测。这种方法的优势在于能够全面捕捉到机构运动过程中的各种干扰因素,从而提供较为准确的误差测量结果。

2) 视觉三维重建技术是另一种有效的误差测量方法。该方法通过在打印机构末端安装摄像头，捕获不同角度下的图像数据，再利用计算机视觉技术进行三维重建，从而获得机构末端的精确位置信息。该方法具有非接触式测量、反应速度快等特点，适用于动态环境下的精度监测。

3）基于激光测距仪的三维坐标测量方法，通过发射激光束并接收反射回来的激光，计算出激光往返的时间，从而推算出距离信息。通过对机构末端的三个或多个方向进行测量，可以获得其在空间中的精确位置。这种方法简单直观，但需要注意激光测距仪的精度和稳定性对测量结果的影响。

综上所述，每种测量方法都有其独特的优势和局限性。选择合适的测量方法需要根据实际的应用场景和测量需求来决定。例如，对于需要实时监控的应用场景，基于电子标记点的多传感器融合定位系统可能更为合适；而对于静态或者低速度的测量任务，基于激光测距仪的方法可能会更加高效。无论采用哪种方法，都应该注重测量数据的处理和分析，以确保测量结果的准确性和可靠性。

3. 3D打印机构末端定位误差影响因素分析

1）打印头运动控制系统的精度。打印头的微小移动可能导致打印精度下降，尤其是在大范围打印时更为明显。这主要由于打印头驱动系统的控制精度不足或传感器的精度不够。

2）打印材料的性质。不同的打印材料具有不同的流变性质，这直接影响到打印过程中材料的喷射和固化行为，从而影响打印精度。例如，黏度较高的材料可能导致喷射困难，而黏度较低的材料则可能导致材料流动过快，影响打印结构的稳定性。

3）打印环境的稳定性。温度、湿度等环境因素对打印材料的固化速度和打印过程中的物理状态有着直接影响。例如，温度波动可能导致打印材料的收缩率不一致，从而影响打印件的尺寸精度。

4）机器本身的稳定性和校准精度。打印机的稳定性和校准精度也是影响打印精度的重要因素；机器的振动、热膨胀等都可能导致打印精度下降。此外，机器的校准精度不够也会导致打印位置偏差。

5）软件算法的优化程度。打印过程中使用的软件算法对打印精度有着重要影响。优化算法可以减小计算误差，提高打印路径的精确度，从而提高打印精度。

综上所述，3D打印机构末端定位精度受多种因素影响，通过对这些因素进行深入分析和研究，可以找到提高打印精度的有效途径。未来的研究可以进一步探索这些因素的相互作用及其对打印精度的具体影响，以便开发出更加精确的3D打印技术。

3.4.4 打印件几何形貌与精度检测

1. 几何形貌检测

相较于传统混凝土浇筑，混凝土3D打印的优势是能不受模板的限制打印出各种非线性结构构件。因此，判断打印质量的一个重要因素就是检测打印结构的几何形貌与设计的模型是否一致。国内外学者主要通过以下两种机器视觉的方法研究混凝土3D打印的几何形貌检测：

一个方法是采用深度相机、双目相机等收集打印的图像数据，基于图像数据比较打印构件的几何形貌。如吉尔扬·万提格姆（Gieljan Vantyghem）等利用相机记录3D打印混凝土梁在受拉应力的结构位移变形。光宇·魏（Kwangwoo Wi）等将高速相机与数字光投影仪结合，从二维图像中确定打印构件的高度、直径、层厚度及层宽度，从而对打印样品的几何形貌缺陷进行评估。

另一个方法是使用激光雷达传感器、结构光扫描仪等，获取打印构件的点云数据，基于点云数据计算分析3D打印构件的几何形貌。苏拉杰·奥·奈尔（Sooraj A. O. Nair）等将混凝土3D打印设计模型与手持3D扫描仪扫描打印结构得到的点云数据进行比较，并定义了打印精度指数这一指标来量化混凝土3D打印设计模型与打印结构之间的不匹配性。国内方面，来自同济大学的学者基于三维激光扫描对可变宽度的挤出系统打印的混凝土构件进行三维重建，再对重建的三维模型轮廓进行检测。

基于图像的几何形貌检测成本低，且简单、方便，但存在图像分辨率低、噪声大等问题，而基于点云的几何形貌检测结果更准确，但检测处理过程较为复杂，对测量物体的表面特征和颜色有一定的要求。因此，应根据使用场景、打印构件的尺寸轮廓及精度要求确定合适的检测方案。

2. 几何精度检测

混凝土3D打印成形经历从模型设计到路径规划再到实际打印过程，检测打印构件的几何精度，包括全局检测和关键部位检测。理查德·布斯韦尔（Richard Buswell）等提出一种3D打印混凝土几何精度标准化测试方法，使用结构光扫描仪对经过铣削和未铣削的打印墙体构件的17个关键特征进行测量。结果表明，测量精度在0.7mm以内。徐捷等开发了一种基于几何尺寸与公差的框架来量化3D打印混凝土的成形精度，将德国DAVID SLS-3高精度工业级3D扫描仪安装在打印机械臂上，捕捉打印构件的全局几何特征，比较了不同打印参数及固化时间对构件成形精度的影响，从而为工艺参数的确定提供比较基准（见图3-14）。

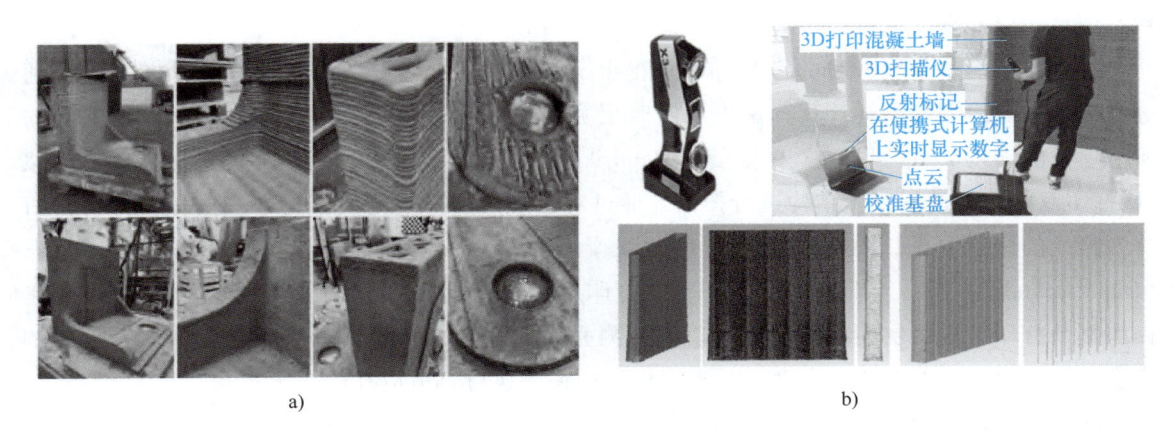

图3-14 打印墙体构件几何精度检测
a）人工外观检查 b）机器视觉监测

机器视觉技术能保证较高精度下的混凝土3D打印的形貌和几何特征检测。但检测大多集中在打印完成后的阶段，在打印过程中实时收集图像和点云数据，实时处理并分析几何信息的研究较少。应针对上述需求，研究能够实时快速处理图像和点云数据的方法，使其在打印过程中能够对打印构件的几何信息进行分析。

3.4.5 打印层间变形与稳定性检测

最常见的混凝土3D打印工艺类似于熔融沉积成型工艺，通过打印喷嘴挤出的混凝土材料层层堆叠形成打印结构。因此，层间的打印质量控制至关重要。层间的打印质量与打印层高、层宽及打印机喷头移动速度等工艺参数密切相关，通过机器视觉技术来检测打印层间变形与稳定性并实时调整打印工艺参数，能有效提高混凝土3D打印层间质量。

首先，在3D打印装备上或四周布置深度相机、结构光扫描仪等传感器，打印时同步收集打印结构图像数据；其次，对收集的数据进行分析处理，识别打印结构的层间缺陷；最后，通过控制打印装备来调整相应的打印工艺参数，降低层间变形，其流程如图3-15所示。

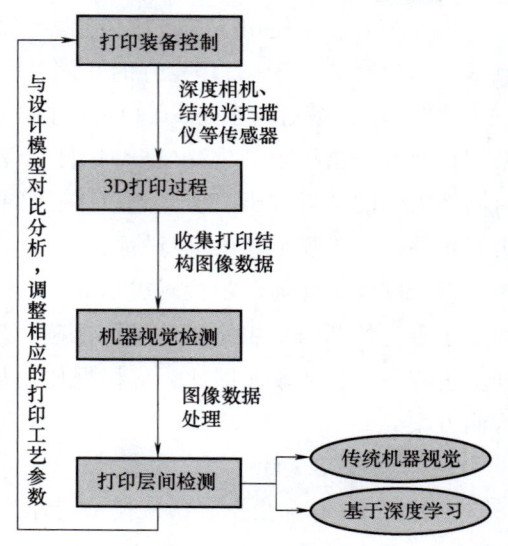

图3-15 基于机器视觉的打印层间变形与稳定性检测流程

1. 层间变形检测

在混凝土3D打印过程中，下层不断提升的结构强度不能抵抗新挤出层的挤压，因此，会出现层间变形。层间变形会导致混凝土层间黏合力下降，从而影响混凝土的力学性能。对于混凝土层间变形的检测，一种是采用机器视觉手段检测打印结构的层高、层宽等特征，另一种是以打印设备为检测对象，发掘打印工艺参数与打印结果的关联，直接测量打印设备的相关参数并调整，以此来降低打印层间变形。

舒贾伊·巴尔朱埃（Shojaei Barjuei）提出了一种基于视觉的混凝土3D打印控制系统：通过相机的边缘检测和层宽计算算法提取实时层宽信息，从而调整打印速度来降低打印层宽与所需层宽的误差。亨德里克·林德曼（Hendrik Lindemann）等人使用3D激光扫描仪对喷浆3D打印双曲面钢筋混凝土结构进行扫描，通过对比规划层厚宽与实际层厚宽的偏差计算出机器人路径的修正向量，然后为下一次喷射混凝土打印生成打印路径。奥米德·达夫塔拉布（Omid Davtalab）等人开发了一个用于检测打印层间变形的卷积神经网络，但是该模型仅用于提取整个打印结构，层间检测仍通过边缘检测完成。里尔大学的学者基于深度学习实例分割模型，检测混凝土新打印层宽度，并根据识别的偏差执行自适应补偿。

除了以打印的混凝土结构为检测对象外，部分研究以打印设备作为检测对象，对提高层间打印质量的影响更加直接。罗伯·沃尔斯（Rob J. M. Wolfs）等人认为混凝土3D打印层间变形与打印喷嘴和上一打印层之间的距离有关，开发了一种喷嘴高度的测量与反馈设备，能够连续测量并控制喷嘴底部与打印顶部的距离，且通过两个打印案例研究，验证了该设备的有效性，如图3-16所示。

2. 层间稳定性检测

除了层间变形，混凝土3D打印受打印材料和打印工艺的影响，打印层间会出现明显的偏

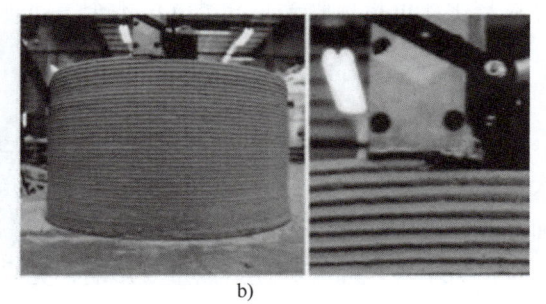

图 3-16 混凝土 3D 打印案例对比

a) 未使用测量与反馈系统打印案例　b) 使用测量与反馈系统打印案例

移或者材料无法及时固化而流出，导致层间无法正常堆叠，进而降低了打印质量。混凝土 3D 打印层间偏心失稳的情况主要包括层间流出、层间过压及纵向撕裂等，这些情况基本都是由打印工艺存在缺陷导致的。因此，使用 RGB 相机[○]对打印过程进行监控，当层间出现偏心失稳现象时，及时停止打印过程。

浙江大学的学者开发了一种基于机器人 3D 打印的层间缺陷视觉检测系统。该系统能够检测真实模型和打印构件的轮廓，当打印层出现失稳或坍塌时，检测系统会输出信号控制机器人停止打印。对混凝土 3D 打印来讲，打印层间偏心是较大的缺陷，这也意味着采用机器视觉技术进行混凝土 3D 打印层间偏心检测的结果要足够精确。

3. 挤出条带稳定性检测

研究发现，挤出条带的几何质量不仅受流动度、屈服应力、塑性黏度等材料性能的制约，还受挤出速度、打印高度等工艺参数的影响。因此，合理量化几何质量指标并研究与之相匹配的自动检测手段，有助于材料性能判定及工艺参数的选取，实现条带挤出后质量控制。截至 2024 年年底，3D 混凝土打印的挤出条带几何质量还需要借助人为观察或人工量测的方式，缺乏与 3D 打印混凝土自动化、智能化理念相匹配的技术。

因此，具有自动化、智能化特点的计算机视觉技术已逐步应用到 3D 挤出条带几何质量检测领域。罗德里戈·里尔-加西亚（Rodrigo Rill-García）等人分别对比传感器、3D 相机、2D 相机、3D 扫描仪等在检测挤出条带几何质量准确性、成本等方面的差异，认为 2D 相机（计算机视觉技术）能够准确检测挤出条带质量，且成本较低。阿里·卡泽米安（Ali Kazemian）等人针对机器人施工开发一种基于视觉的实时挤出质量监测系统，利用彩色相机对挤出条带宽度值进行实时检测，以此对挤出条带的过度挤压、挤压不足、挤压良好情况进行分类，并根据视觉系统的反馈开发了通过改变打印速度调整挤出宽度的系统。舒贾伊·巴尔朱埃（Shojaei Barjuei）等人开发并提出一种基于实时视觉的控制框架，通过单色相机对挤出条带宽度进行实时检测，并将检测信息实时反馈给控制系统，自动调整工业机械手的速度来获得不同打印层的层宽。

综上所述，计算机视觉技术可实现打印条带宽度检测，并对其质量进行简单分类，但仍

○ RGB 相机是一种基于红、绿、蓝三原色的彩色图像捕捉设备，在计算机视觉领域中的主要应用为物体检测、实例分割、姿态估计。

存在量化评价指标匮乏、分类方法不全等问题。

3.4.6 打印表面缺陷检测

与传统的混凝土结构相比，3D 打印混凝土结构由于自身的打印材料要求和工艺特点，如大量细集料和低水胶比、不使用模板、打印层间存在挤压和剪切等，在固化成形过程中，表面会存在裂缝、孔洞及收缩变形等一些缺陷。上述缺陷既会降低打印结构的美观度，又会对结构的力学性能和耐久性造成重要影响，见表 3-1。

表 3-1　3D 打印混凝土的特点及典型表面缺陷

3D 打印混凝土的特点	典型表面缺陷
不使用模板	表面不平整、空隙
大量细集料和低水胶比	收缩加快、孔洞
高比例的外加剂	孔洞
表面直接暴露在环境中	塑形收缩开裂
打印层间的挤压和剪切	锯齿状表面、裂缝

1. 表面裂缝检测

对于混凝土 3D 打印裂缝检测，传统机器视觉方法主要基于收集的图像数据，在进行预处理降低图像噪声后，人工设计尺寸不变特征变换⊖（Scale-Invariant Feature Transform，SIFT）等特征提取算法来识别裂缝特征，并进行计算分析。格利特·莫利希（Gerrit Moelich）等人采用数字图像相关法研究 3D 打印混凝土的塑形收缩开裂。诺曼·哈克（Norman Hack）等人将相机和激光扫描仪相结合，提出一种全自动检测方法和后处理过程，用于喷射 3D 打印混凝土的建造过程，修复打印过程中产生的表面裂缝等缺陷。

塞洛姆·加尔弗（Selorm Garfo）等使用 Mobile-Net 卷积神经网络作为图像特征提取器，建立了一个深度学习模型。结果表明，相比于传统检测方法，该方法能更准确、更快速地自动检测混凝土表面裂缝缺陷。南洋理工大学的学者基于人工神经网络，将打印喷嘴形状与挤出混凝土结构形状相关联，从而灵活地选择喷嘴以提高打印结构表面的平整度。

2. 表面孔洞检测

混凝土 3D 打印由于材料的性能、养护期间的保湿度和时间等因素，在成形过程中表面会产生一些孔洞。这些孔洞会加大结构与外界的接触面积，使结构易受到破坏。基于机器视觉技术的检测方式大多依靠扫描电子显微镜（SEM）或计算机断层扫描（CT）来识别 3D 打印混凝土结构的孔洞。吴凯等人研究了混凝土 3D 打印构件和浇筑构件的抗渗抗冻性能。采用 CT 扫描和体视视显微镜，检测经过 300 次冻融循环下构件的孔隙率和表面开放气孔周边的破坏情况。东南大学的学者采用 CT 连续切片法研究低碳 3D 打印混凝土的横向和竖向切割下的结构孔隙率。常州大学的学者基于 CT 图像，分析用于 3D 打印的多壁碳纳米管增强活性粉末混凝土（RPC）的孔结构。

⊖ 尺寸不变特征变换是一种在计算机视觉和图像处理领域广泛应用的特征检测和描述算法，具有尺度不变性、旋转不变性和光照不变性等特点，主要应用于图像匹配、目标识别和三维重建。

此外，采用基于深度学习的机器视觉方法，在检测出孔洞的基础上，能够对孔洞形成原因与发展进行预测。代尔夫特理工大学的学者提出了一个基于 U-net 改进的卷积神经网络模型。以 XCT 扫描得到的 3D 打印混凝土图像生成微观结构作为输入，预测 3D 打印材料断裂模式。

思 考 题

1. 3D 打印混凝土工艺装备体系的主要组成部分有哪些？它们各自的功能是什么？
2. 控制系统在 3D 打印混凝土中的角色是什么？如何通过它实现精确控制和操作？
3. 在 3D 打印过程中，如何通过搅拌机构优化混凝土材料的性能？
4. 为什么 3D 打印喷头的设计对混凝土结构的表面质量至关重要？
5. 什么是同步微筋打印喷头，它如何提高 3D 打印混凝土的结构性能？
6. 如何通过模块化设计提高 3D 打印装备系统的可维护性和扩展性？
7. 在 3D 打印过程中，如何利用视觉和激光扫描等技术进行打印件的质量监控？
8. 在 3D 打印过程中，哪些因素可能导致层间变形？如何通过调控参数来减少这些变形？

参 考 文 献

[1] BARJUEI E S, COURTEILLE E, RANGEARD D, et al. Real-time vision-based control of industrial manipulators for layer-width setting in concrete 3D printing applications [J]. Advances in Industrial and Manufacturing Engineering, 2022, 5: 100094.

[2] BUSWELL R, XU J, DE BECKER D, et al. Geometric quality assurance for 3D concrete printing and hybrid construction manufacturing using a standardised test part for benchmarking capability [J]. Cement and Concrete Research, 2022, 156: 106773.

[3] CHANG Z, WAN Z, XU Y, et al. Convolutional neural network for predicting crack pattern and stress-crack width curve of air-void structure in 3D printed concrete [J]. Engineering Fracture Mechanics, 2022, 271: 108624.

[4] CHEN Q, ZHOU Y, ZHOU C J J O I T C E, et al. The research status and prospect of machine vision inspection for 3D concrete printing [J]. Journal of Information Technology in Civil Engineering and Architecture, 2023, 15 (5): 1-8.

[5] COMMINAL R, DA SILVA W R L, ANDERSEN T J, et al. Modelling of 3D concrete printing based on computational fluid dynamics [J]. Cement and Concrete Research, 2020, 138: 106256.

[6] DAVTALAB O, KAZEMIAN A, YUAN X, et al. Automated inspection in robotic additive manufacturing using deep learning for layer deformation detection [J]. Journal of Intelligent Manufacturing, 2022, 33 (3): 771-784.

[7] DESHMANE S, KENDRE P, MAHAJAN H, et al. Stereolithography 3D printing technology in pharmaceuticals: a review [J]. Drug Development and Industrial Pharmacy, 2021, 47 (9): 1362-1372.

[8] JIANG S, HE Z, ZHOU Y, et al. Numerical simulation research on suction process of concrete pumping system based on CFD method [J]. Powder Technology, 2022, 409: 117787.

[9] KAZEMIAN A, YUAN X, DAVTALAB O, et al. Computer vision for real-time extrusion quality monitoring and control in robotic construction [J]. Automation in Construction, 2019, 101 (5): 92-98.

[10] KEATING S J, LELAND J C, CAI L, et al. Toward site-specific and self-sufficient robotic fabrication on architectural scales [J]. Science Robotics, 2017, 2 (5): 8986.

[11] LAO W, LI M, WONG T N, et al. Improving surface finish quality in extrusion-based 3D concrete printing using machine learning-based extrudate geometry control [J]. Virtual and Physical Prototyping, 2020, 15 (2): 178-193.

[12] LI J, AUBIN-FOURNIER P L, SKONIECZNY K, et al. SLAAM: simultaneous localization and additive manufacturing [J]. IEEE Transactions on Robotics, 2020, 9: 1-16.

[13] MOELICH G M, KRUGER J, COMBRINCK R. Plastic shrinkage cracking in 3D printed concrete [J]. Composites Part B:

Engineering, 2020, 200: 108313.

[14] MOELICH G M, KRUGER J, COMBRINCK R, et al. A plastic shrinkage cracking risk model for 3D printed concrete exposed to different environments [J]. Cement and Concrete Composites, 2022, 130 (7): 104516.

[15] NAIR S A, SANT G, NEITHALATH N. Mathematical morphology-based point cloud analysis techniques for geometry assessment of 3D printed concrete elements [J]. Additive Manufacturing, 2022, 49 (2): 102499.

[16] PUTTEN J V D, DEPREZ M, CNUDDE V, et al. Microstructural characterization of 3D printed cementitious materials [J]. Materials, 2019, 12 (18), 2993.

[17] RILL-GARCIA R, DOKLADALOVA E, DOKLADAL P, et al. Inline monitoring of 3D concrete printing using computer vision [J]. Additive Manufacturing, 2022, 10 (9): 103175.

[18] SHEN, D U, SUN, et al. Visual detection of surface defects based on self-feature comparison in robot 3-D printing [J]. Applied Sciences, 2019, 10 (1): 235.

[19] SINGH D D, MAHENDER T, REDDY A R. Powder bed fusion process: A brief review [J]. Materials Today: Proceedings, 2021, 46: 350-355.

[20] SUSTAREVAS J, KANOULAS D, JULIER S. Autonomous mobile 3D printing of large-scale trajectories: 2022 IEEE/RSJ international conference on intelligent robots and systems (IROS) [C]. Kyoto: IEEE, 2022.

[21] VANTYGHEM G, DE CORTE W, SHAKOUR E, et al. 3D printing of a post-tensioned concrete girder designed by topology optimization [J]. Automation in Construction, 2020, 112: 103084.

[22] WI K, SURESH V, WANG K, et al. Quantifying quality of 3D printed clay objects using a 3D structured light scanning system [J]. Additive Manufacturing, 2020, 32: 100987.

[23] WOLFS R J, BOS F P, VAN STRIEN E C, et al. A real-time height measurement and feedback system for 3D concrete printing [J]. High Tech Concrete: Where Technology and Engineering Meet, 2017, 8 (6): 2474-2483.

[24] XIAO J, JI G, ZHANG Y, et al. Large-scale 3D printing concrete technology: Current status and future opportunities [J]. Cement and Concrete Composites, 2021, 122: 104115.

[25] XU J, BUSWELL R A, KINNELL P, et al. Inspecting manufacturing precision of 3D printed concrete parts based on geometric dimensioning and tolerancing [J]. Automation in Construction, 2020, 117: 103233.

[26] YANG X, LAKHAL O, BELAROUCI A, et al. Adaptive deposit compensation of construction materials in a 3d printing process: 2022 IEEE/ASME International Conference on Advanced Intelligent Mechatronics (AIM) [C]. Kyoto: IEEE, 2022.

[27] YUAN P F, ZHAN Q, WU H, et al. Real-time toolpath planning and extrusion control (RTPEC) method for variable-width 3D concrete printing [J]. Journal of Building Engineering, 2022, 46: 103716.

[28] YUAN Y, TAO Y. Mixing and extrusion of printing concrete: Computational Modelling of Concrete Structures. [M]. London: CRC Press. 2018: 183-187.

[29] ZHANG C, JIA Z, LUO Z. Printability and pore structure of 3D printing low carbon concrete using recycled clay brick powder with various particle features [J]. Journal of Sustainable Cement-Based Materials, 2023, 12: 808-817.

[30] ZHANG D, FENG P, ZHOU P, et al. 3D printed concrete walls reinforced with flexible FRP textile: Automatic construction, digital rebuilding, and seismic performance [J]. Engineering Structures, 2023, 291 (15): 116488.

[31] ZHANG X, LI M, LIM J H, et al. Large-scale 3D printing by a team of mobile robots [J]. Automation in Construction, 2018, 95: 98-106.

[32] 卞晨. 3D打印技术在机械制造中的应用探究 [J]. 中国设备工程, 2024 (5): 213-215.

[33] 陈权要, 周燕, 周诚. 混凝土3D打印的机器视觉检测研究现状与展望 [J]. 土木建筑工程信息技术, 2023, 15 (5): 1-8.

[34] 邓俊. 近景摄影测量相对控制算法研究与应用 [J]. 城市道桥与防洪, 2021 (11): 212-214.

[35] 李洪彬, 蒋爽, 倪福生, 等. 大流量无堵塞旋流泵的优化设计及实验研究 [J]. 水道港口, 2023, 44 (1): 150-156.

[36] 刘硕, 刘光博, 刘尚国. 利用重心基准的激光跟踪三维测边网平差 [J]. 山东科技大学学报 (自然科学版), 2021, 40

（6）：20-27.

[37] 施卫东，施亚，高雄发，等．基于DEM-CFD的旋流泵大颗粒内流特性模拟与试验［J］．农业机械学报，2020，51（10）：176-185.

[38] 汪玉琪．3D打印技术的应用与发展研究［J］．现代制造技术与装备，2019（4）：138-139.

[39] 王琦．可重构3D打印机索驱动支撑系统的控制仿真与实验研究［D］．西安：西安理工大学，2023.

[40] 王正初，卢圣瓯，倪君辉，等．基于CFD大流量多级凝结水泵性能分析及其特性试验［J］．台州学院学报，2021，43（3）：27-33.

[41] 吴凯，赖建中，杜龙雨，等．3D打印超高性能混凝土的抗渗及抗冻性能研究［J］．混凝土与水泥制品，2022（10）：1-6.

[42] 于广瑞，赵丹阳．基于立体视觉的目标深度图提取算法研究［J］．测绘与空间地理信息，2020，43（4）：104-107.

[43] 张帆，肖述文，涂一文，等．多轴机械臂3D打印的运动-挤料协同控制方法［J］．机械设计与研究，2021，37（6）：141-147.

第 4 章

3D打印共性支撑技术

■ 4.1 常用打印设计与规划软件

4.1.1 打印对象设计与建模软件

建筑 3D 打印遵循一般增材制造的工作原理和流程，由打印对象的三维计算机图形驱动。三维计算机图形通常是在电子计算机和三维造型软件帮助下创造的数字模型，这个建模过程主要是打印对象形状和尺寸的设计，可涉及构造实体几何、NURBS 建模、多边形建模、细分曲面、隐函数曲面等多种不同的建模技术。生成的三维图形通常需要以三角网格曲面（互相连接的三角形网络）的形式存在，这通常通过"剖分"过程得到，即把物体的表达（例如球面的中点坐标和它的表面上的一个点所表示的球面）转换成一个（球面的）三角形表示。在建筑 3D 打印中，常见的三维造型软件包括 Rhinoceros 3D、Autodesk Revit、SolidWorks、Autodesk Fusion 等。

1. Rhinoceros 3D 软件概述

Rhinoceros 3D（犀牛）是一套专业的三维立体模型制作软件，简称 Rhino3D，由位于美国西雅图的 Robert McNeel & Associates（McNeel）公司于 1992 年开始开发，1998 年发售 1.0 版。Rhino3D 所提供的曲面工具可以精确地制作所有用来作为渲染、动画、工程图、分析评估以及生产用的模型。Rhino3D 软件已广泛用于工业设计、游艇设计、珠宝设计、交通工具、玩具设计、建筑设计等相关产业。Rhino3D 是一个开放式的 3D 平台，除了官方开发的 Grasshopper、Flamingo、Bongo、Penguin 插件之外，McNeel 公司也免费开放 SDK 开发工具给第三厂商以撰写用于 Rhino3D 软件的专属插件，推出的相关商用插件已超过 2000 套。

其中，Grasshopper 是一个可视化编程插件，已成为 Rhino 6 及更高版本中标准 Rhino 工具集的一部分。Grasshopper 通过将构件拖到画布上来进行创建，这些构件是具有具体数据处理与计算功能的单元，它们通过可视化的线条依次连接，上一个构件的输出端连接到后一个构件的输入端，形成完整的图形几何参数处理与计算程序以及数据流（见图 4-1）。Grasshopper 主要用于构建生成式算法，同时也可能包含其他类型的算法，例如数字、文本、视听和触觉算法或应用程序。Grasshopper 的高级用途包括结构工程的参数化建模、建筑设计与制造的参数化建模、建筑的照明性能和能耗分析等。当前，Grasshopper 已集成了工业机器臂及其路径规划构件包，能够可视化地支持基于工业机械臂的建筑 3D 打印路径规划。

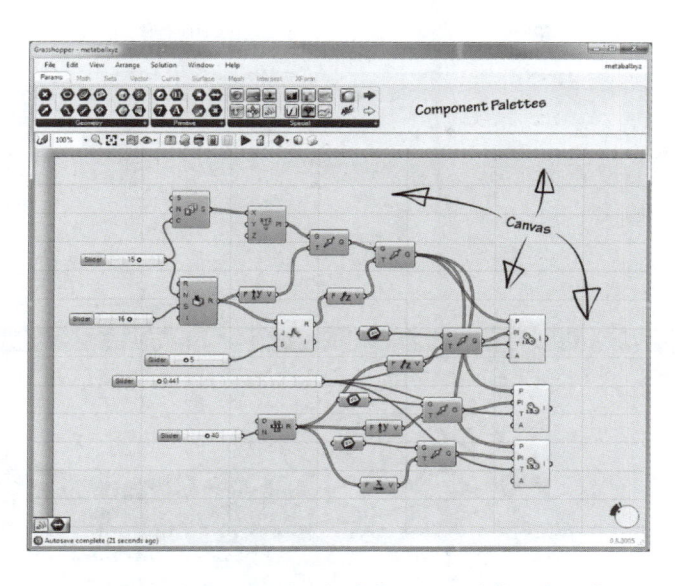

图 4-1　Rhino3D Grasshopper 插件的图形几何参数处理与计算程序和数据流（Wikipedia）

2. Autodesk Revit 软件概述

Autodesk Revit 是一款为建筑师、结构工程师、机电暖通工程师和承包商开发的建筑信息建模软件。最初的软件由 Charles River Software 开发，该公司成立于 1997 年，2000 年更名为 Revit Technology Corporation，并于 2002 年被 Autodesk 收购。该软件允许用户以 3D 形式设计建筑物和结构及其构件，使用 2D 绘图构件注释模型，并从建筑模型的数据库中访问建筑信息。Revit 是一款 4D 建筑信息建模应用程序，能够使用工具来规划和跟踪建筑物生命周期的各个阶段，从概念到施工以及后期的维护和/或拆除。

Revit 工作环境允许用户操纵整个建筑物、构件（在项目环境中）和单个三维形状（在族编辑器环境中）。建模工具可用于预制实体对象或导入的几何模型。但是，Revit 不是 NURBS 建模器，并且除了某些特定对象类型（例如屋顶、楼板和地形）或体量环境外，它也无法操纵对象的单个多边形。Revit 包括以下三种对象类别（术语称为"族"）：

1）系统族，例如墙、地板、屋顶、天花板、主要饰面，以及项目内部建造的家具。
2）可加载族/构件，使用"与项目分开的原始构件"构建，并加载到项目中使用。
3）原位族，使用与可加载构件相同的工具集在项目内就地构建。

经验丰富的用户可以创建从家具到照明设备的一系列逼真而准确的族，也可以从其他程序导入现有模型。Revit 族可以创建具有尺寸和属性的参数化模型。这允许用户通过更改预定义参数（例如高度、宽度或数组中的数量）来修改给定的构件。通过这种方式，族定义了由参数控制的几何图形，每个参数组合都可以保存为类型，并且类型的每个实例（Revit 中的实例）也可以包含进一步的变化。例如，旋转门可能是一个族，它可能有描述不同尺寸的类型，实际的建筑模型将这些类型的实例放置在墙壁中，其中基于实例的参数可以为门的每个实例指定唯一的门硬件。与 Rhino 的 Grasshopper 插件类似，Revit 也有个可视化图形编程工具——Dynamo，用于自定义建筑信息工作流，从而支持参数化建模，如图 4-2 所示。

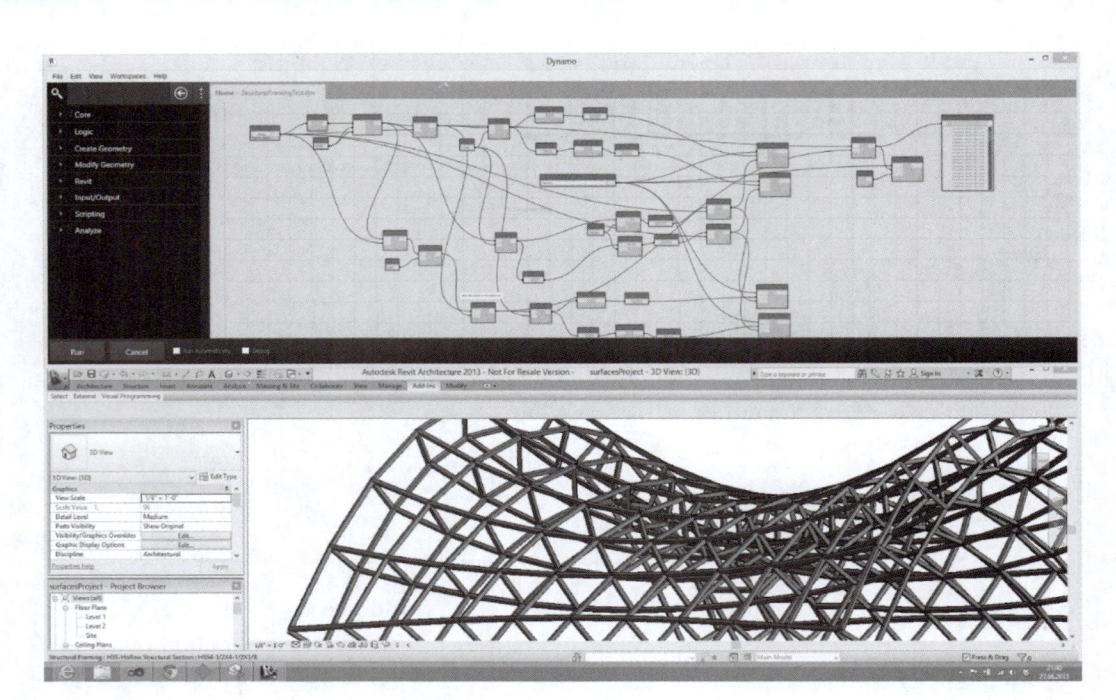

图 4-2　Revit Dynamo 图形交互界面

3. SolidWorks 软件概述

SolidWorks 是达索系统（Dassault Systèmes S. A.）旗下的 SolidWorks 公司开发的、运行在微软 Windows 平台下的三维 CAD 软件。SolidWorks 是一个使用 Parasolid 建模内核的实体建模器，采用基于参数特征的方法，该方法最初由 PTC（Creo/Pro-Engineer）开发，用于创建 3D CAD 模型。SolidWorks 软件的图形交互界面如图 4-3 所示。

SolidWorks 建模的参数决定了模型的几何形状和尺寸，它既可以是数值参数（如线长或圆的直径），也可以是形位参数（如相切、平行、同心、水平或垂直等）。数值参数可以相互关联从而允许软件捕获设计意图，实时地响应更新。例如，如果用户希望饮料罐顶部的孔保持在顶面，SolidWorks 将允许用户指定孔是顶面上的特征，之后无论罐子被赋予任何高度值，该用户的设计意图都将被执行。另一个重要概念是特征，包括目标实体部件的整体形状特征和局部表面处理特征。整体形状特征通常从凸台、孔、槽等形状的 2D 或 3D 草图（由点、线、圆弧、圆锥曲线和样条曲线等几何图形组成）开始建构，然后再通过挤压、添加或切割等对形状进行更新。局部表面处理特征不基于草图而是直接将具体的拔模操作（如圆角、倒角、壳体化等）应用于部件形状表面。

在 SolidWorks 参数化建模框架下，草图中图形尺寸可以独立控制，也可以通过调整与草图内部或外部其他参数的关系来控制；在装配体中，通过"配合"概念定义某一部件与其他部件的形位关系，从而实现装配体。SolidWorks 还包括其他高级配合功能，例如齿轮和凸轮的从动件配合使得齿轮装配体准确模拟实际齿轮的运动。最后，可以由部件或装配体自动创建工程图，然后根据需要将注释、尺寸和公差信息添加到工程图中，可支持大多数纸张尺寸和标准（ANSI、ISO、DIN、GOST、JIS、BSI 和 SAC）。

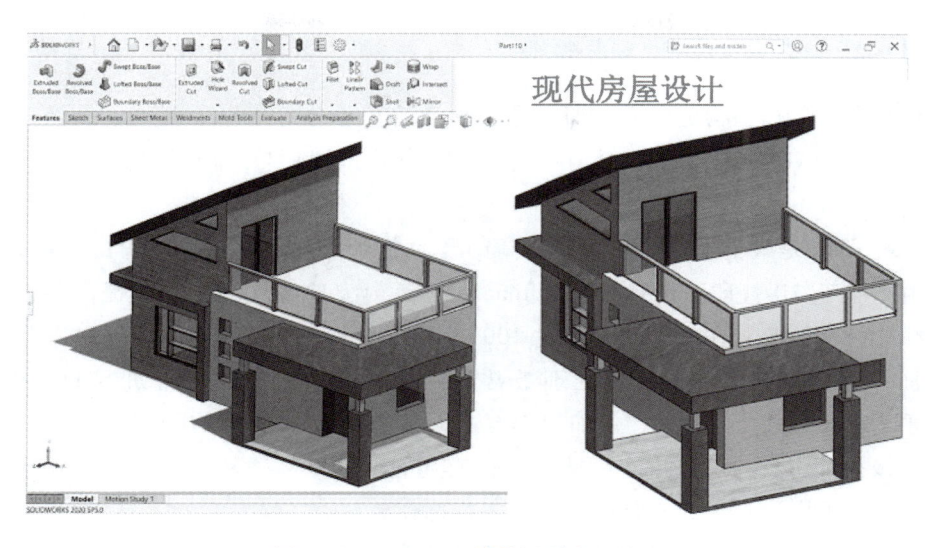

图 4-3 SolidWorks 软件图形交互界面

4. Autodesk Fusion 软件概述

Autodesk Fusion 是一款商业计算机辅助设计（CAD）、计算机辅助制造（CAM）、计算机辅助工程（CAE）和打印电路板（PCB）设计软件应用程序，由 Autodesk 开发。它适用于 Windows、macOS 和 Web 浏览器，并为 Android 和 iOS 提供简化的应用程序。Fusion 具有内置的 3D 建模、钣金、模拟和文档功能。它可以管理加工、铣削、车削和增材等制造流程。它还具有电子设计自动化（EDA）功能，例如原理图设计、PCB 设计和构件管理。它还可以用于渲染、动画、生成设计和许多高级模拟任务（FEA）。Autodesk Fusion 主要功能包括：3D 设计和建模、制造（CAM）、数据管理、电子（EDA、PCB）、团队协作、生成设计、3D 打印、模拟（FEA）等。Autodesk Fusion 软件图形交互界面如图 4-4 所示。

图 4-4 Autodesk Fusion 软件图形交互界面

4.1.2 打印模型切片与路径规划软件

在完成打印对象模型构建之后，即可进行模型的切片与打印路径规划，最终得到打印所需的运动指令（即 G-Code 代码）。本小节介绍常见的模型切片与路径规划软件。

1. Ultimaker Cura

Ultimaker Cura 是最早出现、使用率最高的开源免费切片软件之一，它由 David Braam 创建，后来他受雇于 3D 打印机制造公司 Ultimaker，负责维护该软件。Cura 提供各种高度直观的功能来简化打印体验，在全球拥有超过 100 万用户，每周处理 140 万个打印作业。Cura 与大多数桌面 3D 打印机兼容，可以处理最常见的 3D 格式的文件，例如 STL、OBJ、X3D、3MF；还可以处理图像文件格式，例如 BMP、GIF、JPG 和 PNG。默认自带特定 3D 打印机的推荐设置，减少了用户的学习成本，同时还拥有超过 40000 名活跃用户的大型社区，其中有非常多的电子学习资源，因此它是初学者的不错选择。

经过十多年的发展，Cura 已具备丰富多样的功能，也成为一款非常流行的 3D 打印切片软件，很多工程师通过插件的方式将他们的创意添加到软件中。其中，以下两个功能非常实用：

1）可变线宽：Cura 5.0 版本引入了重要的功能，即可变线宽。它可以增加或减少线宽，以创建最有效的打印路径，并更准确地打印出精细细节，也使打印出的构件更加坚固。

2）动态预览：Cura 具备令人印象深刻的动态预览功能，用户可以将图层预览以视频播放的形式展示，以准确查看喷嘴的移动路径，这对于检查模型的细节是否能够通过 3D 打印实现非常有用。Ultimaker Cura 软件图形交互界面如图 4-5 所示。

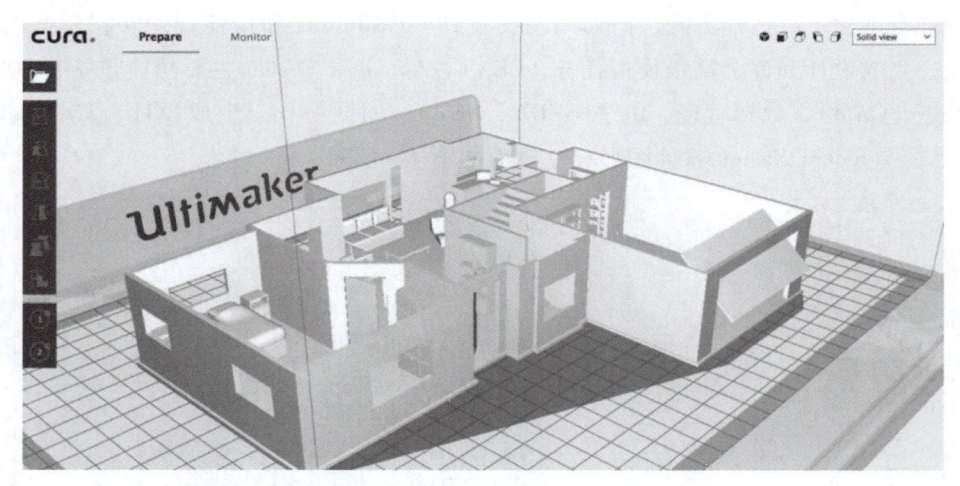

图 4-5 Ultimaker Cura 软件图形交互界面

2. Simplify3D

Simplify3D 是付费才能使用的软件，售价为 199 美元（一次性购买）。作为付费软件，它的功能也是非常强大。例如，导入和修复功能允许用户导入 3D 文件，然后分析几何图形以帮助发现任何可能阻碍打印的潜在网格错误。强大的几何引擎使用户能够处理巨大的文件（数吉字节和数千万个三角形），并且用户可以轻松检测和修复切片软件中的常见错误。它还拥有一系列行业领先的定位、排列和包装工具，可以以理想的打印方式摆放模型。凭借在单个构建平台中交互式操作单个零件或嵌套数百个零件的能力，可以非常灵活地优化切片效率。另一个好处是控制功能的多样性，提供比许多其他切片器更好的设置自定义。在整个打印过程中，它还通过使用智能算法自动调整层厚度和填充密度等常用参数，同时保持相同的质量水平，从而帮助提高材料效率。V5 是 Simplify3D 的最新版本（截至 2024 年年底），包括 120 多项新功能和改进、3 倍更快的切片和 90 种新支持的打印机。如果用户持有许可证，则可以在软件更新时以折扣价升级到最新版本。Simplify3D 软件图形交互界面如图 4-6 所示。

图 4-6　Simplify3D 软件图形交互界面

3. PrusaSlicer

PrusaSlicer 是一款主要为 Prusa 3D 打印机设计的软件，但同时支持市面上大多数其他主要品牌，例如 Anycubic 和 Creality。它提供了一个清晰简单的用户界面，同时功能强大，深受 3D 打印用户欢迎。支撑的创建是其一大亮点，用户可以快速轻松地将自定义支撑直接绘制到模型上，同时使用自定义网格作为支撑阻挡器和执行器。它还允许用户使用智能填充和笔刷工具，只需单击几下即可为多材料打印模型上色，一次可支持多达 5 种颜色的材料打印。其他优势包括大量的分析工具，还有分别为模型的每个部分选择层高的能力。PrusaSlicer 软件图形交互界面如图 4-7 所示。

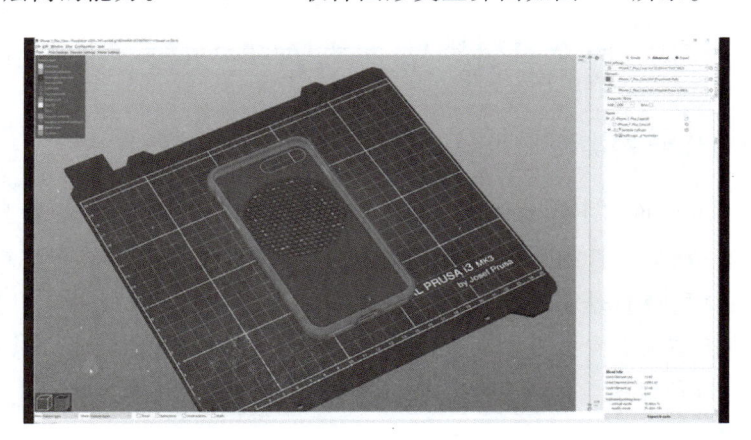

图 4-7　PrusaSlicer 软件图形交互界面

PrusaSlicer 也是 Slic3r（另一款流行开源软件）的一个分支品牌。按照 Prusa Research 的传统，与其母软件一样，该程序是开源的，并有大量文档来帮助熟悉每个小设置。PrusaSlicer 针对 Prusa 产品进行了优化。它预装了所有 Prusa Research 3D 打印机和材料的配置文件，还附带了各种其他流行的 3D 打印机和材料，并简化了添加自定义配置文件的过程。

4. Autodesk PowerMill

Autodesk PowerMill 是一款在 Microsoft Windows 上运行的 3D CAM 解决方案，用于为 Autodesk 公司开发的五轴 CNC（计算机数控）铣床或六轴工业机械臂编程工具路径。该软件用于各种不同的工程行业，以确定最佳喷嘴路径，减少时间、降低制造成本以及减少喷嘴负载并产生光滑的表面光洁度。其中，PowerMill Additive 是一款插件，可生成增材制造或增减材混合制造工具路径。它利用 PowerMill 现有的多轴 CNC 和 PowerMill Robot 机器人插件功能来创建多轴 3D 打印路径，并沿打印路径的每个点进行详细的工艺参数控制，这些工艺参数能够在喷嘴路径点级别精细控制材料沉积操作。PowerMill Robot 机器人插件的优点在于可以直接由打印路径模拟生成指定工业机械臂格式（如 ABB、KUKA）的动作指令，极大地提高工作效率（这与传统的纯图形切片软件不同）。Autodesk PowerMill 软件图形交互界面如图 4-8 所示。

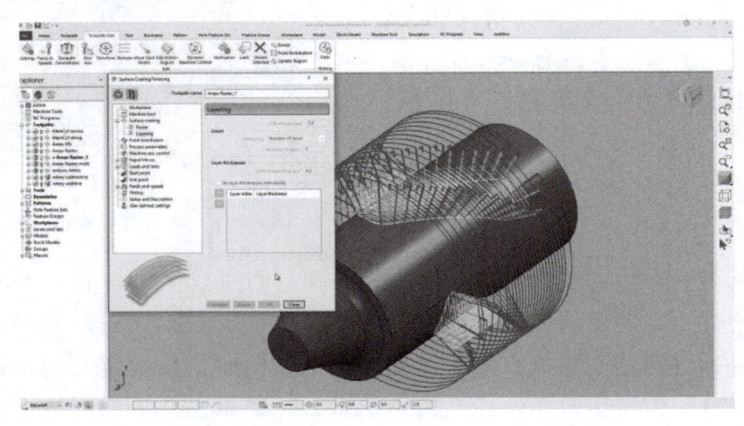

图 4-8　Autodesk PowerMill 软件图形交互界面

4.2　面向打印的建筑结构设计

4.2.1　常见的打印结构类型

截至 2024 年年底，许多不同的建筑系统已经实现由 3D 打印建造。混凝土 3D 打印可全面覆盖包括房屋建筑、桥梁、管涵基础设施、街景小品、工业或军事设施等建筑系统；陶土 3D 打印主要针对偏远地区或野外临时房屋建筑；金属和塑料 3D 打印则主要用于桥梁结构的建造。这些不同的建筑系统本质上由特定的一系列结构（构件）组合形成，以下对常见的打印结构（构件）类型进行介绍。

1. 墙和柱结构

墙和柱是 3D 混凝土打印结构最常见的形式，毕竟 3D 混凝土打印材料在无筋条件下很容易满足轴压性能的要求。作为最早且使用最广泛的增材建造技术，轮廓制作也是从承受压缩载荷结构的 3D 打印开始。轮廓工艺由南加州大学（USC）的布洛克·霍什内维斯（Behrokh Khoshnevis）教授于 2004 年提出（见图 4-9a），该技术采用嵌入钢筋笼的 3D 混凝土打印永久模板，将新拌混凝土倒入模板中。因此，3D 混凝土打印模板可以替代传统的可拆卸模板，特别是对于那些异形结构。轮廓制作最初是为了生产中小型结构片段而提出的，然而，随着材料性能和打印技术的改进，全尺寸墙于 2006 年在南加州大学首次建成（见图 4-9b）。

2016 年，布洛克·霍什内维斯（Behrokh Khoshnevis）教授和 NASA 合作打印了一栋面积

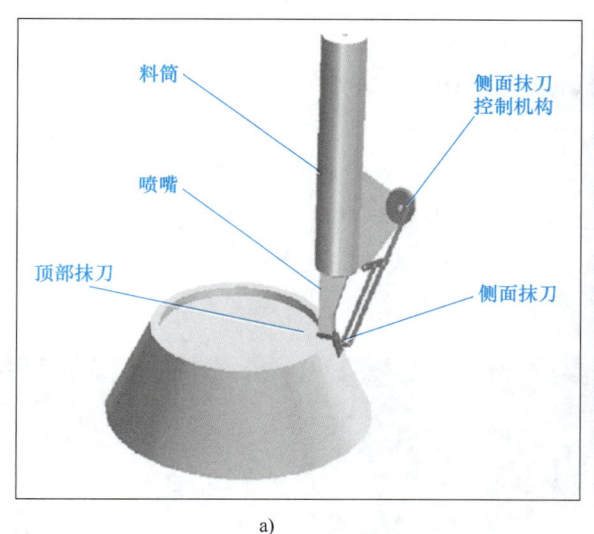

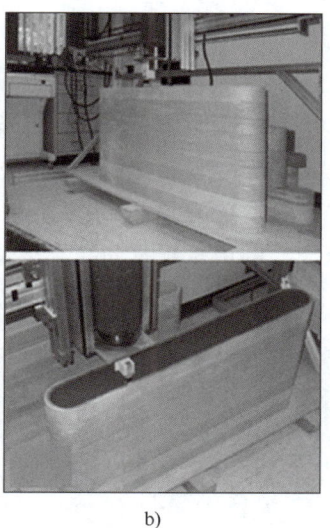

图 4-9 轮廓工艺示意图

约 232m² 的两层建筑,验证了轮廓技术的可靠性,从而激发了 3D 混凝土打印技术在建筑结构中的探索和应用。例如,2015 年盈创建筑科技公司在苏州工业园区利用轮廓技术成功建造了世界最高的五层 3D 打印公寓,其中钢筋剪力墙是采用 3D 打印建造出来的。2021 年,德国打印出的一座双层房屋,由三层材料的空心墙组成,填充了绝缘化合物。国内研究初期主要采用轮廓工艺打印承重墙和非结构柱。为了保证打印结构稳定性,提高结构性能,基于轮廓加工技术开发了波纹空心墙,如图 4-10 所示。

图 4-10 轮廓工艺示例

轮廓加工技术也可用于 3D 混凝土打印领域列。除了规则截面混凝土柱外，具有空间自由度的结构几何形状的 3D 打印技术的潜力正被挖掘。2015 年，法国 XtreeE[①]设计并建造了一个不规则的空间桁架形柱（见图 4-11a），展示了 3D 混凝土打印技术的设计建造潜力。该空间桁架柱由四个单独的部分组成；外腔采用轮廓工艺打印，而内部则由钢筋植筋加固并由超高性能混凝土填充。这种空间桁架柱的整体设计、分段模块化设计和预制打印装配方法为 3D 混凝土打印结构的建造提供了新的模式。同样，瑞士苏黎世联邦理工学院（ETH）也与 Origen Festival 合作，利用轮廓打印技术建造了多个不同形式的混凝土柱（见图 4-11b）。打印过程中结构稳定，没有塌陷或屈曲。柱子的外观不同于传统结构，表现出丰富的几何形状。

a)　　　　　　　　　　　　　　　　　b)

图 4-11　不同形式的混凝土柱

3D 混凝土打印墙体和柱体轮廓加工的成功尝试表明 3D 混凝土打印结构能够满足结构成型和竖向承重的要求。与传统的现浇混凝土结构相比，3D 打印轮廓制作可以产生复杂的空腔形式，便于隔声、隔热材料的填充和管道的放置。然而，轮廓制作的局限性也很明显，这种方法可能会导致打印混凝土空腔与内部混凝土之间的弱结合问题，从而给结构安全带来潜在问题。上述项目中的 3D 混凝土打印仅起到替代传统模板的作用，并且部分参与承受结构荷载；3D 混凝土打印建筑大多没有对 3D 混凝土打印的材料力学性能进行精确计算，仅采用传统现浇钢筋混凝土的设计计算方法。

中空构件是指通过 3D 打印形成截面轮廓内部具有空腔的构件。空心构件的广泛应用不仅是因为节省材料，还因为保温、隔声等功能的要求。对于 3D 打印的空心组件，内孔还要为钢筋和其他钢筋留有空间。例如，萨莱特·提奥（Salet Theo）等人充分利用截面的空腔，采用装配式施工方法打印节段，组装所有部件，并用灌注砂浆填充内腔。在空心模板构件上使用预应力筋增加了 3D 打印混凝土的应用潜力，如图 4-12a 所示。除了纵向钢筋外，萨莱特·提奥（Salet Theo）等人也尝试在打印过程中添加箍筋等横向钢筋，如图 4-12b 所示。

尽管树木在我们的日常生活中无处不在，但树木内部存在的机械原理很少应用于结构。如果把一棵树看成一个结构，那么树干就是垂直的构件，树枝就是水平的构件，树的每个部分的大小与该部分所受的压力密切相关。枝根承受固定弯矩，因此演化出细枝端和粗枝根，

[①] XtreeE 是一家专注于建筑 3D 打印的法国公司。

a)   b)

图 4-12 3D 打印混凝土中的预应力筋

这与结构中的变截面悬臂梁类似。此类建筑造型新颖、美观，如图 4-13 所示。由于设计计算困难、施工复杂，这种结构在以往的建筑设计中并不流行。但随着结构计算能力的提高，复杂结构的计算不再是问题。此外，3D 打印技术的出现也使得此类结构在建筑中的应用更加广泛。树形组件是指应用该形状及其机制的组件，如图 4-13 所示。伯格等人提出了一种融合沉积与同步浇筑混凝土的新型施工工艺，与其他打印方法相比，这种工艺采用同步混凝土浇筑，且钢笼的安装不影响打印过程，极大地丰富了建筑的造型。

图 4-13 3D 打印树木结构

2. 拱和壳结构

拱为横跨结构，主要承受压力荷载。

由于力传递机制简单，拱桥可能是现阶段 3D 混凝土打印结构研究中实用性最高的结构形式。通常，3D 混凝土打印拱桥是分段预制打印的，然后在现场进行组装工作。拱桥的结构形式主要有两种：轮廓打印的钢筋混凝土拱肋桥和 3D 混凝土打印空心砌块成型的受压拱桥。世界上第一座 3D 混凝土打印人行拱桥于 2016 年在西班牙阿尔科文达斯建成，是一座钢筋混凝土拱肋桥，如图 4-14a 所示，整座桥梁分为八个部分，其中钢筋混凝土部分采用 D 形轮廓工艺打印，并用聚丙烯热塑性塑料植筋加固。徐卫国等人于 2019 年建造了世界上最大的 3D 打印混凝土人行桥。同年，马国伟等人设计并建造了世界上最长的单跨 3D 混凝土打印拱桥，其中拱肋是通过轮廓工艺打印的，每根拱肋由 3 个打印节段组成并通过植筋加固，拱节之间采用榫卯连接。扎哈·哈迪德算法设计研究小组于 2021 年设计了一座分叉人行桥 Striatus（见图 4-14b）。Striatus 是一个纯受压结构，仅基于其重量，没有使用任何黏合剂、砂浆或植筋加固。这座桥是通过拓扑优化方法设计的，由 53 个打印单元组成，形成由空间三点支撑的薄壳结构。考虑到机械臂的打印范围、每个打印单元的可施工性和稳定性以及运输和安装的便利性，研究人员对不同位置单元的横截面厚度和打印路径进行了优化。

a)

b)

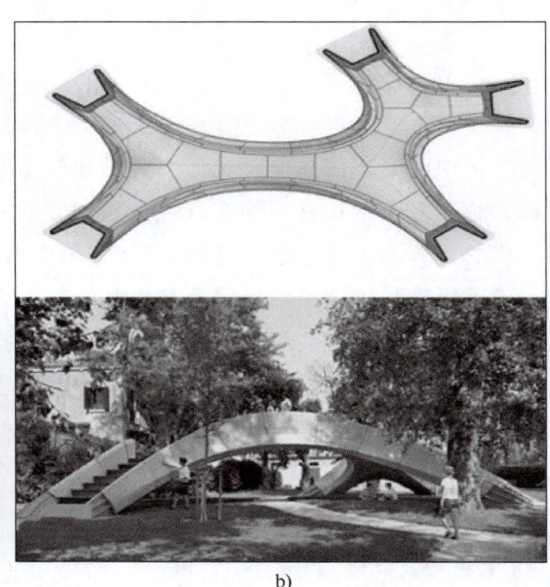

图 4-14　3D 打印桥梁

采用轮廓工艺打印的拱桥具有较高的承载能力和结构可靠度，但其缺点是打印和组装效率较低。3D 混凝土打印拱桥具有施工效率高的特点，但它对打印和安装精度有较高的要求，且结构冗余度低。拱形结构充分体现了 3D 混凝土打印的优势，并规避了当前 3D 混凝土打印植筋加固困难的问题，成为了目前打印桥梁的主要形式。如何利用拱结构受力的优势并拓宽其应用范围是下一步研究的重点，同时也需要对拱结构自重较高的特性进行精细化的结构设计和拓扑优化。3D 混凝土打印拱桥的有效尝试极大地激发了人们对 3D 混凝土打印结构工程应用的信心和兴趣，也促进了 3D 混凝土打印结构的标准化和装配化建设。

拱门在桥梁和拱顶等建筑中很常见。水平构件采用混凝土时，由于混凝土抗拉强度较低，可能会因拉应力而出现裂缝。而拱形模板可以将部分垂直荷载转化为水平力，减小拉应力和弯矩，充分利用混凝土的性能，提高结构的承载力。与传统施工技术相比，3D 打印混凝土技术节省了许多模板，为拱结构提供了更多的设计空间。拱形构件不仅指曲线构件，还指曲面。例如，松古·利姆（Sungwoo Lim）等人打印了双曲夹芯板，展现了 3D 打印技术在复杂曲面结构构建中的优势。劳文欣等人提出一种提高表面质量的解决方案，将人工神经网络模型与打印参数相结合，通过优化打印参数提高了打印的表面质量。

3. 梁和板结构

梁/板与拱/壳都是横跨结构，因此，3D 混凝土打印梁板结构施工的关键是如何在满足抗弯/抗剪强度要求的同时保证打印施工效率。与 3D 混凝土打印墙、柱、拱结构相比，3D 混凝土打印梁板结构的成果相对较少，因为其抗弯、抗剪性能要求较难满足，其承载力和配筋需要精确计算而不仅仅是依赖于传统钢筋混凝土墙和柱情况的经验估计。

3D 混凝土打印梁的设计方法有以下两种：

1）采用类似拱桥后张预应力植筋加固的方法。

2）改变结构体系，将 3D 混凝土打印梁设计成桁架结构形式。

其中，后张法预应力筋线性排列灵活，适用于大跨度 3D 混凝土打印结构。2017 年，世界上第一座 3D 混凝土打印单跨简支梁桥（见图 4-15a）由 Ballistic Architecture Machine（BAM）和埃因霍温技术大学（TU/e）联合建造。该桥跨度为 6.5m，宽度为 3.5m，沿跨度方向打印了 6 个单元，通过后张预应力筋和环氧黏合剂连接；采用增韧纤维增强打印混凝土保证了桥梁的自支撑和几何稳定性；桥梁截面、打印路径、预应力均经过严格设计，并进行了模型试验。

桁架结构是一种轻质高强的系统。桁架梁因其优良的抗弯性能和较强的变形协调能力而广泛应用于桥梁和建筑中。桁架结构中的杆件主要承受单轴拉伸和压缩载荷，因此，桁架结构因其受力简单的特点可以用于 3D 混凝土打印梁。3D 混凝土打印桁架梁（见图 4-15b）于 2019 年与荷兰 Vertico 和比利时根特大学合作完成。该梁是基于考虑恒定载荷作用和对称性的拓扑优化而专门设计的。该结构分为 18 个打印单元，这些单元通过后张钢筋和灌浆连接。张拉杆的形状和预紧力经过优化，以适应桁架的弯曲形式。与同跨度的常规 T 型梁相比，桁架梁在满足自重和荷载作用下的承载能力和刚度要求的情况下，可节省材料用量约 20%。

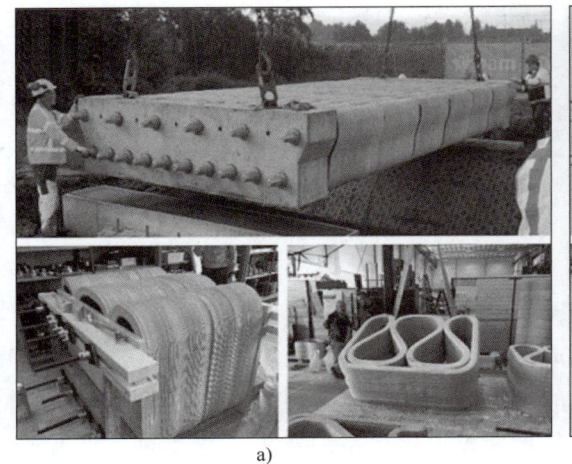

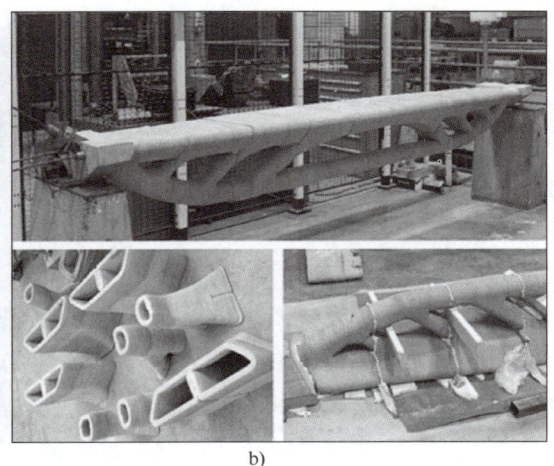

图 4-15 3D 打印梁

在多层建筑中，楼板通常占混凝土结构质量和成本的 85%，因此，设计合适的楼板结构以最大限度地提高材料利用率对于建筑结构的可持续性非常重要。2017 年，苏黎世联邦理工学院的研究团队设计了一种轻质肋板（见图 4-16a），板的网格单元填充有 3D 打印的矿物泡沫。此外，苏黎世联邦理工学院的研究团队还开发了一种混凝土密肋楼板，称为"智能楼板"（见图 4-16b），它由 11 个单元组成，单元之间有后张钢筋。研究团队将板放置在 S 形墙上，并使用销钉将试件连接到墙上。此外，轮廓工艺也可用于楼板结构。格奥尔格·汉斯曼（Georg Hansemann）等人将打印的空心底模具倒置在地面上，在其中布置钢筋，最后浇注混凝土形成轻质楼板（见图 4-16c），与普通楼板相比，可节省 30%～40% 的混凝土。

对于梁、板等大跨度结构，在满足结构承载能力和安全的情况下，应尽量减少 3D 混凝土打印材料的使用量。同样，由于植筋加固困难，梁板结构仍然依赖于拱、桁架和后张钢筋。这将导致该类型结构无法参考传统钢筋混凝土结构进行抗弯、抗剪性能校核计算，降低了结构设计的效率。因此，建立多种类型结构的计算方法以及开发 3D 混凝土打印结构性能预测软件是解决这一问题的有效途径。

图 4-16　3D 打印楼板

4.2.2　打印结构中的悬挑与斜度

1. 竖向打印结构中的悬挑

建筑系统中的竖向打印结构一般包括墙体、柱子、拱和部分竖向打印的梁等。这些构件的水平横截面尺寸通常比它们的高度（沿垂直方向）小得多。对于具有恒定（2.5D）或随着材料沉积而逐渐减小的水平横截面的单元，要确保放置的上层具有足够的支撑表面（从下层开始），这在几何复杂性方面被认为是"简单"的。作为建筑围护结构的垂直墙是这种类型最常见的情况。

对于那些由于设计要求随着打印材料沉积而水平横截面逐渐增加（或平移）的结构体（例如柱头、拱顶），悬挑构造的构建提升了其成形过程的几何复杂度。对于悬挑构造的打印，在无支撑水平分层的情况下，沉积材料承载力的增长速度始终需要超过打印过程中上升的材料自重，这对沉积材料的流变控制和机器的定位精度提出了严格的要求。过多的材料流变变形，或过多层间重心偏差导致下层对上层支撑不足，都可能导致打印失败（结构坍塌）。在这种情况下，竖向试件的几何复杂度可以通过在几何形状中可实现的与垂直方向的最大悬挑角度来表示。表 4-1 汇总了截至 2022 年部分公开发表文献中报道的水平分层条件下部分构件可实现的最大打印悬挑角度，如图 4-17 所示，40° 是当时报道的基于水平分层方式的悬挑角度极限；此后，拉夫堡大学研究团队实现了更高的50°悬挑角度（见图4-17g）。

表4-1 截至2022年部分公开发表文献中报道的基于水平分层的最大打印悬挑角度汇总

构件类型	高度/m	最大悬臂角度(°)	对应图4-17的分图号
柱体	2750	20	a)
小型测试件	80	17.5	b)
板件	—	40	c)
墙体	—	20	d)
天花板	3700	25	e)
墙体	1040	34.6	f)

图4-17 不同研究组织所实现的最大悬挑构件

在垂直构件中自由创建悬臂一直是3D混凝土打印面临的挑战。为了应对这一挑战，一个有前景的领域是生产基于拓扑优化（Topology Optimization, TO）的结构，该结构可以减少材料的使用，同时保持较高的结构性能。这些结构通常是中空的和蜂窝状的，每个单元的墙壁上都有不同的悬臂，或者具有不同悬臂的非垂直柱/杆形成的桁架/树状框架。

为了在没有支撑的情况下实现更大的悬臂角度，研究人员和工程师们已经探索并提出使用传统砌体（砌砖）方法而不是水平分层来打印悬臂结构。恒定厚度分层，称为"切向连续性方法"，用于创建仅有剪切应力的结构，以及产生组合弯曲和剪切应力的恒定角度分层。桶形拱顶（最顶部的最大悬臂角度为90°）是使用40°的恒定分层角度制造的，而采用恒定厚度分层方法的材料喷射工艺此前已经实现了60°的最大悬臂角。除了改进分层（模型切片）方法外，对打印材料进行处理以实现高初始屈服应力［例如通过在打印头上注入活化剂（加速器）］也是实现大悬臂梁的关键。应该指出的是，在某些情况下，这也是打印具有必要支撑悬臂的可行方法。

2. 水平向打印结构中的斜度

与垂直构件相比，水平构件的长度和/或宽度比其高度（厚度）大得多，一般如板、壳体和梁等。打印这种水平构件只需要在足够大的基础表面上打印几层。由于沉积材料完全由基面支撑,故试件的曲率(弯曲度)取决于基面的曲率。在非平面基础表面上打印以创建弯曲的薄试件是一类复杂的情况。因此,创建双曲面板被认为是一项挑战。

在此类弯曲/非平面基面上进行打印的难度在于打印倾斜度(曲率)的控制。由于沉积在斜面上的材料需要依赖其与基面间的摩擦力来克服自身重力以保持固定位置,当基面倾斜度太大而无法维持摩擦力和重力之间的平衡时,这种位置稳定性就会失效,沉积材料将发生移位或变形,导致打印失败。因此,非平面基面上水平向构件的几何复杂度可以通过可实现的最大打印倾斜角(相对水平方向)来反映。表 4-2 汇总了截至 2022 年部分公开发表文献中报道的可打印的双曲面板最大倾斜角度。不同研究小组所达到的最大倾向的证据图像如图 4-18 所示。

表 4-2　截至 2022 年部分公开发表文献中报道的可打印的双曲面板最大倾斜角度汇总

构件类型	长度/m	最大倾斜角度/(°)	对应图 4-18 的分图号
曲面板	0.75	29(沿 X 轴方向) 27(沿 Y 轴方向)	a)
曲面板	≤1.2	30	b)
曲面板	0.21	约 30	c)

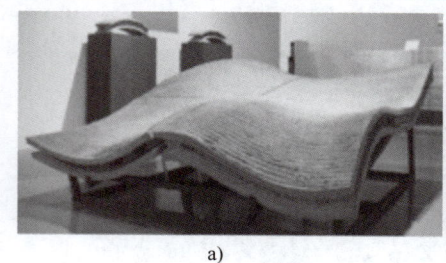

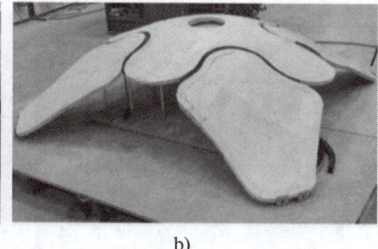

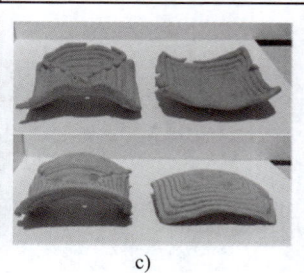

图 4-18　不同研究小组所达到的最大倾向的证据图像

双曲面板构件的最大倾斜角度也会受到植筋加固的影响。一般而言,可以预先将钢筋弯曲至与基面的形状相近,然后在打印过程中嵌入到沉积的混凝土中。而对于基于网格织物的加固材料(如玻璃纤维),很难将其弯曲以与基面的双曲率精确对齐。这是因为在弯曲过程中很可能会发生网格织物材料翘(扭)曲,阻碍后续的材料沉积。这意味着较大的双曲率网格精准嵌入混凝土材料中的难度更高,一般可通过在弯曲位置剪断网格以允许可能的变形。

4.2.3　打印结构拓扑优化

1. 混凝土结构的拓扑优化

对于利用水泥基材料来构建拓扑优化结构,不少研究人员做了相关的研究。安德烈·吉帕(Andrei Jipa)等人设计了一种基于 SIMP 方法[一]的拓扑优化混凝土板。板件的制造过程首先是黏合剂喷射固定砂模板,然后在模板内浇注超高性能纤维增强混凝土。之后,安德烈·吉帕(Andrei Jipa)等人又提出了一种使用熔融沉积成型打印模板的拓扑优化楼梯原型,并演示了如

一　SIMP 方法,即固体各向同性材料惩罚法(Solid Isotropic Material with Penalization),是一种应用于结构拓扑优化的算法。

何将钢纤维增强材料与后张法结合使用以增强其结构性能。阿斯比约恩·森德加德（Asbjørn Søndergaard）等人通过使用机器人磨料线切割发泡聚苯乙烯模板来浇注超高性能混凝土（UH-PC），构建了拓扑优化的构件，他们采用该工艺预制了 6 个独立部件，然后在现场拼接制造出了一个原型混凝土结构。乔里斯·伯格（Joris Burger）等人开发了蛋壳状制造工艺，将大规模熔融沉积成型打印模板与同时浇注快硬混凝土相结合，此结构可适用于拓扑优化的混凝土结构。

吉尔扬·万蒂格姆（Gieljan Vantyghem）等人提出 3D 打印混凝土结构的多物理场拓扑优化框架，并在混凝土中浇筑一个小型物理试件，还进行了三点弯曲测试。上述工作依靠 3D 打印模板来支持混凝土浇筑，这需要后处理阶段。吉尔扬·万蒂格姆（Gieljan Vantyghem）等人无需模板就构造了通过拓扑优化设计的后张法混凝土梁。受 2D 拓扑优化结果的启发，3D 混凝土梁被细分为空心部件，单独打印并随后组装。在组装过程中，将钢筋和后张拉筋放置在空心部件内，然后进行灌浆和后张拉。马滕斯等人开发了考虑悬垂约束的 3D 混凝土打印拓扑优化框架，以生成自支撑混凝土板设计。大多数拓扑优化的混凝土结构都依赖于模板，这导致额外的设计工作和后期处理，因此，可实现的拓扑优化设计是有限的，需要一个解决 3D 混凝土打印各种制造约束的拓扑优化框架。

2. 具有不同制造约束的拓扑优化

许多研究已将悬垂角约束集成到拓扑优化框架中。安德鲁·盖纳（Andrew Gaynor）和詹姆斯·盖斯特（James Guest）使用楔形滤波器来模拟不同悬垂角度下的支撑条件。钱小平提出了一种基于投影的方法，使用投影的悬垂长度来控制悬垂特征。阿莱尔等人考虑了水平集拓扑优化框架中的悬垂角约束。张凯庆等人探讨了如何同时考虑悬垂角度和最小尺寸约束。韩永生等人考虑了复合增减材制造系统的悬垂和减材制造约束。毕明昊等人开发的方法可以生成任意悬垂角度的 3D 自支撑设计。埃米尔·范德文（Emiel van de Ven）等人演示了如何使用前向传播方法来生成 3D 自支撑设计。刘义昌等人结合悬垂角度和最小长度尺度约束来生成自支撑填充结构。与常见的增材制造方法相比，3D 混凝土打印的悬伸约束要严格得多（70°~90°）。值得注意的是，90°悬伸约束与浇筑约束相同，其在拓扑优化框架内的集成已被广泛研究；材料的各向异性可以直接影响增材制造部件的结构性能。路易斯·丘（Louis Chiu）等人进行的研究表明材料各向异性可以显著影响优化结果。阿米尔·米尔曾德德尔（Amir Mirzendehdel）等人提出了一种基于 Tsai-Wu 失效准则的各向异性零件优化方法。先前的研究已经考虑了拓扑优化中的沉积路径。刘继凯和艾伯特·托（Albert To）开发了一个拓扑优化框架，使用轮廓和骨架路径在每一层中进行沉积路径规划。瓦西里奥斯·帕帕佩特鲁（Vasileios Papapetrou）等人提出了一种基于刚度的优化方法，通过考虑纤维取向和填充图案来最大化路径连续性。

4.3 打印模型切片处理

4.3.1 固定与可变层厚平行切片

固定层厚的切片方法是在增材制造诞生时引入的。在固定层厚平行切片方法中输入的

CAD 模型通常为 STL 格式，由一系列具有固定层高的平行平面分割成连续的层。法线层方向和高度是该方法中的两个关键参数。这些切片平面的法线方向由用户预定义，层厚由尖点高度法确定，该方法自安德烈·多伦克（André Dolenc）和伊斯莫·梅凯拉（Ismo Mäkelä）于 1994 年首次提出以来已被研究人员广泛使用。该方法根据预设的尖点高度 C 来计算层厚。如图 4-19 所示，尖点高度是指沿表面的最大高度，即 CAD 表面和沉积层之间的法线距离。用户定义最大允许尖点高度 C_{max}，它与表面质量有关，并相应地计算层厚度 t。固定层厚切片方法会产生阶梯效应，从而增加表面粗糙度并降低成品零件的精度。阶梯效应通过尖点高度进行量化，如前所述，并进一步导致遏制问题。阶梯效应描述了 CAD 模型 P 的轮廓和沉积轮廓 Q 的三种情况，如图 4-20 所示。

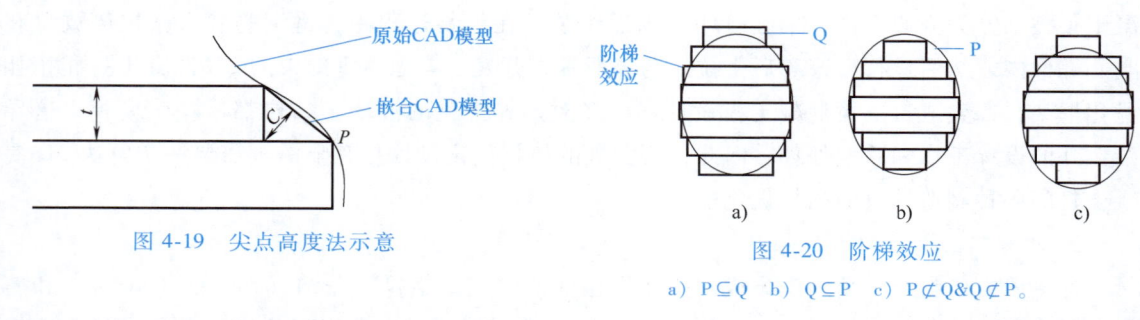

图 4-19　尖点高度法示意

图 4-20　阶梯效应
a）P⊆Q　b）Q⊆P　c）P⊄Q&Q⊄P

与固定层厚切片方法中应用的恒定层厚度相比，自适应切片通过考虑 CAD 模型沿构建方向的几何形状来改变层厚度，以提高表面精加工质量并最大限度地缩短构建时间。自适应切片方法主要有以下四种：

（1）轮廓外推方法　轮廓外推方法根据部件的几何形状使用可变层厚来实现实体模型的自适应切片。在此方法中，层厚是通过从前一层外推来确定的。在前一层的基础上，使用拟合球体来近似下一层的真实表面，并且层厚由该球体以预设的尖点高度公差确定，如图 4-21 所示。

（2）逐步均匀细化方法　逐步均匀细化方法是由萨布林（Sabourin）使用插值方法而不是前面描述的外推法提出的。该方法首先将 CAD 模型切成厚的、均匀的板，最大可接受层厚度为 t_{max}。然后，每块厚板坯根据需要进一步均匀切片，以达到理想的表面精度。层厚度由双向插值而不是单向外推确定，确保切片包含关键部分特征，因为通常向上外推可能会错过高曲率特征。通过逐步均匀细化方法获得的切片示例如图 4-22 所示。

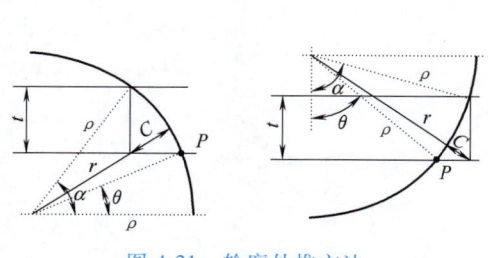

图 4-21　轮廓外推方法

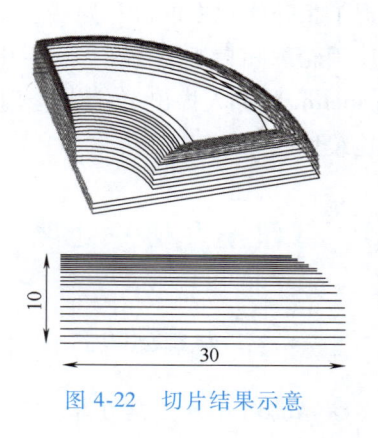

图 4-22　切片结果示意

(3) 精确外部快速内部方法　精确外部快速内部方法由萨布林（Sabourin）提出，以实现更精确的表面和更短的构建时间。零件的外部区域采用薄层构建，以制造所需的精确零件表面，而内部区域则采用厚层构建，以减少构建时间，如图 4-23 所示。自适应层厚度用于实现所需的表面外部区域的准确性。因此，该方法提高了增材制造的构建效率，而不会降低表面质量。

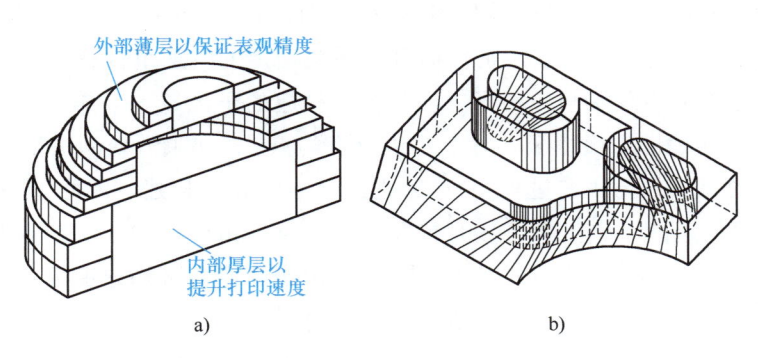

图 4-23　精确外部快速内部方法
a）切片原理　b）切片结果示意

(4) 局部自适应切片　局部自适应切片法是从传统自适应切片法发展而来的，旨在进一步减少打印时间，同时保持所需的表面质量。传统自适应切片法在垂直方向上考虑几何特征，并且对每层使用均匀的层厚，而不考虑水平方向上的特征差异。局部自适应切片法识别复杂部件的各个几何特征，并分别确定同一水平层内每个特征的层厚，如图 4-24 所示。该方法考虑了相对于构建方向沿垂直和水平方向的表面复杂度，将表面复杂度扩展了一个维度。

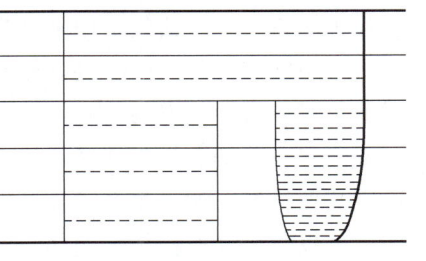

图 4-24　在同一水平层不同的层厚

4.3.2　多方向平行切片

对于定向能量沉积（Directed Energy Deposition，DED）过程，传统的切片方法受到单向切片策略的限制。在传统的单向切片策略下，要打印几何复杂的部件往往是比较困难的。这些复杂部件通常包含几个主要的几何方向，例如分支结构和其他类型的悬挑结构，如图 4-25 所示。如果使用传统的单向切片法去制造这些部件，则支撑结构是不可避免的。然而，支撑结构的实现较为困难，并且需要后处理费时费力；同时，单向切片会在悬挑区域产生阶梯效应，导致表面质量和轮廓精度较差。

针对相对复杂的形状提出多方向切片方法，旨在更好地逼近复杂的几何表面，提高表面质量、轮

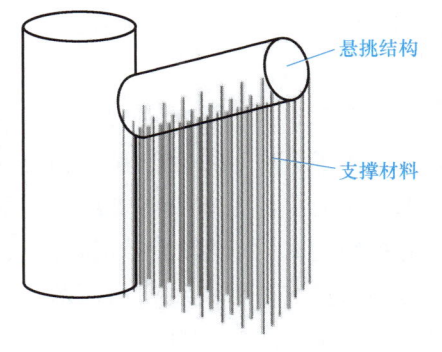

图 4-25　支撑结构

廓精度，消除支撑结构，减少传统切片带来的一些固有缺陷。除了能够构建复杂零件之外，多方向切片方法还可以简化设计程序，减少对支撑结构的依赖，并减少构建时间。

1. 轮廓边缘投影

多方向切片方法的关键问题是如何将零件正确地分解为子体积，同时允许每个零件完全沿一个方向构建而不会发生碰撞。普拉布约特·辛格（Prabhjot Singh）和德巴什·杜塔（Debasish Dutta）提出了采用轮廓边缘投影方法来解决部件沿某个方向的分解问题。

由于机器限制，候选的构建方向是根据打印系统确定的。这组构建方向用 B 表示，部件用 P 表示。任务是将 P 分解为可以沿子方向 $b_i \in B$ 构建的子区域 V_i。第一个任务是确定出对于给定方向 b_i 不可构建的表面特征。对于 P 边界上的点 p，如果 p 处的法线与 b_i 之间的角度超过某一特定角度 $\varTheta_{max}$（与工艺过程相关），则该点不可沿 b_i 构建。因此，p 的 ε 邻域中 P 上的所有点也是不可构建的。$\varTheta_{max}$ 等于 90°与最大允许悬挑角度之和。这些点共同构成了沿 b_i 方向的不可构建集合。P 的等斜线可用于分隔不可构建曲面和可构建曲面。这里的等斜线被定义为表面法线与给定向量具有恒定倾角的表面上的点的轨迹。如果给定向量恰好是构建方向 b_i，则 $\varTheta_{max}$ 处的等斜线将表面 P 分割为与 b_i 形成的角度大于或小于 $\varTheta_{max}$ 的区域。第二个任务是确定不可构建的子卷。在给定构建方向 b_i 和可重建表面特征 R 的情况下，假设最大悬垂角度为 0°，并将 S 表示为 R 沿 b_i 的无限扫掠，那么，不可建造体积 D 可以计算为 $D=S/P$。然而，对于最大悬垂角度不为零的情况，D 可能包括可建造区域。

作为对策，轮廓曲线被用来处理这种情况。轮廓曲线是等斜线的特殊实例；它们是法向量垂直于给定向量的点的轨迹。轮廓曲线的使用与悬垂角为 0°的等斜线的情况相同，在这种情况下，可以避免错误的分解。

部分体积分解后，应选择子体积的构建方向。针对子体积计算集合 B 中的所有候选方向以检查其可行性。如果整个子卷可以沿着候选 b_i 构建，则需要选择 b_i。对于所选的所有候选方向，可以使用其他标准，例如，构建时间和表面精度。否则，使用启发式方法选择构建方向，并沿着该方向进行进一步的分解。一旦零件被分解为子体积并且确定了每个子体积的构建方向，则可以使用正常切片方法沿着计算的方向逐步切片子体积。

轮廓边缘投影方法为一种可提高复杂几何部件打印效率的分解方法，它特别适用于具有多个分支结构的部件，并且在这种情况下可以不需支撑结构。然而，该方法的实际实现可能很复杂，并且对于中空部件的计算将较为耗时。

2. 过渡墙法

由于轮廓边缘投影的实现可能很复杂，杨勇等人提出了另一种处理悬挑结构复杂性的方法。该方法的目的是在没有支撑材料的情况下建造悬挑结构，它通过改变沉积方向创建过渡墙，该墙实际上是悬挑结构的新基底。该方法的基本概念如图 4-26 所示。为了建造悬挑结构，传统方法需要建造支撑结构以避免倒塌，如图 4-26b 所示；如果构建方向被改成水平方

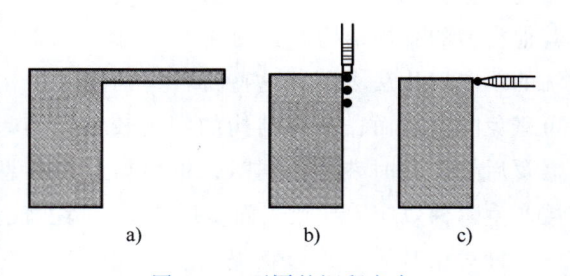

图 4-26 不同的沉积方向
a）悬挑 b）竖向沉积 c）水平沉积

向，如图 4-26c 所示，则可以在没有支撑结构的情况下沉积材料。

实现该方法的关键是层差计算，揭示已沉积路径和待沉积路径之间的相邻关系。两个连续层之间的面积差定义为第一个轮廓覆盖到第二个轮廓覆盖的面积。将不同的悬挂类型分为碎片、复杂碎片、单一轮廓、环形和复杂环形等，如图 4-27 所示。

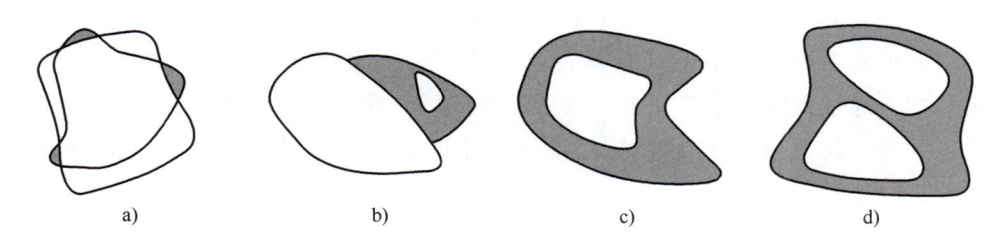

图 4-27　不同的悬挂类型

基于层面积差计算，可以推断并提取出三种不同类型的几何特征，即向下延伸、微悬挑和大悬挑，如图 4-28 所示。对于向下延伸的情况，仍然需要支撑结构，如图 4-28a 中的区域 1 所示。对于微悬挑情况，即悬挑结构在最大允许悬挑长度范围内，如图 4-28a 中区域 2 所示，常规工艺即可满足情况。对于大悬挑情况，则分为碎片式、环形和混合式三种更详细的悬挑类型及其相应的处理措施。这里的基本思想是先水平向沉积悬挑结构的前几层材料，使其作为基底，后续沉积则沿竖直方向。当然，水平向沉积需要考虑诸多因素如材料刚度、蠕变行为和重力影响等，打印过程中还可能会发生扭曲，因此水平向沉积有特定的参数要求，效率低于竖向沉积（见图 4-29 和图 4-30）。

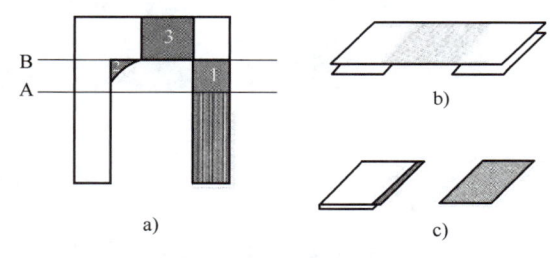

图 4-28　三维悬挑构造

过渡墙法可以减少对支撑结构的依赖，从而提高打印效率；然而，该方法严重依赖于材料特性，在某些情况下可能不适用。

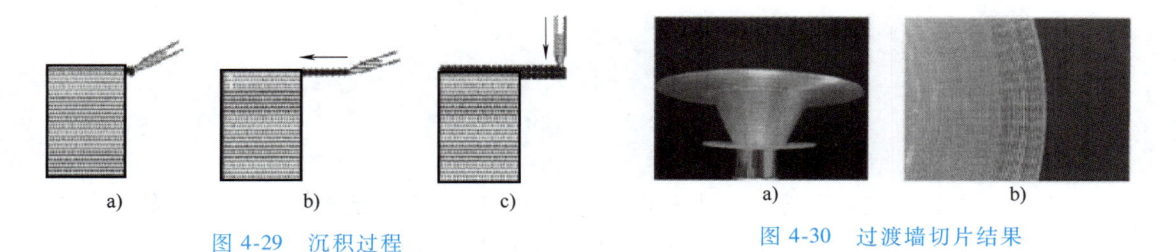

图 4-29　沉积过程

图 4-30　过渡墙切片结果

3. 分解重组切片法

前两种方法可以处理一般的复杂部件；然而，对于有内孔或间隙的部件，上述方法可能无效。丁东红等人提出了一种针对含有大量孔洞的部件的分解重组切片方法。它首先使用简单的基于曲率的体积分解方法将部件分解为子区域，然后再基于拓扑的深度树结构将子区域重新合并成有序组以进行切片。

首先是简化 STL 格式的 CAD 模型。此步骤主要处理模型中的任意孔洞，检测特征边缘并顺序连接以形成边界轮廓；然后，识别内环和外环；最后，用新的三角形网格填补这些孔。

孔洞填充后，下一步是分解体积，即根据模型中的凹边界轮廓来分割模型，可以获得一组没有任何凹轮廓的子区域。这些分解得到的子区域是无序的，需要利用拓扑信息和特征区域将它们重新组合。如图 4-31 所示，蓝色区域是特征区域。基本区域由用户定义，从基本区域开始，通过搜索共享特征来连接所有子区域。深度树结构用于对子区域进行分组。对于每个子区域，使用包含子区域表面（单位球体上）所有法线的高斯地图来确定构建方向。

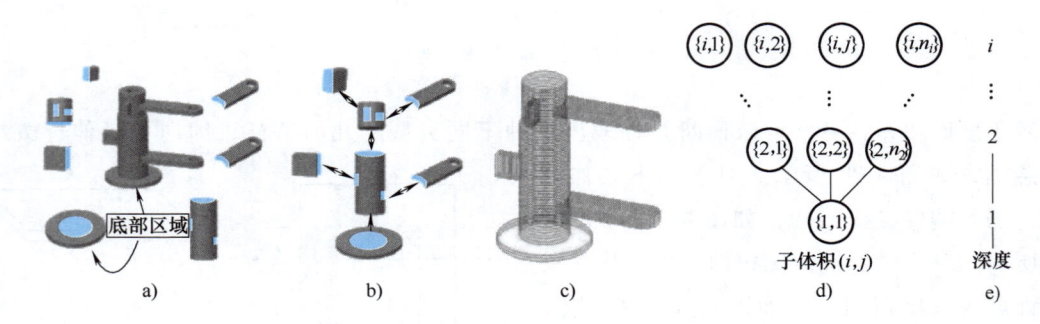

图 4-31　重组分解示例和深度树结构

在已知子体积的构建方向情况下，可以使用正常的切片方法来对模型进行切片。然而，这里应该重新考虑已填充的孔。如果孔方向不平行于构建方向，则需要沉积孔以用于支撑，并且需要进行后处理以去除孔。龙骨配件部件的切片结果如图 4-32 所示。

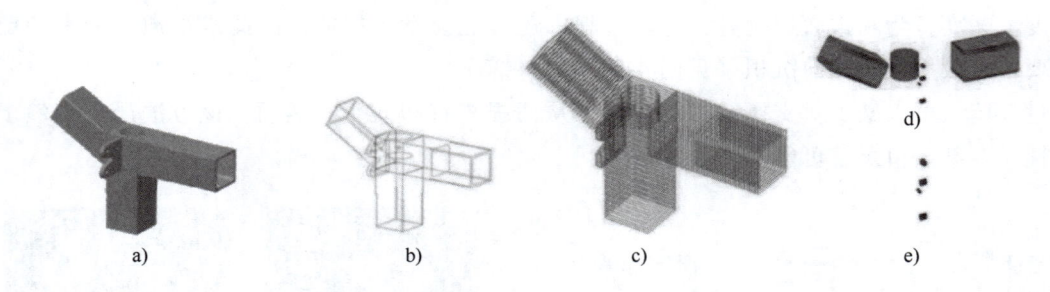

图 4-32　龙骨配件部件的切片结果

该方法针对普遍存在且缺乏有效措施的内孔问题。但需要注意的是，分解步骤仅适用于闭凹环。当边缘特征包括开凹环或非锐利边缘时，此方法可能无效。

多方向平行切片方法旨在构建无需支撑结构的复杂零件并提高表面质量。从传统的单向切片到多向切片的转变是一个突破；具有多个主方向的零件可以通过多方向切片沿其方向制造。分解过程将零件分解为多个子体积，每个子体积可以沿着特定的构建方向制造。这些方法将两个方向的复杂性扩展到多方向的复杂性，从而减少了阶梯效应并有效地避免了支撑结构。

4.3.3 非平行切片

上述传统的单向平行切片方法和多方向平行切片方法都将模型整体或局部切割为一系列平行层。这些分层方法在处理复杂几何结构时存在局限性，它们忽略了部件的几何特征。为了解决这一问题，非平行切片方法逐渐受到更多关注。该方法有助于减少对支撑结构的需求，提高复杂几何部件的打印效率和表面质量，扩展增材制造的应用领域和能力。以下将重点介绍三种典型非平行切片方法。

1. 悬垂结构分割

为了更有效解决悬挑问题，王湘平等人提出了一种符合悬挑结构几何特征的自适应切片方法。该方法结合多方向分割与单方向切片，操作流程为：首先根据允许的悬挑长度将部件分割为厚度不均匀的节段，然后再将这些不均匀的节段切成均匀厚度层。此方法在理论上能够减少阶梯效应，同时可以消除对支撑结构的需求。

该方法的主要过程为多方向分割。假设整个模型被分割成 n 个部分，则包含有 $n-1$ 段平面。第 i 段平面（$1 \leq i \leq n-1$）由原点和法向量定义。这里的关键任务是计算这两个参数。具体步骤如下：

首先进行悬挑结构的初始试验分割。在此步骤中，通过偏移第 $i-1$ 段平面来确定初始第 i 段平面，偏移量是用户给出的初始段高度。对于 $i=1$ 的情况，将第 0 段平面定义为基平面。接下来进行悬挑分割，此步骤优化构建方向和平面段厚度。

悬挑角度定义为最佳构建方向 b_i 与初始构建方向 u 之间的角度。悬挑长度和角度之间也存在一定关系。通过组合这些关系，构建方向可以计算为 $b_i = n_i u n_i$，其中 n_i 是相对于点 V_i 的法向量。接下来的过程中，使用主成分分析法来优化构建方向 b_i，并通过遵循尖点高度和悬挑长度要求的约束来优化节段厚度。分割完成后，再用传统的切片方法对每个子区域进行切片。

该方法有效解决了高曲率悬挑结构的问题。通过遵循悬挑结构的特性，不再需要支撑结构，且大幅度减少由于伪连续变化的构建方向而产生的阶梯效应。与传统多方向切片相比，该方法的优势在于方向几乎可以任意定义，是其更具灵活性的改进版本。

2. 质心轴提取方法

为了进一步提高增材制造复杂几何零件的能力，研究人员试图遵循零件的内在特征。阮建忠等人提出一种基于质心轴的方法，其中包含零件的拓扑信息和几何特征。通过分析质心轴，进行分解过程。

为了符合零件的特征，提取质心轴。质心轴由一系列点组成，这些点是不同位置的横截面的质心。由于某一点的方向无限，由无限横截面产生的无限质心会产生一个非唯一的问题。为了避免这个问题，选择笛卡儿坐标的主方向 X、Y 和 Z 作为质心计算的候选方向。质心轴可以表示为一组点及其连接：

$$S = \{P_i, E_{ij}\} \quad \begin{cases} i,j = 1,\cdots,n \\ i \neq j \end{cases}$$

式中，P_i 为横截面的质心；E_{ij} 为 P_i 和 P_j 之间的连线。

根据这个定义，可以通过计算每个横截面的几何中心来计算质心轴。两个质心之间的连接可以由两个相邻的横截面来定义。

首先，需要确定相交平面的法线方向。初始构建方向设定为向上（即 Z 轴向上方向）。根据需要，将法线方向调整为候选方向之一（沿 X、Y 或 Z 轴）。新的法线方向通过两个相邻横截面之间的布尔运算来确定，如图 4-33 所示。通过将上部切片 A_{upper} 投影到下部切片 A_{lower} 上，结果为

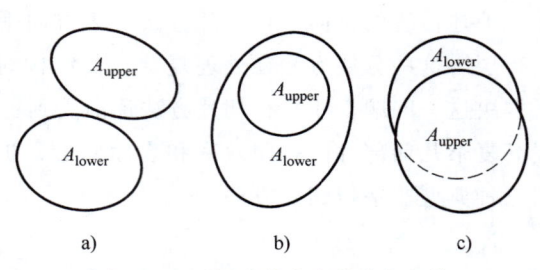

图 4-33 不同法线方向的布尔运算

$$A_{\text{upper}} - A_{\text{upper}} \cap A_{\text{lower}}$$

$$= \begin{cases} A_{\text{upper}} \\ \phi \\ \Delta A_1, \Delta A_2, \cdots, \Delta A_n ; \sum_{k=1}^{n} \Delta A_k < A_{\text{upper}} \end{cases}$$

A_{upper} 情况表示两个切片之间没有相交，这意味着几何体被破坏并且当前质心轴应该结束。ϕ 情况表示上层切片小于下层切片，保持连续性并且应保持法线方向。第三种情况表示混合情况（部分区域重叠）。这种情况下，需要进一步计算是否需要改变方向。

对于上述的第三种情况，新方向的选择基于最小角度准则。具体而言，是将从下层切片质心到上层切片质心的向量表示为 $\vec{V}$。新的法线方向应选择与 $\vec{V}$ 夹角最小的候选方向。接下来，切片平面增量（即两个连续平面之间的距离）由用户设定。

在确定法线方向和增量后，从部件的初始基平面开始，生成一系列切片平面。在每个横截面内，计算质心，并通过将质心依次连接形成质心轴。通过分析来自质心轴的拓扑信息，对部件进行分解。对于每个子区域，进行多轴切片，并生成无碰撞切片序列。整个过程由质心轴自动驱动，无需其他干预。

该方法充分利用了部件的几何特征。由于质心轴的特性，所得到的切片平面能连续自动变化，从而生成三维层，提升了表面质量。该方法在处理复杂部件时具备显著优势，能够有效应对更高复杂度的几何结构。

3. 柱坐标切片

丁尧禹等人提出了一种新颖有效的非分层切片方法，主要用于制造复杂旋转部件。该系统由一个六轴机械臂和一个耦合的两轴倾斜-旋转工作台组成。该方法通过将悬挑结构映射到平面底座，在柱坐标系下进行切片操作。这类旋转部件通常是由一个核心体和多个悬挑结构组成，例如刀片、螺旋桨和刀头。核心体可通过围绕中心轴旋转平面部分生成。

首先，必须将零件分解为悬垂结构和核心体积，此过程遵循轮廓边缘方法。分解后，用传统的切片方法对核心体积进行处理。对于悬垂结构，选择基面作为核心体的外部边界，并将基面偏移面用作切片。如图 4-34 所示，建立了柱坐标，基面可以描述为 $r = \text{S\_Geom0}(w, k)$。通过将基面向外偏移，第 i 个切片可以表示为 $\text{S\_Geom}i(w, k) = \text{S\_Geom}i(w, k) + i\text{Dr}$，其中 Dr 是切片厚度。悬垂结构被描述为 $r = \text{S0\_Geom}i(w, k)$。因此，$\text{S0\_Geom0}(w, k)$ 和 $\text{S\_Geom}i(w, k)$

的交集轮廓就是切片结果。为了简化计算,在 S_Geom0(w,k) 的基础上对 S0_Geom0(w,k) 进行调整,即 new_S0_Geom0(w,k)= S0_Geom0(w,k)S_Geom0(w,k)。因此,悬垂结构的曲线切片 S_Geomi(w,k) 可以转换为平面。将切片平面的轮廓与零件相交后,可以使用八轴制造系统执行整个过程。

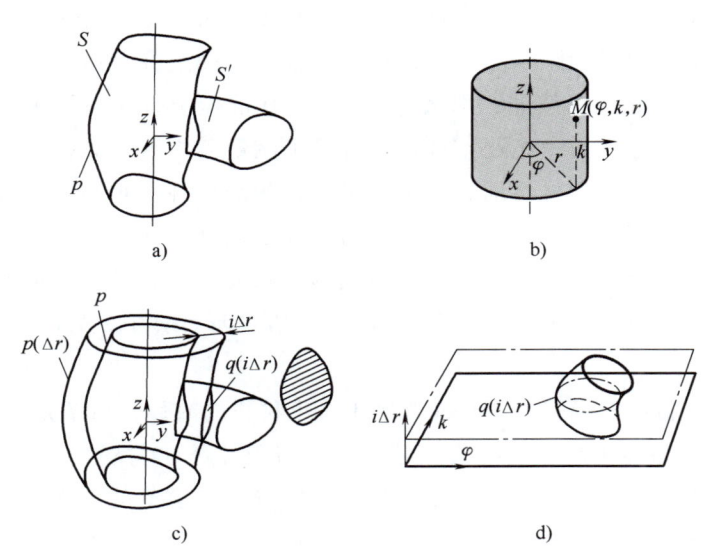

图 4-34 柱坐标原理

该方法实现了非分层切片,它在圆柱坐标下对悬伸结构进行切片,特别适合旋转形状。自由形状的悬垂结构具有更好的表面质量和机械性能。然而,这种方法只适合某些几何形状,因此不是通用的方法。

4.4 打印路径规划

打印路径规划是 3D 打印的另一个关键步骤,影响打印部件的表面粗糙度、尺寸精度和部件强度等。打印路径主要包括外(内)边界、填充路径和支撑路径。本节重点介绍填充路径的规划,其规划策略的选择取决于切片方法以及设计和制造要求。

4.4.1 路径规划的基本指标

1. 路径准确度

喷嘴路径精度是指线段累积对目标几何形状的逼近程度,这可以通过线段累积覆盖率与目标几何形状的面积比来表示(比率越高意味着喷嘴路径对于目标几何形状越准确)。为了获得较高的比率,一个合理的想法是采用细的步距,以减少由于沿某一方向的步距不可整除几何尺寸而产生的误差。然而,这必须牺牲打印效率,因为喷嘴路径长度将延长,导致打印时间也延长。因此,人们研究出了智能算法来自适应地调节喷嘴路径步距到尺寸——喷嘴路径步距在过程中不断变化以适应尺寸。

当用户能够在某些商业 CAM(或切片)软件(例如 Autodesk PowerMill)中指定具有允

许偏差的喷嘴路径步距时,就可以平衡喷嘴路径的精度和满意的加工效率。然而,通过指定偏差裕度,用户通常根据经验在喷嘴路径精度和材料沉积灵活性之间进行权衡。

由于在路径间距误差容许度范围内打印路径可根据目标几何形状发生轻微随机变化,因此需要在打印过程中通过实时精确调节相关工艺参数(如材料流量或喷嘴移动速度)来同步改变打印分辨率即沉积材料束尺寸。然而,当前大多数3D混凝土打印硬件系统无法达到高自动化水平。诚然,如果路径间距变化较小,且材料束之间的重叠可以消除这种细微变化而不会导致明显的打印过填充或欠填充,那么对于这些3D混凝土打印系统来说这并不是一个问题。但是,实现这一点还有另一难题:材料实时挤出流量需要与计算得到的打印路径位置点准确关联,且需要考虑并补偿材料动态挤出流量变化的滞后性,否则容易导致打印过填充或欠填充的问题。需要注意的是,不应仅为了提高路径准确度而使用过高的误差容许度,这可能会超过材料沉积束重叠容许度或导致可能过大的流量变化补偿要求;同时,也不能使用过低的误差容许度而降低路径准确度甚至导致部分路径在图形计算中丢失。

2. 路径连续性

当进给电动机控制嘴开始挤出材料或者停止挤出材料的时候,通常是欠填充或过填充的,这会导致填充的不均匀性出现。当喷头频繁的开启或停止挤出材料发生在打印部件表面时,由于欠填充或过填充形成的材料分布的非均匀性将影响打印模型的表面观感;当这种不均匀填充发生在部件内部的填充路径之间时,熔融丝状材料相互附着的黏合力可能被削弱,从而降低打印部件的强度。

类似的过程在所有挤出型打印工艺中都会出现,例如,粉末打印设备喷嘴挤出黏合剂的过程与熔融沉积型(FDM)打印工艺挤出熔融材料的过程类似。规划路径的任何不连续性,除了会导致打印喷嘴的频繁开关之外,还会不可避免地引入空走路径。打印喷嘴空走过程并不参与实际的打印工作,将会影响整体制造过程的效率。因此,增材制造路径规划的一项核心目标是使得路径的开关切换最少化,或者说使其连续性最大化。

路径连续性是指喷嘴路径保持沉积材料状态的程度,可以用喷嘴路径单位长度的工作线段数来表示(数值越低意味着喷嘴路径越连续)。当打印头沿任意工作线段行进时,材料会沿着该线段沉积形成珠状,可称为"工作路径";在任何两个连续的工作路径之间,都有一个称为"跳转路径"的链路,打印头沿着该链路行进到下一个工作路径(见图4-35)。从广义上看,一条完整的喷嘴路径可以由这两类路径组成,而这里为了分析方便,狭义上的喷嘴路径特指工作路径(不包括跳转路径)。

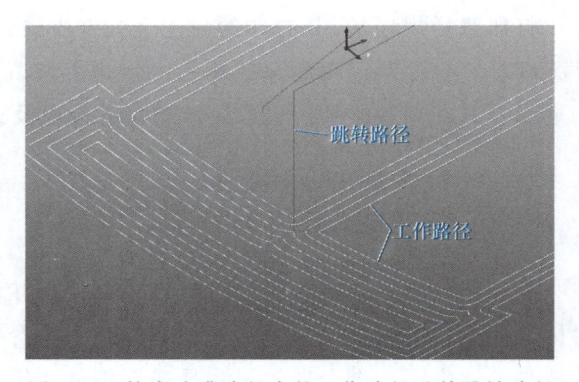

图4-35 轮廓喷嘴路径中的工作路径及其跳转路径

经过跳转路径意味着喷嘴需要在跳转路径开始时停止材料挤出,并在跳转路径结束时重新释放挤出材料,这为喷嘴和送料系统的设计增加了难度,因为需要引入补偿机制来精确控制跳转路径的两端的材料沉积量,否则,喷嘴开关产生的材料欠/过填充(不均匀)不仅将影响打印部件的外观，还可能削弱材料束黏合力而降低打印部件的强度。尽管如此，频繁的喷嘴开关切换仍然可能导致某些时刻的开关卡滞，使材料黏度下降或硬化。在实际操作中，由于砂浆在水化作用下状态复杂，即使采用了补偿机制，也很难精准调节材料的流量。

作为一种替代方案，可以允许打印头在不需要进行材料沉积的地方继续挤出，但以较高的速度（通常为工作路径速度的几倍，视机器能力而定）沿跳转路径行进从而减少实际操作中的过量填充。喷嘴路径中的线段越多，意味着跳转路径越多，更可能会出现过度打印或打印不足的情况，从而影响部件的几何质量和机械性能以及工艺效率。因此，理想的喷嘴路径应尽可能减少线段数量，以提高路径的连续性并优化打印效果。

3. 路径平滑性

路径的几何特征，尤其是路径曲率会显著影响加工效率和质量。当打印喷嘴在步进电动机的控制下通过曲率变化较大的规划路径时，需要更多的减速和加速时间。对于FDM制造工艺，打印喷嘴根据事先设置好的规划路径填充熔融材料时，需要控制两种速度，一种是喷嘴本身的进给速度，另一种是喷嘴挤出熔融材料的挤出速度。

在喷嘴通过曲率变化较大的硬拐角路径时，进给速度不可避免地要经历先降低再提升的过程，为了保证单位时间内喷嘴挤出的材料量不发生剧烈变化，进给速度变化的同时需要配合挤出速度的相应变化，而这将大大增加控制系统的设计难度和设备运行响应的精准度。若两者无法密切配合，在曲率变化较大的路径部分，将会出现过填充或欠填充的现象。大曲率路径影响打印质量和效率，在高速制造条件下，这种影响会进一步加剧。

喷嘴路径平滑度是指喷嘴路径的平滑程度，通常用单位长度内曲率急剧变化的位置（如拐角）的数量来衡量（见图4-36）。在这些位置上，打印头的行进速度通常先降后升，同时改变行进方向。由于流量调节不同步，这可能导致过度打印或打印不足的问题，特别是在高打印速度下，这些问题会被放大。在某些极端情况下，路径曲率被迫在极小的区域内急剧变化，机器可能无法正常运作，或因超出机器的定位精度或巨大的运动惯量下触发了自我保护机制。因此，理想的喷嘴路径应在保证所需的路径准确度条件下足够平滑，以最小化欠/过填充。

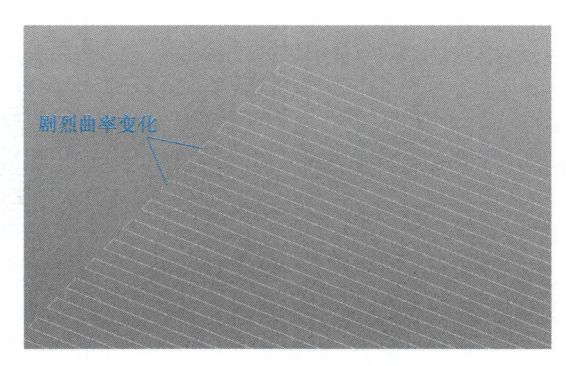

图 4-36 喷嘴路径拐角处的曲率急剧变化

4.4.2 二维平面上的填充路径规划

根据典型切片软件中的填充模式及相关研究，常见的二维填充模式包括：平行线（单向和多方向）、之字形、轮廓线、同心圆、螺旋、混合（之字形与连续的组合、之字形与轮廓的组合等）、网格、三角形、星形、立方体、连续（希尔伯特曲线，类分形构建风格）、混合与连续路径、中性轴转化（MAT）、分形策略、自适应MAT路径（基于MAT，具有连续变化的步长，即打印路径的直径可变）、蜂窝、阿基米德和弦、八角星螺旋等。在增材制造中，最常用的填充模式是轮廓线和平行线，因为它们简单且稳健。所有可用的二维填充模式可归为四大类：平行线路径模式、连续路径模式、混合路径模式以及几何图形自适应路径模式。

如图 4-37 所示，光栅路径中的平行线路径模式通过沿单一方向投射平面射线，简单、高效且稳健，适用于任何边界形状，但其层的构建精度较低。为解决这一问题，提出了多方向平行线路径模式。为了提高机械性能，网格填充模式被用于增强相邻层之间的结合强度。然而，该模式的喷嘴路径较多，增加了工作时间。因此，"之"字形路线模式被提出，它将独立的平行线首尾连接为连续路径，减少了过渡运动和构建时间。但"之"字形路线由于轮廓在与喷嘴运动方向不平行的边缘处存在锯齿状填充误差，通常会导致部件的表面质量差，因此，需要采用轮廓线路径，即通过偏移几何轮廓得到的路径，来解决上述问题。在数控加工中，螺旋线路径广泛应用，但在增材制造中，它仅适用于特定的几何模型。而混合路径模式则结合了不同的方法以获得多种优势。例如，轮廓和"之"字形的组合可提升几何精度和构建效率；"之"字形和网格的组合的方框形状策略，注重改善表面粗糙度和平整度，与单一的"之"字形相比，它能获得更好的表面质量。

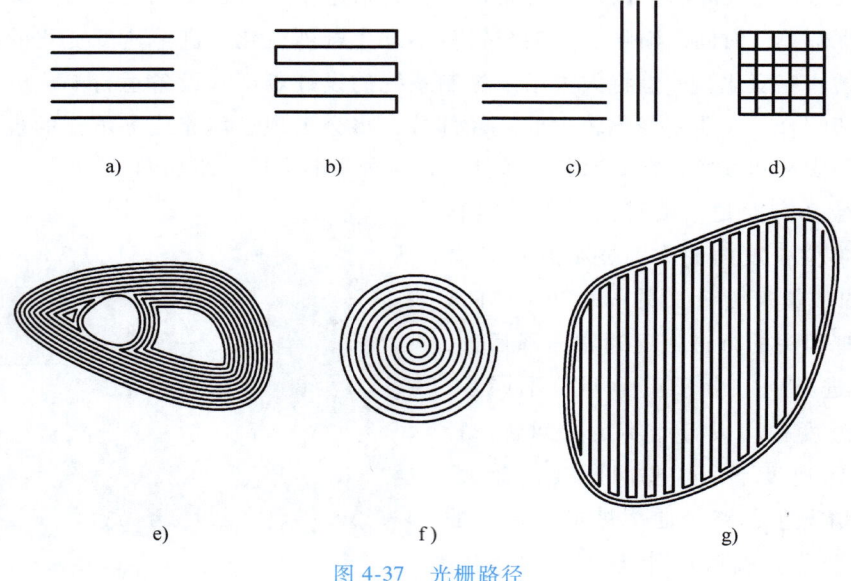

图 4-37　光栅路径

从控制性能的角度看，由于不同扫描策略对构建部件的热机械行为有影响，因此，研究人员采用基于顺序耦合的有限元三维热机械模型对应力和变形进行评估。结果表明，由外向内的扫描模式导致沿 X 和 Y 方向的应力最大；45°倾斜线的变形小于其他方向的变形。此外，通过试验，研究人员研究了不同填充百分比下填充模式对表面粗糙度质量和尺寸精度、拉伸和弯曲力学性能、构建时间等的影响，重点研究了光栅方向、光栅黏合和空隙形成。结果表明，由于沉积物与加载方向对齐，填充的同心图案可产生理想的拉伸和弯曲拉伸性能。这启发了研究人员进一步研究沉积物的合理排列与加载方向之间的关系，可应用于增材制造的先进设计。Hilbert 曲线模式将性能的提高归因于栅格与层之间的结合，这是栅格行进距离短和温度较高的结果,而对于蜂窝模式,较大的空隙是强度和模量较低的原因。一般来说,栅格路径模式简单、高效、稳健,但是,边缘精度较差。优化的混合方法也被提出。填充图案的策略影响打印部件的机械性能,这意味着获得优化的填充图案需要大量的模拟和试验。

与平行线路径模式不同,图 4-38a、b 所示的连续填充算法是基于希尔伯特曲线填充的网格方法。它可以提高表面质量,减少不必要的填充行程,减少喷嘴启动和停止时间,减少部件中的残余热应力,减少部件的翘曲变形。然而,大量的路径转向运动意味着更多的打印时间。分形填充模式可以使用单一图案进行连续沉积以填充任意形状的区域。对于较大的区域,这种方法非常耗时,从而导致热敏感材料部件因复杂路径热量聚集而发生变形。

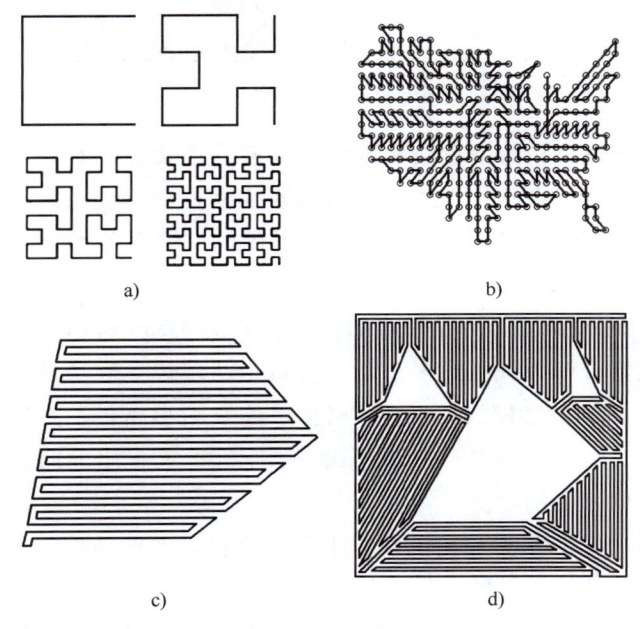

图 4-38 连续路径

有时,薄壁部件的层具有窄而长的横截面形状,平行喷嘴路径策略的各向异性强度分布会导致机械性能不佳。因此,金育安等人提出了另一种连续填充模式,即波纹形喷嘴路径,以减弱对沉积时间和填充质量的负面影响。该策略用一个波纹填充整个内部区域,如图 4-39 所示。此外,为了在路径生成中提供更大的灵活性并提高最终的沉积性能,还开发了双波纹路径。

图 4-39 波纹喷嘴路径

如图 4-40 所示,为了缩短打印时间、提升路径的连续性,可采用一种"往返"双向填充策略为简单区域生成一条连续路径,该路径的起点直接连接到终点。类似地,连接费马螺旋的特点是路径长、曲率低、质量好、效率高。然而，这种方法在处理切片层中出现离散的多个封闭图形时会失效。一般来说，连续路径模式会导致层中的几何精度更高，喷嘴启动和停止时间更少，打印时间增加（由路径转向变化导致）等。同时，也仍然存在诸如欠/过填充、应用受限、鲁棒性和计算效率等问题。

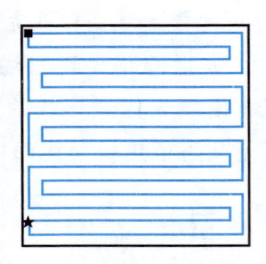

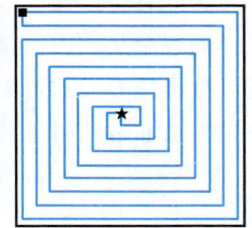

图 4-40　双向连续路径

因此，为了结合上述讨论的平行线和连续路径模式的优点，研究人员开发了第三种路径填充模式。图 4-38c 显示了结合了"之"字形和连续路径模式优点的路径规划。首先将三维几何图形分解为一组单调多边形，然后生成一条封闭的"之"字形曲线；最后，将一组封闭的"之"字形曲线组合起来形成一条连续路径。丁东红等人提出了另一种连续路径模式，它利用了"之"字形、轮廓和连续路径模式的优点，如图 4-38d 所示。该过程包括基于分而治之策略将二维几何图形分解为一组凸多边形，为每个凸多边形确定最佳填充方向。在凸多边形中，使用"之"字形和轮廓模式的组合策略生成连续喷嘴路径，并连接所有单独的子路径以形成一条封闭曲线。与现有的混合方法相比，丁东红等人提出的路径规划策略显示出最少的起止点数量和更好的表面精度。

传统的路径，如"之"字形和轮廓线，不能充分覆盖薄壁部件的几何形状，会留下空隙或间隙。如果轮廓线描绘了边界的几何形状，则中性轴转化（MAT）如图 4-41 所示，也被称为骨架线，它基于中性轴描述区域形状，并将区域平分以获得内部几何形状的骨架线，特别适用于复杂图形。此外，还有一种基于质心轴计算的多轴自动切片方法，而在增材制造应用于金属打印时，采用一种新颖的 MAT（2D）来生成沉积路径，如图 4-42 所示，它可以填充任何给定的横截面几何形状而没有间隙，并为打印部件带来更优越的性能。丁东红等人提出了具有不同路径间距的自适应 MAT，这是一种从中心到边界的路径模式，可以提高打印部件的密度。但是，可能需要铣削等后处理来提升边界质量，这意味着额外的时间消耗。此外，MAT 并不总是反映真实的几何形状，这意味着这种填充模式不太稳健。

由于商用 3D 打印机广泛应用自下而上的切片和打印策略，大多数可用的填充模式都集中在二维上。典型的问题，如构建精度和效率、喷嘴路径传递、启动和停止时间、拉伸和弯曲力学性能、算法的稳健性等，始终是关注的重点。然而，对非

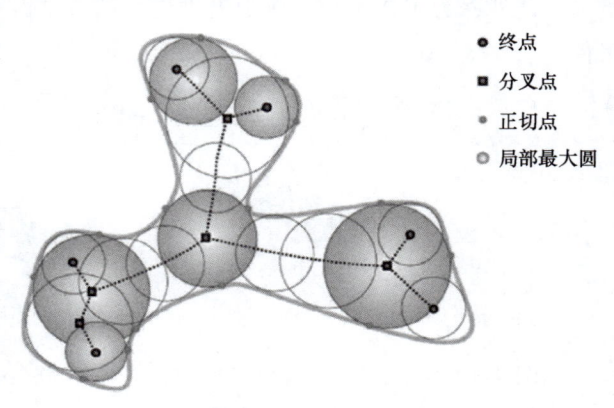

● 终点
■ 分叉点
● 正切点
○ 局部最大圆

图 4-41　几何路径规划

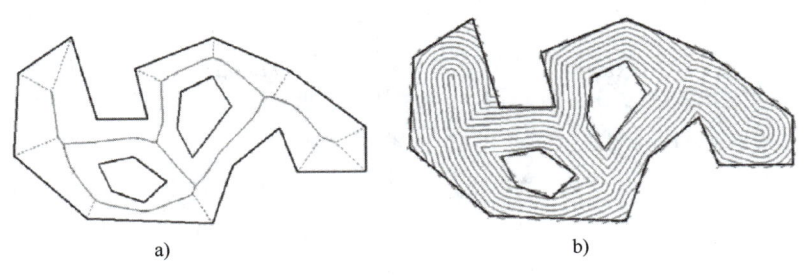

图 4-42 MAT 图示

平面喷嘴路径生成过程的研究可能会进一步扩展增材制造及其应用的能力。

4.4.3 三维曲面上的填充路径规划

考虑到提升机械强度的需求及实现特定的热学、电气甚至生物医学特性，迫切需要在路径规划中沿曲面切线方向或增材制造部件物理特性需求进行规划。尽管用曲面增材制造是研究的关注重点，但实际上，关于三维路径规划的具体方法和算法仍较为有限，尤其是在实际应用中的实施。关于曲面（3D）路径规划的可用技术主要包括基于 CAM 的技术、基于坐标变换的技术、平面切片和路径规划相结合的技术，以及基于参数化曲面的技术。此外，自由曲面精加工中，有以下三种主要的路径拓扑类型可供参考：定向平行型、轮廓平行型和空间填充曲线型，其特性如图 4-43 所示。此外，赵罡等人借鉴五轴减材制造系统（如 CATIA）研究了相应的增材路径生成方法，其中包含平面平行线、"之"字形或轮廓线，并强调相邻路径的距离应为沿曲面的最短距离，然而该研究忽视了增减材之间的差异。

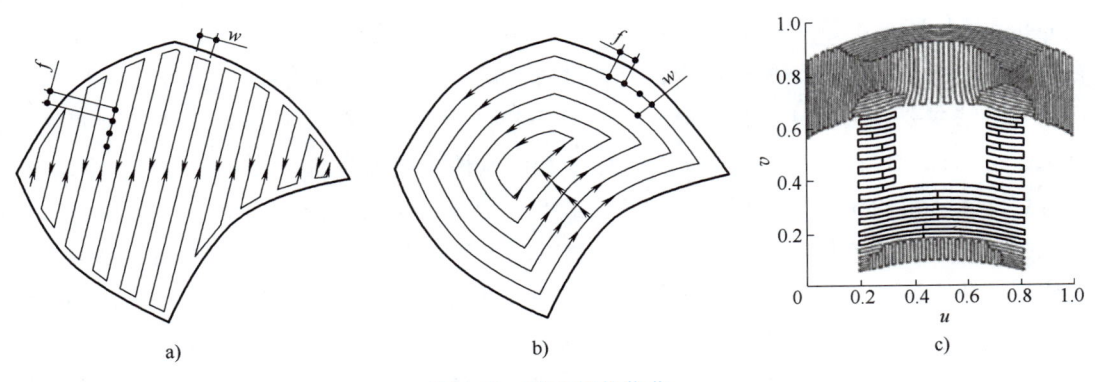

图 4-43 路径拓扑优化

此外，提出了一种基于变换的圆柱曲面切片和路径规划方法，以减少对支撑的需求并减少层数。该过程主要包括圆柱曲面提取、模型变换、平面切片、路径生成和逆变换。类似地，用传统的平面切片对零件体积分解后的回转体进行切片，而对于悬垂结构，将它们空间映射到圆柱坐标中，并通过一组核心体积边界的偏移表面进行切片。然后，将它们映射到笛卡儿坐标系以生成增材制造设备的命令。此外，平面希尔伯特空间填充曲线可以通过与表面参数域相对应而映射到表面，从而生成用于曲线制造的空间填充喷嘴路径。

关于路径规划在自由曲面上的应用，托马斯·卢埃林·琼斯（Thomas Llewellyn-Jones）等人基于 Delta 3D 打印机展示了一种自动生成路径规划的方法。该方法结合了传统打印的核心层和弯曲表皮层，在一次打印中实现了具有改进的美学和结构特性的 3D 打印部件。在生成弯曲表皮时，x 和 y 坐标来自网格表面，而 z 坐标则源于曲面方程。面对更复杂的部件，可以通过参数曲面计算镶嵌 CAD 模型与曲面的相交曲线来实现路径规划。

虽然上述所有方法都可以应用于曲面上的路径规划，但考虑到增材制造和减材制造之间的本质区别，需要进行详细的定量、定性过程建模和分析。一方面，对于具有均匀层厚度的曲面，相邻沉积物之间的距离应为曲面上的测地线距离。另一方面，为了捕捉曲面层上的微小特征，需要不均匀的层厚度，这意味着在层内和层之间进行精确的建模。基于 CAM 的方法，由于其长期发展而具有鲁棒性，增材制造和减材制造之间的差异被忽略了。基于变换的路径规划也已被研究，但它仅适用于特定的几何形状。对于基于参数的路径规划，需要提出一种更通用、更强大的方法。总而言之，大多数曲面层切片的喷嘴路径生成方法仍在研究中，没有成熟的商业应用。同时，曲面层上的路径规划比平面上的填充需要更多的步骤，并且耗时且鲁棒性较差、几何精度更高。从美学和先进设计角度来看，并行路径规划和结构设计是未来的重要方向之一。

4.4.4 基于仿生设计与拓扑优化的填充路径规划

自然界中的木材、骨骼、肌腱和节肢动物的外壳具有优异的结构性能，这为研究人员将仿生设计与增材制造的结合提供了启发。典型的研究包括将异质材料与微结构耦合的复合材料，旨在提升多孔结构断裂韧性，解决异质材料连接处的应力集中问题，从而改善纤维增强复合材料的压缩力学性能。基于软体动物的外壳的形成和表面微观结构，詹姆斯·内贝尔西克（James Nebelsick）等人综述了如何通过连续挤出打印优化建筑围护结构。因此，对 3D 模型在切片前进行优化有助于提升性能，节省时间，减少重量和材料消耗。

优化方法主要包括尺寸优化、形状优化和拓扑优化。尺寸优化和形状优化通过调整设计变量来改进部件的设计，以实现期望的目标（如结构性能或质量或避免违反约束条件）。拓扑优化可以深入了解给定结构目标、施加的荷载和边界条件的最佳材料分布，尽管作为一项成熟的工程技术，但在增材制造中受到的关注相对较少。一方面，对于给定的 CAD 模型，可以通过使用优化设计的单元结构（如桁架）来实现最佳设计性能。另一方面，对于给定的材料，为了实现特定的功能，可以使用数值策略来预测最佳结构设计。所获得的数值模型需要转换为网格曲面模型，然后以喷嘴路径指令结束来提供预测的性能，同时使拓扑优化适应增材制造约束，这是提供最佳设计的关键。两种主要的拓扑优化方法是基于桁架的方法和基于体积的密度方法。对于轻量化设计，常采用带有分层特征的填充模式，例如蜂窝、同心圆、八角星螺旋、阿基米德弦、三角形、星形和立方体等。在基于拓扑优化的路径规划方面，吴俊等人为增材制造生成了优化的填充结构，接近键状多孔结构，在重量轻的同时具有优异的机械性能。弗朗西斯科·坎帕尼亚（Francesco Campagna）和亚历杭德罗·迪亚兹（Alejandro Diaz）也做出了贡献。

此外，研究人员还开发了支撑结构以支撑悬挑，以保持部件稳定性并防止过度收缩，但在支撑结构减少和性能提升之间始终存在权衡。尤拉吉·瓦内克（Juraj Vanek）等人提出了通过形状和拓扑优化方法生成更少的支撑结构的方法，成功支持了悬挑形状。马丁·利里（Martin Leary）等人则探讨了如何在传统制造方法与拓扑最优复杂几何形状之间达成兼容性。他们提出了一种新方法，可以根据需要修改理论上最优的拓扑结构以确保可制造性，而无需额外的支撑材料。可以通过评估制造时间和部件质量等指标来确定最佳方向，然而在面对复杂部件时，该方法的适用性有限。将特征尺寸、封闭空隙和悬挑表面等约束纳入优化过程仍是未来的挑战。

鉴于增材制造部件的结构性能受到材料各向异性的打印路径的影响，刘继凯和喻煌超对增材制造部件进行了打印路径规划和结构拓扑优化。锦明马克·谭（Kam-Ming Mark Tam）和凯特琳·穆勒（Caitlin Mueller）总结说，在各种增材制造系统生产的部件中都可以发现各向异性行为，尤其是在 FDM 制造的部件中。各向异性部件的强度和延展性差异很大，取决于施加力的方向和不一致的材料特性。然后，他们统一了增材制造生产部件的几何形状和材料束布局的设计和优化，并提出了"应力线增材制造"，即沿着主应力线导出的路径进行材料打印，以优化结构性能。

思 考 题

1. Grasshopper 在建筑 3D 打印路径规划中是如何应用的？
2. Revit 如何在建筑设计的各个阶段通过参数化建模提升建筑性能？
3. 混凝土 3D 打印中常见的墙和柱结构类型有哪些？它们在承重和空间利用上有何优势？
4. 拱桥结构在 3D 打印中的应用前景如何？它如何改善桥梁结构的自重和承载能力？
5. 3D 打印梁和板结构的难点是什么？如何通过预应力筋等技术提高打印结构的抗弯和抗剪性能？
6. 如何通过悬挑和斜度的设计优化 3D 打印竖向和水平向结构？
7. 在打印结构的拓扑优化中，如何通过减少材料使用和提高结构性能来实现可持续设计？
8. 多方向切片和非平行切片技术在复杂建筑结构中的应用前景如何？

参 考 文 献

[1] AKHOUNDI B, BEHRAVESH A H. Effect of filling pattern on the tensile and flexural mechanical properties of FDM 3D printed products [J]. Experimental Mechanics, 2019, 59: 883-897.

[2] ALLAIRE G, DAPOGNY C, ESTEVEZ R, et al. Structural optimization under overhang constraints imposed by additive manufacturing technologies [J]. Journal of Computational Physics, 2017, 351: 295-328.

[3] ALSOUFI M S, ELSAYED A E. Surface roughness quality and dimensional accuracy—a comprehensive analysis of 100% infill printed parts fabricated by a personal/desktop cost-effective FDM 3D printer [J]. Materials Sciences and Applications, 2018, 9 (1): 11.

[4] AMIR O, SHAKOUR E. Simultaneous shape and topology optimization of prestressed concrete beams [J]. Structural and Multidisciplinary Optimization, 2018, 57: 1831-243.

[5] ANTON A, BEDARF P, YOO A, et al. Concrete choreography: prefabrication of 3D-printed columns [J]. Engineering, Materials Science, 2020, 10: 286-293.

[6] ANTON A, REITER L, WANGLER T, et al. A 3D concrete printing prefabrication platform for bespoke columns [J]. Automation in Construction, 2021, 122: 103467.

[7] ASSAAD J J, ABOU YASSIN A, ALSAKKA F, et al. A modular approach for steel reinforcing of 3D printed concrete—prelimi-

nary study [J]. Sustainability, 2020, 12 (10): 4062.

[8] BHOOSHAN S, BHOOSHAN V, DELL'ENDICE A, et al. The Striatus bridge: computational design and robotic fabrication of an unreinforced, 3D-concrete-printed, masonry arch bridge [J]. Architecture, Structures and Construction, 2022, 2 (4): 521-43.

[9] BIDANDA B, BáRTOLO P J. Virtual prototyping & bio manufacturing in medical applications [M]. Berlin: Springer, 2007.

[10] BOS F P, MENNA C, PRADENA M, et al. The realities of additively manufactured concrete structures in practice [J]. Cement and Concrete Research, 2022, 156: 106746.

[11] BRENCICH A, MORBIDUCCI R. Masonry arches: historical rules and modern mechanics [J]. International Journal of Architectural Heritage, 2007, 1 (2): 165-189.

[12] BURGER J, LLORET-FRITSCHI E, SCOTTO F, et al. Eggshell: Ultra-thin three-dimensional printed formwork for concrete structures [J]. 3D Printing and Additive Manufacturing, 2020, 7 (2): 48-59.

[13] CAMPAGNA F, DIAZ A R. Optimization of lattice infill distribution in additive manufacturing [J]. Design Automation Conference, 2017, 10: 1115.

[14] CARNEAU P, MESNIL R, ROUSSEL N, et al. Additive manufacturing of cantilever-From masonry to concrete 3D printing [J]. Automation in Construction, 2020, 116: 103184.

[15] 晁艳艳. 基于FDM技术的3D打印路径规划技术研究 [D]. 长春: 长春工业大学, 2016.

[16] CHENG B, SHRESTHA S, CHOU K. Stress and deformation evaluations of scanning strategy effect in selective laser melting [J]. Additive Manufacturing, 2016, 12: 240-251.

[17] CHIU L N, ROLFE B, WU X, et al. Effect of stiffness anisotropy on topology optimisation of additively manufactured structures [J]. Engineering Structures, 2018, 171: 842-848.

[18] CORMIER D, UNNANON K, SANII E. Specifying non-uniform cusp heights as a potential aid for adaptive slicing [J]. Rapid Prototyping Journal, 2000, 6 (3): 204-212.

[19] COSTANZI C B, AHMED Z, SCHIPPER H R, et al. 3D Printing Concrete on temporary surfaces: the design and fabrication of a concrete shell structure [J]. Automation in construction, 2018, 94: 395-404.

[20] DIELEMANS G, BRIELS D, JAUGSTETTER F, et al. Additive manufacturing of thermally enhanced lightweight concrete wall elements with closed cellular structures [J]. Journal of Facade Design and Engineering, 2021, 9 (1): 59-72.

[21] DING D, PAN Z, CUIURI D, et al. A tool-path generation strategy for wire and arc additive manufacturing [J]. The International Journal of Advanced Manufacturing Technology, 2014, 73: 173-83.

[22] DING D, PAN Z, CUIURI D, et al. A practical path planning methodology for wire and arc additive manufacturing of thin-walled structures [J]. Robotics and Computer-Integrated Manufacturing, 2015, 34: 8-19.

[23] DING D, PAN Z, CUIURI D, et al. Automatic multi-direction slicing algorithms for wire based additive manufacturing [J]. Robotics and Computer-Integrated Manufacturing, 2016, 37: 139-150.

[24] DING D, PAN Z, CUIURI D, et al. Advanced design for additive manufacturing: 3D slicing and 2D path planning [J]. New Trends in 3D Printing, 2016: 1-23.

[25] DING D, PAN Z, CUIURI D, et al. Bead modelling and implementation of adaptive MAT path in wire and arc additive manufacturing [J]. Robotics and Computer-Integrated Manufacturing, 2016, 39: 32-42.

[26] DING D H, PAN Z X, DOMINIC C, et al. Process planning strategy for wire and arc additive manufacturing [J]. Robotic Welding, Intelligence and Automation, 2015 (1): 437-450.

[27] DING Y, DWIVEDI R, KOVACEVIC R. Process planning for 8-axis robotized laser-based direct metal deposition system: a case on building revolved part [J]. Robotics and Computer-Integrated Manufacturing, 2017, 44: 67-76.

[28] DOLENC A, MäKELä I. Slicing procedures for layered manufacturing techniques [J]. Computer-Aided Design, 1994, 26 (2): 119-126.

[29] DUARTE G, BROWN N, MEMARI A, et al. Learning from historical structures under compression for concrete 3D printing

construction [J]. Journal of Building Engineering, 2021, 43: 103009.

[30] DUBALLET R, BAVEREL O, DIRRENBERGER J. Space truss masonry walls with robotic mortar extrusion [J]. Structures, 2019, 18: 41-47.

[31] DUNLAVEY M R. Efficient polygon-filling algorithms for raster displays [J]. ACM Transactions on Graphics (Tog), 1983, 2 (4): 264-273.

[32] DWIVEDI R, KOVACEVIC R. Automated torch path planning using polygon subdivision for solid freeform fabrication based on welding [J]. Journal of Manufacturing Systems, 2004, 23 (4): 278-291.

[33] FRIIS K. 3D printed concrete bridges: opportunities, challenges, and conditions [D]. Kristiansand: University of Agder, 2020.

[34] GAETANI A, MONTI G, LOURENÇO P B, et al. Design and analysis of cross vaults along history [J]. International Journal of Architectural Heritage, 2016, 10 (7): 841-856.

[35] GAYNOR A T, GUEST J K. Topology optimization considering overhang constraints: Eliminating sacrificial support material in additive manufacturing through design [J]. Structural and Multidisciplinary Optimization, 2016, 54 (5): 1157-1172.

[36] GOSSELIN C, DUBALLET R, ROUX P, et al. Large-scale 3D printing of ultra-high performance concrete-a new processing route for architects and builders [J]. Materials & Design, 2016, 100: 102-109.

[37] GRUNENFELDER L K, MILLIRON G, HERRERA S, et al. Ecologically driven ultrastructural and hydrodynamic designs in stomatopod cuticles [J]. Advanced Materials, 2018, 30 (9): 1705295.

[38] HAN J, GE Y, MAO Y, et al. A study on the surface quality of the 3D printed parts caused by the scanning strategy [J]. Rapid Prototyping Journal, 2019, 25 (2): 247-254.

[39] HAN Y S, XU B, ZHAO L, et al. Topology optimization of continuum structures under hybrid additive-subtractive manufacturing constraints [J]. Structural and Multidisciplinary Optimization, 2019, 60 (6): 2571-2595.

[40] HANSEMANN G, SCHMID R, HOLZINGER C, et al. Additive fabrication of concrete elements by robots: lightweight concrete ceiling [J]. Fabricate, 2020 (1): 124-129.

[41] JIN G, LI W D, GAO L. An adaptive process planning approach of rapid prototyping and manufacturing [J]. Robotics and Computer-Integrated Manufacturing, 2013, 29 (1): 23-38.

[42] JIN Y, HE Y, DU J. A novel path planning methodology for extrusion-based additive manufacturing of thin-walled parts [J]. International Journal of Computer Integrated Manufacturing, 2017, 30 (12): 1301-1315.

[43] JIN Y, HE Y, FU G, et al. A non-retraction path planning approach for extrusion-based additive manufacturing [J]. Robotics and Computer-Integrated Manufacturing, 2017, 48: 132-144.

[44] JIN Y-A, HE Y, XUE G-H, et al. A parallel-based path generation method for fused deposition modeling [J]. The International Journal of Advanced Manufacturing Technology, 2015, 77: 927-937.

[45] JIPA A, BERNHARD M, MEIBODI M, et al. 3D-printed stay-in-place formwork for topologically optimized concrete slabs [J]. Engineering, Materials Science, 2016, 12: 101-104.

[46] KAUFHOLD J, KOHL J, NERELLA V N, et al. Wood-based support material for extrusion-based digital construction [J]. Rapid Prototyping Journal, 2019, 25 (4): 690-698.

[47] KHOSHNEVIS B, HWANG D, YAO K T, et al. Mega-scale fabrication by contour crafting [J]. International Journal of Industrial and Systems Engineering, 2006, 1 (3): 301-320.

[48] KONTOVOURKIS O, TRYFONOS G, GEORGIOU C. Robotic additive manufacturing (RAM) with clay using topology optimization principles for toolpath planning: the example of a building element [J]. Architectural Science Review, 2020, 63 (2): 105-118.

[49] LANGELAAR M. Topology optimization of 3D self-supporting structures for additive manufacturing [J]. Additive Manufacturing, 2016, 12: 60-70.

[50] LANGELAAR M. An additive manufacturing filter for topology optimization of print-ready designs [J]. Structural and Multidisciplinary Optimization, 2017, 55: 871-883.

[51] LAO W, LI M, WONG T N, et al. Improving surface finish quality in extrusion-based 3D concrete printing using machine learning-based extrudate geometry control [J]. Virtual and Physical Prototyping, 2020, 15 (2): 178-193.

[52] LEARY M, MERLI L, TORTI F, et al. Optimal topology for additive manufacture: A method for enabling additive manufacture of support-free optimal structures [J]. Materials & Design, 2014, 63: 678-690.

[53] LI Q, CHEN W, LIU S, et al. Topology optimization design of cast parts based on virtual temperature method [J]. Computer-Aided Design, 2018, 94: 28-40.

[54] LIM J H, WENG Y, PHAM Q-C. 3D printing of curved concrete surfaces using adaptable membrane formwork [J]. Construction and Building Materials, 2020, 232: 117075.

[55] LIM S, BUSWELL R A, VALENTINE P J, et al. Modelling curved-layered printing paths for fabricating large-scale construction components [J]. Additive Manufacturing, 2016, 12: 216-230.

[56] LIN Z, FU J, SHEN H, et al. Tool path generation for multi-axis freeform surface finishing with the LKH TSP solver [J]. Computer-Aided Design, 2015, 69: 51-61.

[57] LIU D, ZHANG Z, ZHANG X, et al. 3D printing concrete structures: State of the art, challenges, and opportunities [J]. Construction and Building Materials, 2023, 405: 133364.

[58] LIU J, TO A C. Deposition path planning-integrated structural topology optimization for 3D additive manufacturing subject to self-support constraint [J]. Computer-Aided Design, 2017, 91: 27-45.

[59] LIU J, YU H. Concurrent deposition path planning and structural topology optimization for additive manufacturing [J]. Rapid Prototyping Journal, 2017, 23 (5): 930-942.

[60] LIU Y, ZHOU M, WEI C, et al. Topology optimization of self-supporting infill structures [J]. Structural and Multidisciplinary Optimization, 2021, 63: 2289-2304.

[61] LLEWELLYN-JONES T, ALLEN R, TRASK R. Curved layer fused filament fabrication using automated toolpath generation [J]. 3D Printing and Additive Manufacturing, 2016, 3 (4): 236-243.

[62] MEISEL N A, WATSON N, BILéN S G, et al. Design and system considerations for construction-scale concrete additive manufacturing in remote environments via robotic arm deposition [J]. 3D Printing and Additive Manufacturing, 2022, 9 (1): 35-45.

[63] MENNA C, MATA-FALCóN J, BOS F P, et al. Opportunities and challenges for structural engineering of digitally fabricated concrete [J]. Cement and Concrete Research, 2020, 133: 106079.

[64] MIRZENDEHDEL A M, RANKOUHI B, SURESH K. Strength-based topology optimization for anisotropic parts [J]. Additive Manufacturing, 2018, 19: 104-113.

[65] MOHAN PANDEY P, VENKATA REDDY N, DHANDE S G. Slicing procedures in layered manufacturing: a review [J]. Rapid Prototyping Journal, 2003, 9 (5): 274-288.

[66] OLIVEIRA R G, RODRIGUES J P C, PEREIRA J M, et al. Experimental and numerical analysis on the structural fire behaviour of three-cell hollowed concrete masonry walls [J]. Engineering Structures, 2021, 228: 111439.

[67] PAPAPETROU V S, PATEL C, TAMIJANI A Y. Stiffness-based optimization framework for the topology and fiber paths of continuous fiber composites [J]. Composites Part B: Engineering, 2020, 183: 107681.

[68] PARK S C, CHOI B K. Tool-path planning for direction-parallel area milling [J]. Computer-Aided Design, 2000, 32 (1): 17-25.

[69] QIAN X. Undercut and overhang angle control in topology optimization: a density gradient based integral approach [J]. International Journal for Numerical Methods in Engineering, 2017, 111 (3): 247-272.

[70] RAJAN V, SRINIVASAN V, TARABANIS K A. The optimal zigzag direction for filling a two-dimensional region [J]. Rapid Prototyping Journal, 2001, 7 (5): 231-41.

[71] REN F, SUN Y, GUO D. Combined reparameterization-based spiral toolpath generation for five-axis sculptured surface machining [J]. The International Journal of Advanced Manufacturing Technology, 2009, 40: 760-768.

[72] RUAN J, SPARKS T E, PANACKAL A, et al. Automated slicing for a multiaxis metal deposition system [J]. Manufacturing Science and Engineering, 2007, 129 (2): 303-310.

[73] SABOURIN E, HOUSER S A, HELGE BOHN J. Adaptive slicing using stepwise uniform refinement [J]. Rapid Prototyping Journal, 1996, 2 (4): 20-26.

[74] SABOURIN E, HOUSER S A, HELGE BOHN J. Accurate exterior, fast interior layered manufacturing [J]. Rapid Prototyping Journal, 1997, 3 (2): 44-52.

[75] SALET T A, AHMED Z Y, BOS F P, et al. Design of a 3D printed concrete bridge by testing [J]. Virtual and Physical Prototyping, 2018, 13 (3): 222-236.

[76] SINGH P, DUTTA D. Multi-direction slicing for layered manufacturing [J]. Computing and Information Science in Engineering, 2001, 1 (2): 129-142.

[77] SINGH P, DUTTA D. Multi-direction layered deposition: an overview of process planning methodologies [J]. Engineering, Materials Science, 2003, 221: 631-756.

[78] SUH Y S, WOZNY M J. Adaptive slicing of solid freeform fabrication processes [J]. Engineering, Computer Science, 1994, 2: 404-411.

[79] TATA K, FADEL G, BAGCHI A, et al. Efficient slicing for layered manufacturing [J]. Rapid Prototyping Journal, 1998, 4 (4): 151-167.

[80] TOVEY E R, LIU-BRENNAN D, GARDEN F L, et al. Time-based measurement of personal mite allergen bioaerosol exposure over 24 hour periods [J]. PLoS One, 2016, 11 (5): 1-16.

[81] TYBERG J, HELGE BOHN J. Local adaptive slicing [J]. Rapid Prototyping Journal, 1998, 4 (3): 118-127.

[82] VAN DE VEN E, MAAS R, AYAS C, et al. Overhang control based on front propagation in 3D topology optimization for additive manufacturing [J]. Computer Methods in Applied Mechanics and Engineering, 2020, 369: 113169.

[83] VANEK J, GALICIA J A G, BENES B. Clever support: efficient support structure generation for digital fabrication [J]. Computer Graphics Forum, 2014, 33 (5): 117-125.

[84] VANTYGHEM G, DE CORTE W, SHAKOUR E, et al. 3D printing of a post-tensioned concrete girder designed by topology optimization [J]. Automation in Construction, 2020, 112: 103084.

[85] WANG C, XU B, MENG Q, et al. Topology optimization of cast parts considering parting surface position [J]. Advances in Engineering Software, 2020, 149: 102886.

[86] WANG L, MA G, LIU T, et al. Interlayer reinforcement of 3D printed concrete by the in-process deposition of U-nails [J]. Cement and Concrete Research, 2021, 148: 106535.

[87] WANG Y, KANG Z. Structural shape and topology optimization of cast parts using level set method [J]. International Journal for Numerical Methods in Engineering, 2017, 111 (13): 1252-1273.

第 5 章

建筑3D打印典型案例分析

■ 5.1 大型房屋建筑混凝土原位打印

建筑3D打印技术是一种融合了施工管理、材料科学、计算机科学和机械设备等多领域工程技术的创新建造方法。随着相关技术的持续进步，该技术已能够实现建筑构件以及结构、形状简单的小型建筑的直接打印。对于规模较大的项目，目前主要采取打印特定构件并进行现场组装的方式来达成设计目标。在国内外，建筑3D打印技术在工程建造领域的研究和应用正逐渐增多。我国的建筑3D打印技术的研究工作呈现多点开花的态势，在3D打印机、3D打印混凝土相关的研制开发方面有许多的企业和科研机构已经取得了不少研究成果。3D打印设备、3D打印混凝土方面的最新研究成果逐渐在实际工程中进行应用研究。

作为具体案例，中建技术中心依托中建股份有限公司立项课题"建筑3D打印技术研究及应用示范"，对建筑3D打印系统、3D打印混凝土方面进行了较为深入的研究，并积极进行建筑3D打印技术的应用研究。中建技术中心联合中建机械公司、中建二局广东建设基地有限公司在广东河源市完成了一座两层办公室的原位打印工程应用。本节主要介绍工程案例的施工工艺以及在机械、结构、材料方面相关的施工关键技术。

5.1.1 工程概况及施工流程

本案例位于广东省河源市龙川县，是中建二局广东建设基地有限公司内部车间旁一座二层办公楼项目。建筑设计要求满足使用单位的功能用途需求和保持与厂区整体风格的一致性，办公室设计为一座长方形，建筑项目为地上2层，首层为2间办公室和1间展厅，二层为2间办公室和1间会议室。建筑高度为7.5m，总建筑面积为230m²，建筑占地面积为118m²。长向跨度为16.7m，宽度为7.5m，如图5-1和图5-2所示。

本案例的主要施工顺序：基础施工→首层3D打印结构施工→预制叠合梁板安装并浇筑→二层3D打印结构施工→封顶→建筑装修。图5-3所示为案例工程施工工艺流程图。建筑基础部分与传统基础施工工艺相同，在建筑基础施工的时候按施工图位置锚固打印机的柱角连接螺栓，便于基础完工后打印机的安装。首层3D打印施工是在墙体3D打印过程中同时施工电路管线、水平钢筋的布置安装；首层打印完成并养护3d后开始进行构造柱竖向钢筋笼的吊装，并浇筑混凝土；然后吊装预制梁、板，绑扎钢筋后浇筑混凝土面层；二层3D打印顺序与

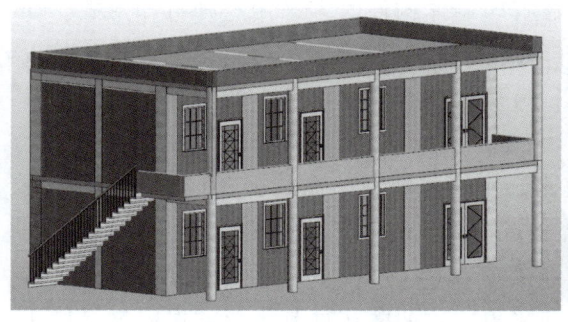

图 5-1　案例办公室的建筑设计　　　　　图 5-2　打印施工完成的办公室

首层基本相同。施工首层打印用时 25.7h，混凝土用量 14.75m³，二层打印用时 23.8h，混凝土用量 13.48m³。打印过程用工 9 人，其中打印机控制 1 人，材料制备 3 人，水平钢筋布置 2 人，养护 1 人，电路管线布置 2 人。

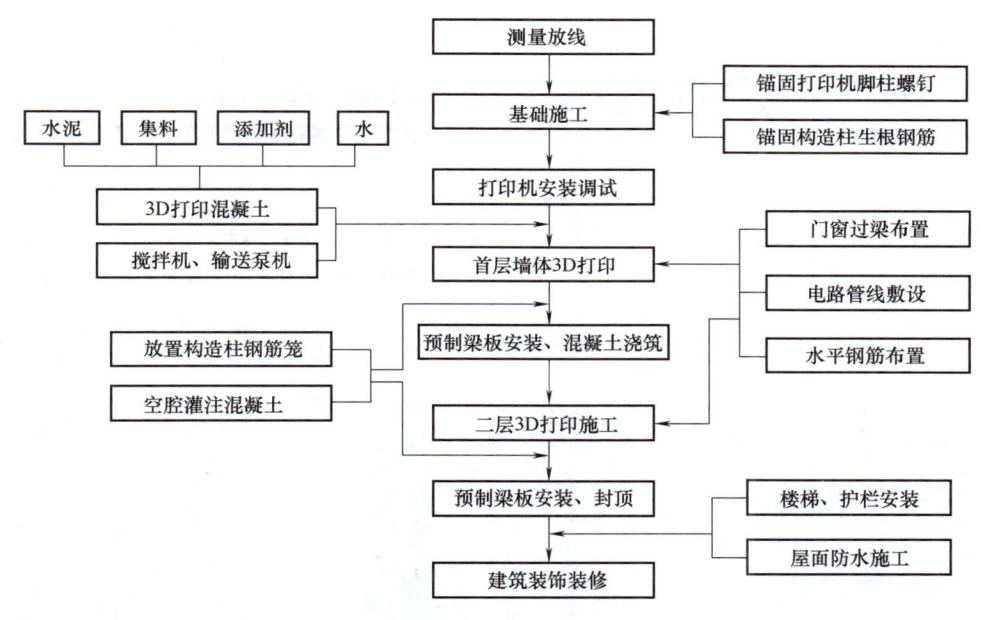

图 5-3　案例工程施工工艺流程图

本案例建筑面积不大，结构复杂程度相对比较简单，但对于首次利用 3D 打印进行混凝土原位打印施工来说，仍需要解决如大型建筑 3D 打印机的设计、3D 打印混凝土、3D 打印控制软件、模型路径转化、建筑结构设计、管线协同施工等多项关键技术问题。

5.1.2　3D 打印建筑的结构设计

按照 3D 打印办公室的建筑设计，首先需要解决建筑的结构设计问题，目前建筑 3D 打印技术仅能在局部采用钢筋网片或钢筋进行加强，这难以达到钢筋混凝土结构的设计规范要求。混凝土普遍的打印形式有以下两种：一种是带肋打印墙体形式，如图 5-4 所示；另一种是打印模壳的空心墙体形式，如图 5-5 所示。两种打印形式的共同之处是打印完成后墙体中空部分可以填充混凝土、砂浆或者保温材料。但两种打印形式的墙体却有很大的不同之处。

建筑3D打印

带肋打印墙体形式具有整体性更好的特点，在打印墙体构件时多采用这种打印形式。如果在原位3D打印建筑中采用这种形式，会面临打印路径变长，建造效率降低的问题；建筑设计构造柱结构不易实现，竖向钢筋问题难以解决；另外，带肋打印路径上的水平钢筋的网片加工和空心部分混凝土灌注施工效率低，如图5-4所示。

打印模壳的空心墙体形式相当于只打印了模壳，实现了纯粹的混凝土3D打印免模板施工，其打印路径短，施工效率高。在3D打印墙体构造柱设计的地方吊装钢筋笼，通过在打印墙体底部预留焊孔可以使钢筋笼与基础预留钢筋焊接在一起，后浇筑混凝土使之成为满足规范的构造柱结构。另外墙体中空部分没有打印肋的隔阻，后期灌注混凝土或者保温材料施工会更加便捷，并结合砌体结构水平配筋方法浇筑材料与布置的中空拉结筋成为一体，结构性能更好，如图5-5所示。

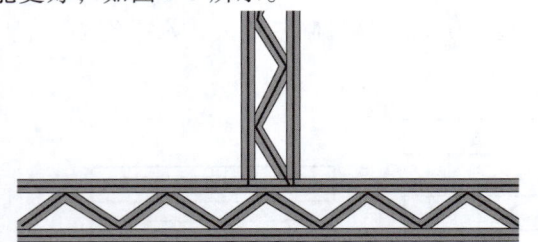

图 5-4　带肋打印墙体形式

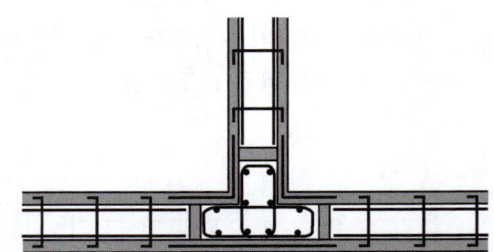

图 5-5　打印模壳的空心墙体形式

因此，本案例选择利用3D打印模壳的空心墙体形式作为此次示范建筑的打印方式。结构设计主要参照《砌体结构设计规范》，同时结合一些剪力墙结构的设计特点，进行相对保守的结构设计，这样3D打印建筑的结构既符合现有标准规范，也能保证结构的安全性。如图5-6~图5-12所示，项目结构设计要点有：

图 5-6　基础-钢筋笼焊接

图 5-7　竖向钢筋笼

图 5-8　水平拉筋

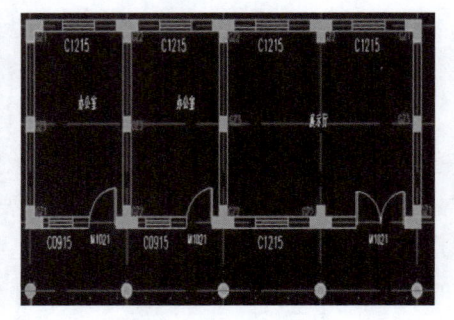

图 5-9　建筑结构设计

图 5-10　竖向钢筋笼安装完成

图 5-11　构造柱混凝土灌注　　　　　　　图 5-12　屋面预制梁板结构

1）利用 3D 打印混凝土打印整个建筑的模板中空墙体。
2）打印的墙体中设置吊装钢筋笼浇筑混凝土形成构造柱结构。
3）中空墙体拉筋钢筋网片后灌注砂浆或混凝土满足砌体结构设计。
4）楼面板以预制叠合梁，叠合楼板吊装并布筋浇筑混凝土面层。

5.1.3　大型建筑 3D 打印设备关键技术

1. 打印机的架体形式

本案例设计的建筑尺寸为长 16.7m，宽 7.5m，高 7.5m。针对打印设备提出了大尺寸设计、结构形式合理适用、精度高，打印施工运行控制可靠等技术要求。

国内外建筑 3D 打印机结构形式多样，如机械手臂式、框架式、龙门架式、极坐标式等。在此项目中，经研究选用比较传统的大型框架式机构设计和制造建筑 3D 打印机。在国内示范应用中，上海智慧湾 3D 打印混凝土步行桥和河北工业大学 3D 打印赵州桥项目采用机械手臂式 3D 打印机，在机械手臂运动覆盖范围内打印构件，然后装配完成建筑。机械手臂可以多维度精确运动、灵活智能，但大尺寸构件或者建筑的打印会受机械手臂尺寸、成本限制，用其原位打印本项目无法实现。龙门架式打印机具有结构简单，成本较低的特点，但是大尺寸下机器的结构稳定性无法达到预期。极坐标式旋转打印机是一种具有良好前景的建筑 3D 打印机结构形式，具有结构形式简单、移动便携的特点。迪拜完成的一座建筑面积 640m^2、高 9.5m 的二层建筑就是由极坐标式 3D 打印机完成的。

针对本案例设计开发了一种适合混凝土原位打印的设备，该设备有效可打印范围（长×宽×高）为 16m×12m×10m，可在工程现场地基基础上直接打印一栋占地 192m^2 两层建筑的竖向围护结构。打印机主要由 6 根方钢支柱、6 根上围圈梁、2 根长向滑轨横梁、1 根打印头装置移动横梁组成，如图 5-13 所示。本案例的打印设备由中建技术中心研发设计，并由中建机械制造和安装。设备安装由一台 50t 起重机和 8 个安装工人完成，其中主架体安装用时 2d，如图 5-14 所示。打印机的 6 根支柱与基础预埋件螺栓连接并调平，打印操作由工业伺服电动机驱动，运动传动装置主要采用齿轮齿条的传动方式，如图 5-15 所示，打印机线路按设计布置后接入控制箱（图 5-16）进行运动调试。

2. 打印头的设计

原位打印建筑，打印路径多，当遇到门窗等需要跳过路径时，打印头会有频繁的启停动

图 5-13　建筑 3D 打印机设计

图 5-14　3D 打印机的安装

图 5-15　打印机完整调试

图 5-16　控制系统

作，一些线路收尾重合的打印连接精度也受打印头的控制，因此，打印头是建筑 3D 打印机的重要组件，如图 5-17 所示。

3D 打印头有的研究单位采用偏心曲轴螺杆泵作为挤出头。偏心曲轴螺杆泵为容积式转子泵，主要工作部件是偏心螺旋体的螺杆和内表面呈双线螺旋面的螺杆衬套。但是依靠偏心螺旋体和双线螺旋面成套的挤出装置在建筑 3D 打印混凝土的打印挤出上有一些不足：首先，一般的偏心曲轴泵适合输送砂浆材料，输出流量偏小。另外，偏心曲轴泵靠曲轴转子和双线螺旋杆套紧密包裹，其挤出压力大，在处理含有少量粗颗粒的材料时容易造成转子磨损，严重时甚至会导致卡死现象。

因此，本案例为更好地在前端对打印精度进行控制，研究设计制作了如图 5-17 所示的 3D 打印头，其料斗容量约 60L，打印头出口采用 40mm 方形出料口。打印头安装有监控，并与控制台连接，可随时监控其运行状态。如图 5-18 所示的 3D 打印头，打印头挤出螺杆装置的转子设计为直杆螺旋叶片，定子为专门定制的直筒型柔性耐磨橡胶套，且外包钢管套。转子螺旋叶片边缘

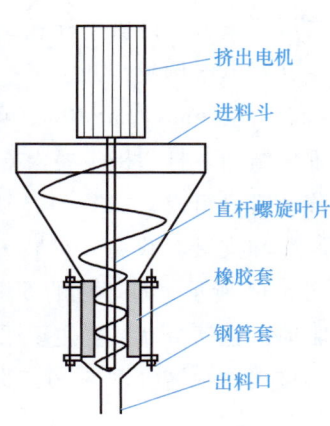

图 5-17　3D 打印头

和定子橡胶套之间紧密结合，在挤出打印混凝土时螺旋叶片和橡胶套之间不会出现挤出压力损失，保证挤出料的均匀。螺旋叶片中心杆和橡胶套之间的间隙为挤出装置所能挤出的打印混凝土集料的最大粒径。这种简易的装置具有定子和转子磨损小、结构简单、维护成本低的特点。如图5-19所示，通过打印头的出料控制，打印的墙体纹理整齐、出料均匀、具有很好的整体平整度。

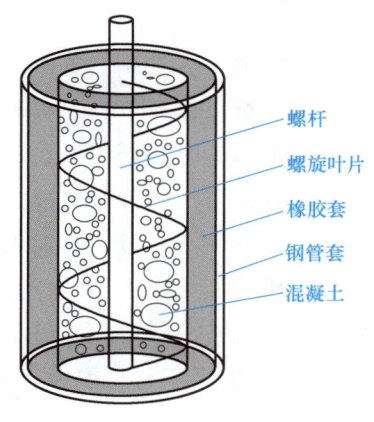

图 5-18 打印头的螺杆装置

图 5-19 打印的墙体效果

3. 打印路径优化技术

3D打印是一种基于数字模型的快速成型技术。3D打印在数字模型向打印路径的转化方式主要是通过Cura、Simplify等切片软件将三维模型切片处理转化为G-code等打印控制软件能识别的数据包，然后导入打印机进行打印。这种数据转化很适合处理复杂模型、小型模型，也比较适合塑料、金属模型打印。但是在大型三维模型切片处理上，由于模型尺寸大导致切片后数据包大，在实际打印过程中容错率低。

因此，针对本项目中相对简单的建筑3D打印需求，通过对建筑模型的竖向分解，将本项目分解为窗下部分、窗底-窗顶部分，窗顶-墙顶部分三部分。通过对模型的分割，再直接通过开发的简易路径软件，编辑出打印各段的二维打印路径数据文件，打印施工时将文件直接导入控制软件即可开始打印施工。这种方式适合建筑3D打印，具有简单、路径数据错误少、数据文件小、打印控制软件运行稳定、不易出错等特点。图5-20所示为案例建筑的三维模型，图5-21所示为将打印简易路径文件导入3D打印控制软件的操作界面。

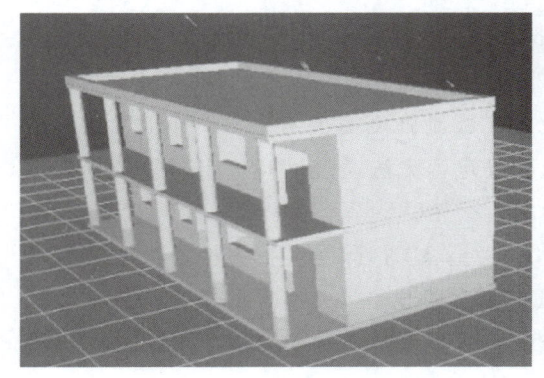

图 5-20 案例建筑的三维模型

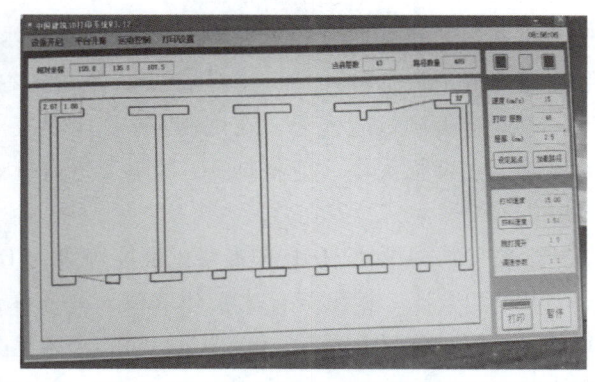

图 5-21 将打印简易路径文件导入3D打印控制软件的操作界面

5.1.4 打印混凝土制备关键技术

1. 3D打印混凝土体系

截至2024年年底，研究比较多的3D打印混凝土主要分为以下三种类型：普通硅酸盐水泥基3D打印混凝土、特种水泥基3D打印混凝土和以工业固废为主要原材的地质聚合物3D打印混凝土。实际应用中主要以水泥基3D打印混凝土为主。

特种水泥基3D打印混凝土主要是由快硬硫铝酸盐水泥、掺合料、细集料、纤维、调凝外加剂以及一些功能外加剂组成，具有凝结时间快、强度发展快、材料体系不收缩、养护要求较低的性能特点，被许多3D打印示范项目所应用。其不足主要在于对环境温度敏感、凝结硬化水化热大、搅拌泵送设备清理困难、施工管理水平要求高，容错率低。普通硅酸盐水泥基3D打印混凝土主要是由普通硅酸盐水泥、掺合料、细集料、纤维、调凝组分、功能外加剂组成。其中调凝组分可有快硬硫铝酸盐水泥、高铝水泥、混凝土速凝剂等多种选择。普通硅酸盐水泥基3D打印混凝土的优点是凝结时间和工作性能控制容易、异常凝结少，材料成本较低、搅拌输送设备清洗容易。但是其也具有明显的缺点：收缩率比较大、养护保湿要求高、不适合在较低温度环境中使用等。

基于本案例所在地区气温较高、打印混凝土性能稳定、搅拌输送设备的维护等因素的考虑，本案例采用普通硅酸盐水泥基3D打印混凝土体系。原材料选用当地PO42.5水泥、粒径不大于3mm的河砂、硫铝酸盐水泥为调凝组分、6mm高弹高模聚丙烯纤维，外加剂由减水剂、膨胀剂、高分子聚合物、消泡剂、增稠剂、触变剂等组成，如图5-22所示。3D打印混凝土的性能主要由外加剂调节控制，为方便现场搅拌制备3D打印材料所用外加剂按配比预拌装袋。

图5-22 预拌的3D打印混凝土外加剂

2. 配合比设计

混凝土配合比应综合考虑结构设计、可打印性、力学性能与耐久性的要求进行混凝土配合比设计。配合比依据三相图结合鲍罗米公式和最佳浆骨比的经验值进行设计，为3D打印混凝土提供一个可借鉴的取值范围，如图5-23所示。三相图表示了强度和胶骨体积比、水胶比的基本关系，通过胶凝材料和集料比例、水胶比的调整，并根据材料的凝结时间和其他性能的要求添加外加剂，这样就可以得到基本的打印混凝土或者砂浆的配合比，通过实际试验调整得到试验配比。在配制3D打印混凝土时，配制强度需要考虑3D打印工艺导致的混凝土强度损失率，应根据3D打印工艺通过试验确定，无法通过试验确定时强度损失率可取15%。

本项目结构设计3D打印混凝土强度等级为C30，考虑3D打印强度损失按C40配制混凝土。参考配合比三相图配合比设计取值，并实际试配：水胶比0.4，胶凝材料和集料体积比0.8，（胶凝材包括PO42.5和SAC42.5），早强组分硫铝酸盐水泥（SAC 42.5）内掺8%，CSA高性能膨胀剂外掺5%，其他功能外加外掺2%，纤维体积掺量0.02%。

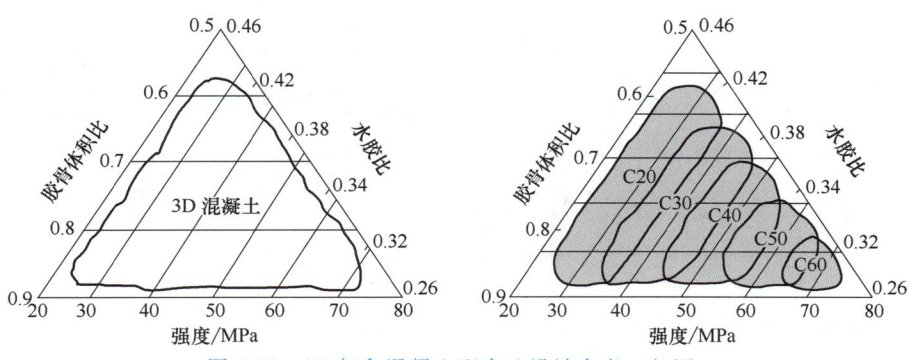

图 5-23　3D 打印混凝土配合比设计参考三相图

3. 3D 打印混凝土的性能

3D 打印混凝土的性能和质量控制主要是对一般性能和可打印性能的评定和控制。原位 3D 打印施工中，由于单层打印路径较长，打印每层循环约 10min，所以，材料的凝结时间根据当地水泥调节在 1h 左右，便于施工和增强层间黏结力。配合比中有抗裂纤维，还有硫酸盐水泥和 CSA 高性能膨胀剂两种能生成钙矾石的膨胀组分，施工过程和硬化后全程采取自动化喷雾养护，充分的养护条件使材料中膨胀组分具有良好的水化，补偿了材料收缩。另外，打印材料的早强特性大幅度缩短了膨胀组分有效膨胀窗口期时间，有效地控制了打印墙体的收缩开裂。图 5-24 所示为无收缩开裂的 16.5m 打印墙体。对施工过程的混凝土现场取样进行强度测试，1d 抗压强度 18.9MPa，28d 达到 56MPa。表 5-1 所示为案例工程实际配制的 3D 打印混凝土的性能及检验方法。

图 5-24　3D 打印墙体收缩和裂缝控制

表 5-1　案例工程实际配制的 3D 打印混凝土的性能及检验方法

项目	技术要求	检验方法
出机流动性	190mm	参照 GB 50080
初凝时间 T	53min	JGJ 70
终凝时间	80min	
抗压强度（现场取样、标养）	18.9MPa（1d）	GB/T 50081—2016
	31MPa（3d）	
	56MPa（28d）	

（续）

项目	技术要求	检验方法
挤出性	连续均匀、无撕裂、无离析、无中断	观测
可打印时间（流动性维持时间）	$0 \leq$ 可打印时间$(0.8T) \leq$ 初凝时间(T)	实测
打印强度折减（28d）	$\leq 15\%$	GB/T 50081—2016
层间黏结强度	≥ 2.0MPa	直接拉伸法

5.1.5 打印建筑的施工工艺

1. 打印材料的制备和泵送

本案例需要打印混凝土约30m^3，材料制备工艺包括以下几个方面：

1）材料制备。先加入称量好的4/5水，再将称量准备好的原材料按照水泥-砂-外加剂的顺序投料预混30s，加剩余的1/5水搅拌30s后再加入纤维完成投料，然后继续搅拌2min后制备完成。

2）将制备完成的打印材料卸料至螺杆输送泵中，启动泵机输送至打印头料斗。

3）打印头螺旋杆先反转，待打印头料斗中材料液面至2/3处即可开始打印。打印过程通过控制输送速率，使输料速度与打印头挤料速度匹配，即可连续打印施工。图5-25~图5-30所示为打印材料的制备、泵送过程。每次施工结束应及时对打印头、搅拌设备、输送设备进行彻底清洗。

图5-25 搅拌机

图5-26 现场3D打印材料的制备

图5-27 材料的出机状态

2. 打印施工

案例办公楼结构柱和墙体采用3D打印施工（见图5-31），墙体内灌注混凝土，单条打印宽度控制在（50±5）mm范围内，单层厚25mm，每次施工前对上次施工完成的表面涂刷专用

第5章 建筑3D打印典型案例分析

新旧混凝土层间界面剂,如图5-32所示。打印施工过程中,根据设计要求的部位布置水平拉筋,布置钢筋时严禁用力挤压墙体,钢筋布置方式如图5-33所示。门顶、窗顶按设计在布置铝合金轻质过梁后继续上层打印,如图5-34所示。

图 5-28　大功率螺杆泵

图 5-29　泵管的布置

图 5-30　打印头出料

图 5-31　墙体3D打印施工

图 5-32　新旧混凝土层间界面剂

图 5-33　水平拉筋

图 5-34　门窗过梁

3. 电路管线安装

案例办公室的电路管线预埋施工与3D打印施工穿插同步进行，提前预制好管线盒，当打印至一定高度后在打印的墙体未硬化前用铲刀切割出暗盒安装槽，然后安装，暗盒之间的线管在墙体空腔内。线管利用定位钢筋或直接与钢筋网片绑扎固定。一层至二层线管的预埋，通过空腔内的线管确定好位置，在梁的侧面开槽预埋线管，如图5-35~图5-37所示。

图 5-35　预制管线盒

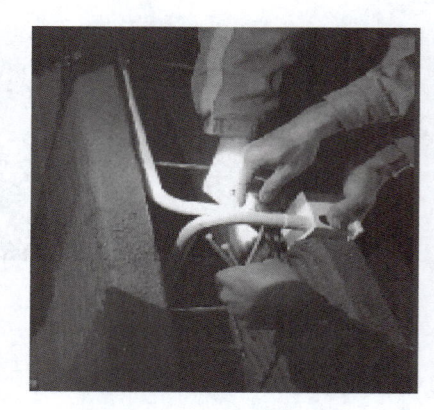

图 5-36　快速安装

4. 打印墙体的养护

案例项目采用了普通硅酸盐水泥基3D打印材料，打印墙体呈中空、大跨度、无施工缝结构。因此，对打印墙体采取合理有效的养护非常重要。3D打印混凝土相比传统混凝土在养护措施方式和养护措施介入时间方面具有很大的优势。首先，3D打印混凝土挤出后就具有了自立性，所以在初凝前就可以以人工喷雾、自动化喷雾的养护方式开始超早

图 5-37　线路盒机线束管集合的安装

期的养护，这样可以有效地防止材料水分的蒸发散失，大幅度降低塑性阶段的收缩开裂风险。在硬化后继续以自动化喷雾养护结合局部人工辅助浇水养护至 7d 即可，如图 5-38~图 5-40 所示。

图 5-38　人工喷雾养护

图 5-39　过程中自动化喷雾养护

项目利用 3D 打印机的升降框架和移动横梁设计布置了自动雾化喷淋系统，在打印过程中喷雾，提高打印过程中混凝土层间的黏结力，又避免了混凝土早期失水过快引起的开裂，同时该套系统还可以用于后期的无人养护，降低了人工成本，为建筑的质量提供保证。

5. 预制叠合梁板、廊柱的安装

按结构设计，梁采用叠合梁，楼板采用预制叠合板，走廊廊柱为 3D 打印轮廓，内部灌注混凝土。叠合梁 44 个，叠合板 24 个，廊柱上下楼层各 5 根。叠合梁板施工工艺流程如图 5-41~图 5-44 所示。

图 5-40　硬化后自动化喷雾养护

施工准备 → 测量放线 → 板支撑安装 → 吊装叠合梁 → 吊装叠合板 → 侧模安装 → 钢筋施工 → 混凝土浇筑 → 养护 → 拆模

图 5-41　叠合梁板施工工艺流程图

案例建筑设计有 8 根圆形廊柱，廊柱的外模壳采用混凝土打印完成，每根廊柱由 2 根打印柱叠加组成。施工安装廊柱钢筋笼，钢筋笼轴心误差不大于 ±5mm，将打印完成的廊柱模壳吊装由上至下套入钢筋笼，放置于底板或楼板，底部采用垫块调平，吊装完成后两侧设支撑，调整廊柱垂直度，用支撑套箍支撑，后期灌注混凝土，如图 5-45~图 5-47 所示。

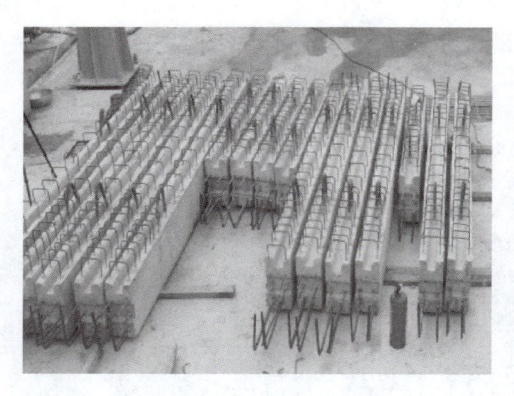

图 5-42　预制梁

图 5-43　预制楼板

图 5-44　预制梁板的吊装

图 5-45　3D 打印廊柱模

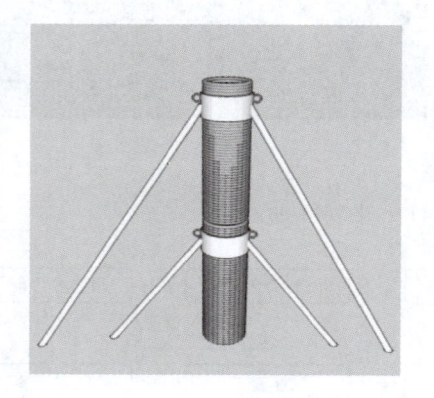

图 5-46　廊柱打印模的支撑

图 5-47　施工完成的廊柱

5.1.6　3D 打印建筑的装饰装修

建筑 3D 打印本身整体表面平整度良好，打印纹理整齐有特色，所以，对完工的建筑不做表面装修处理，留存 3D 打印混凝土原色和打印纹理。如图 5-48～图 5-51 所示，仅做门窗安装，水电照明、二层钢制楼梯和围栏的安装。

图 5-48 预制钢结构楼梯

图 5-49 二楼护栏

图 5-50 室内照明

图 5-51 室内装修

5.2 大型基础设施高分子复合材料打印

在当代城市规划和建筑设计中，3D 打印技术的崭新应用为异形景观桥梁的建造提供了无限可能。这一技术的独特之处在于其出色的自由形态设计潜力，使设计师能够打破传统建筑的束缚，创造出更为复杂、个性化的桥梁外观及结构。通过 3D 打印，设计师能够精准而高效地建造出形态各异的桥梁，从曲线婉转的弯曲结构到抽象艺术品般的线条，尽显科技与艺术的完美结合。这种技术使得建筑师能够更好地适应桥梁所处的地理环境，打破传统建筑的几何限制，实现更加灵活和智能的设计。此外，3D 打印异形模板成为了一种新型的建筑构件制造方法。通过该方法可以制造出高精度、高质量的建筑模板，从而创造出各种独特的建筑形态。与传统模板制造方法相比，3D 打印异形模板具备实现高度个性化的模板设计、较高的模板精度以及较快的模板制作效率等优点。

5.2.1 桃浦桥中央绿地景观桥

桃浦"时空桥"长 15.25m、宽 4m、高 1.2m，设计上结合传统书法理念，将景观桥所

建筑3D打印

有构件，如桥身、桥栏杆、传力结构等纳入外观体系一体化设计，强调桥体外观的整体性，通过不对称的变形设计为桥体获得强烈的运动感及张力感，如图 5-52 所示，并将"常行於所当行，常止於不可不止"的思想运用于桥体外观设计，相互套叠的内部空间、流动的坡道和如山峦层叠的桥栏杆处理呈现出中国山水意境般的空间形象，并融于桃浦中央公园之中。

a)

b)

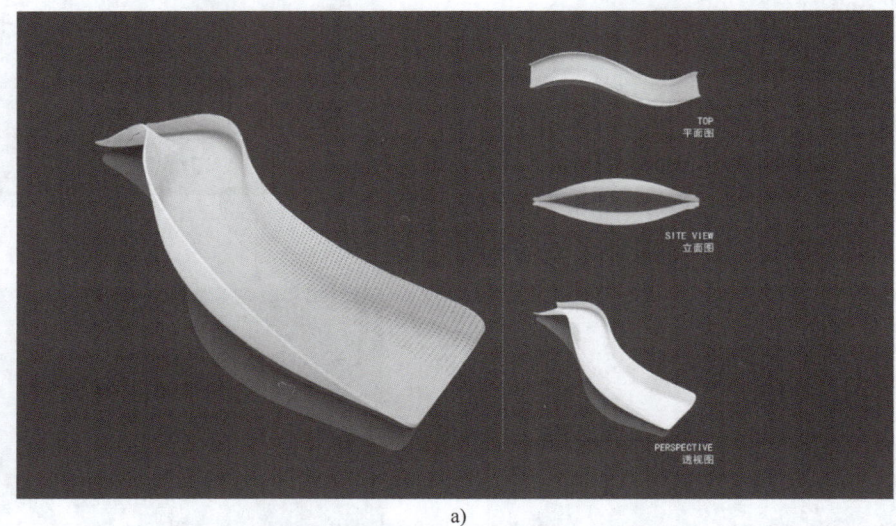

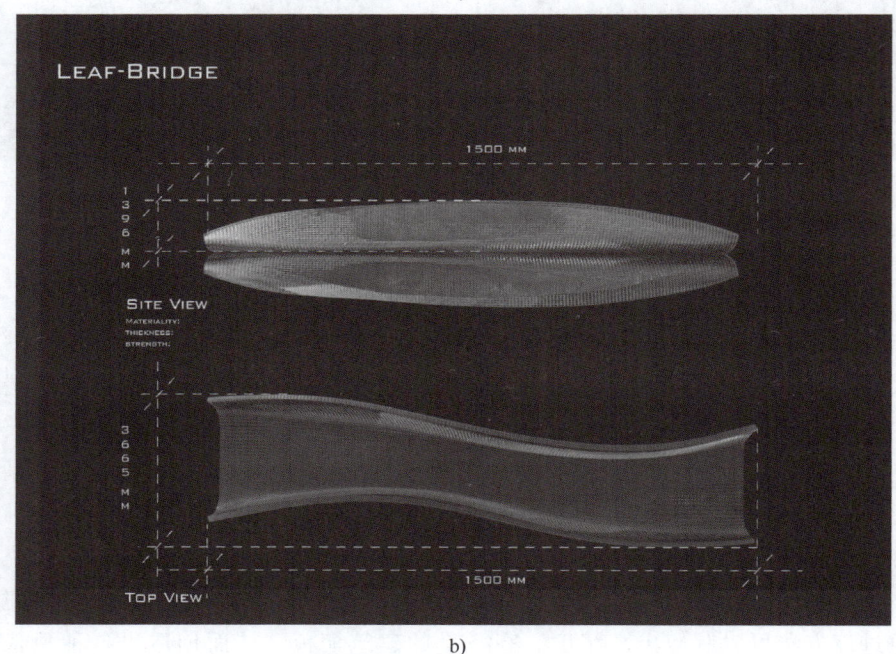

图 5-52 桃浦"时空桥"设计方案

这种流体般的建筑形态，可以说是桥体内部系统的外在形式表达，以桥面板、桥身、桥栏杆等多维度曲线，勾勒形成了多视点的空间流动性，桥栏杆变化单元与桥型整体外观形成一种空间形态的默契；而外在形体有节制的"流动"，则展示了参数化设计在动态建筑造型的延续、演化中的内在逻辑与理性。

桃浦 3D 打印的"时空桥"采用的总体技术路线为：桥梁外部整体桥形熔融沉积一次成型的打印方案；承重结构采用箱型钢梁；打印的上部桥型通过一头机械连接固定、另一头自由释放内应力的方式在车间内进行可靠连接，现场利用吊车一次吊装就位。

桥梁外部整体桥形构件打印工艺如下：桥梁整体外部外形采用空间多维度双曲面数字化设计，通过专用软件进行力学搭载模拟仿真以及拓扑优化仿真设计，再借助专用切片软件，结合各种路径及填充算法，生成数控系统可识别的 G 代码[⊖]，即打印轨迹，工艺流程具体包括以下几个方面：

1）基于桥梁设计规范借助参数化建模软件生成可后处理的高精度打印模型，如图 5-53 所示。

2）将整段桥体在包含扶手区域基于大尺度 3D 打印，取环形剖面生成填充运动轨迹，如图 5-54 所示。

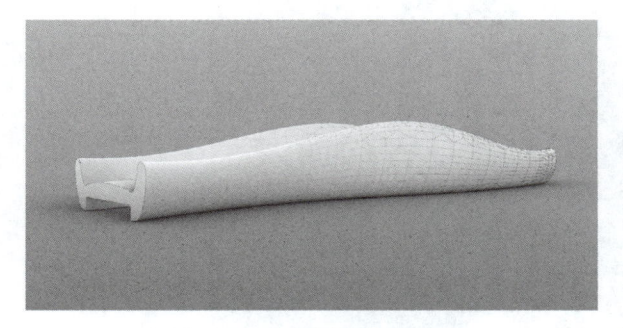

图 5-53 桃浦桥参数化设计　　图 5-54 桃浦 3D 打印"时空桥"剖面打印轨迹图

3）将剖面导入结构计算分析软件，对模型的打印路径及内部晶格受力分析并指导设计路径，如图 5-55 所示。

4）结合结构力学分析软件反馈的数据对桥体模型进行修正，再将桥梁整体进行结构受力模拟仿真，如图 5-56 所示。

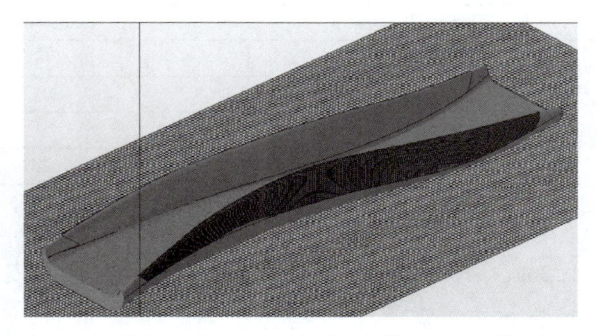

图 5-55 桃浦 3D 打印"时空桥"荷载模拟仿真　　图 5-56 桃浦 3D 打印"时空桥"整体结构受力模拟仿真

5）桥梁整体力学分析仿真无误后，通过专用工业切片软件进行大尺寸 3D 打印模型的切片、路径生成及仿真工作，如图 5-57 所示。

⊖ G 代码（G-code，又称 RS-274），是一种应用广泛的数控编程语言。

图 5-57　整体模型切片、路径生成及仿真模拟

6）将模型切片后生成的打印路径程序 G 代码导入测试体系中进行小样打印测试，如图 5-58 所示。

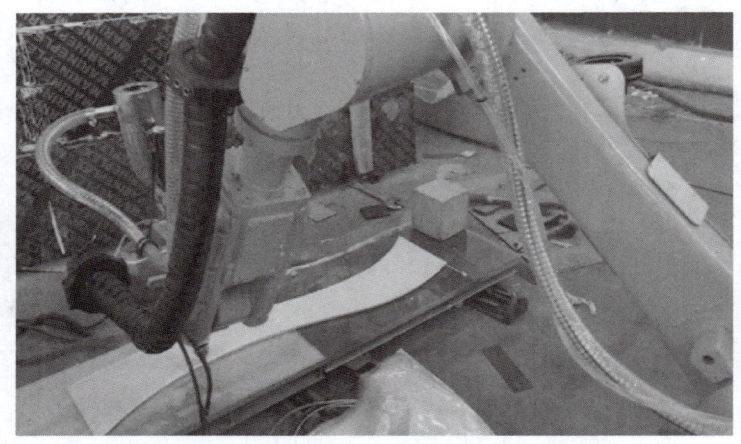

图 5-58　整体桥梁小样打印测试工艺流程图

7）桃浦"时空桥"历时 45d 完成打印工作，桥外部造型件及现场实景图，如图 5-59 所示。桃浦"时空桥"3D 打印工艺参数见表 5-2。

表 5-2　桃浦"时空桥"3D 打印工艺参数

三段加工温度/℃	220/240/230
挤出速度/(kg/h)	8
线宽/mm	11
层高/mm	3
环境温度/℃	25

打印出来的构件经拼装后，长 15.25m，宽 4m，高 1.2m。平面呈 S 形，总质量为 30t。由于现场安装采用整体吊装方式，需将整个构件按建模测算重心，测算方法如图 5-60 所示，便于安排吊装工作。

吊装工艺的选择：考虑到 3D 打印桥自身强度的问题，在 3D 打印桥下方安装钢骨架托梁，如图 5-61 所示，运输吊装均使用钢骨架托梁进行。由于先前已经测算过重心位置，以重心均分吊点后，进行吊装工作。

图 5-59　桃浦"时空桥"打印完成图

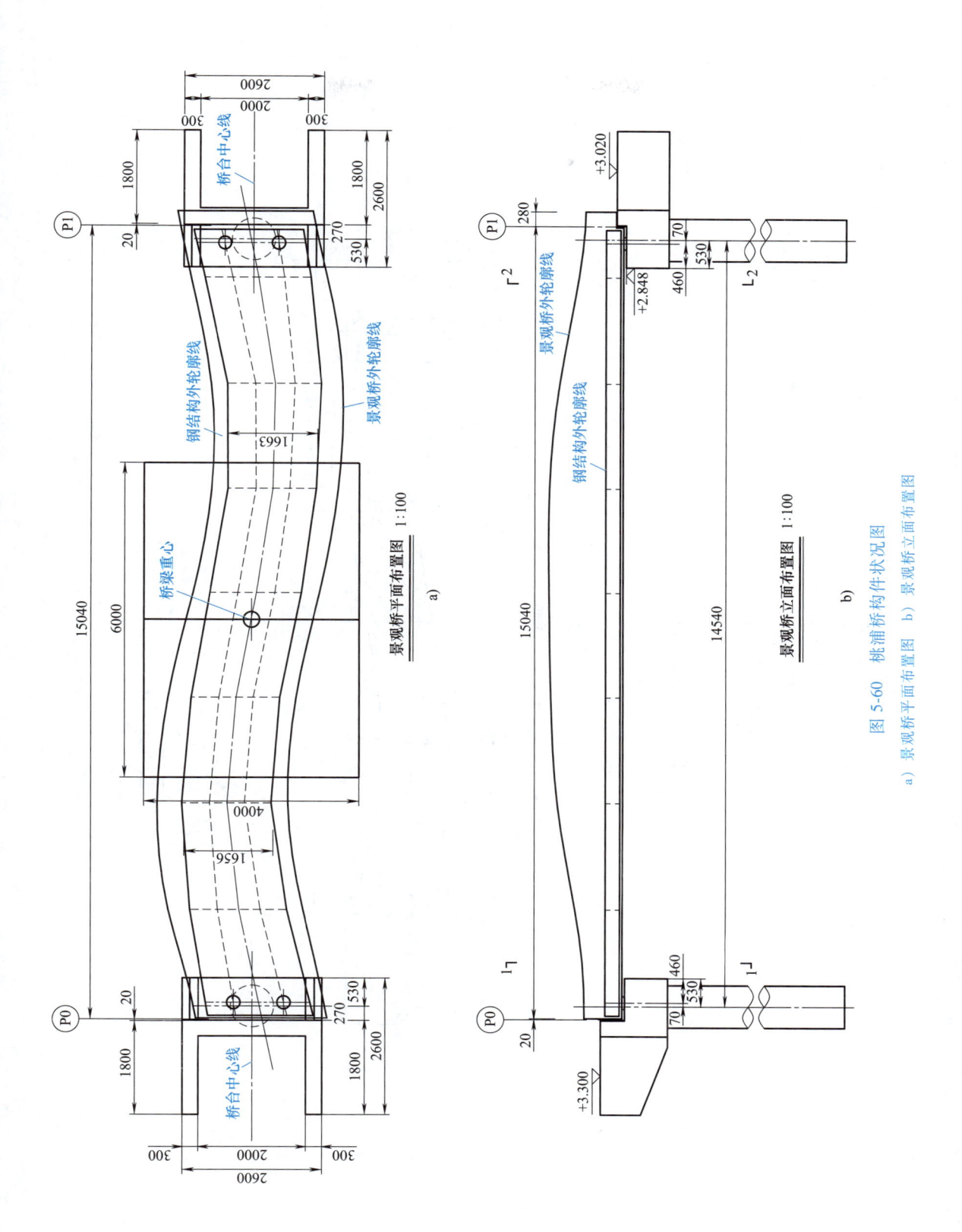

第5章 建筑3D打印典型案例分析

图 5-60 桃浦桥构件状况图
a) 景观桥平面布置图　b) 景观桥立面布置图

141

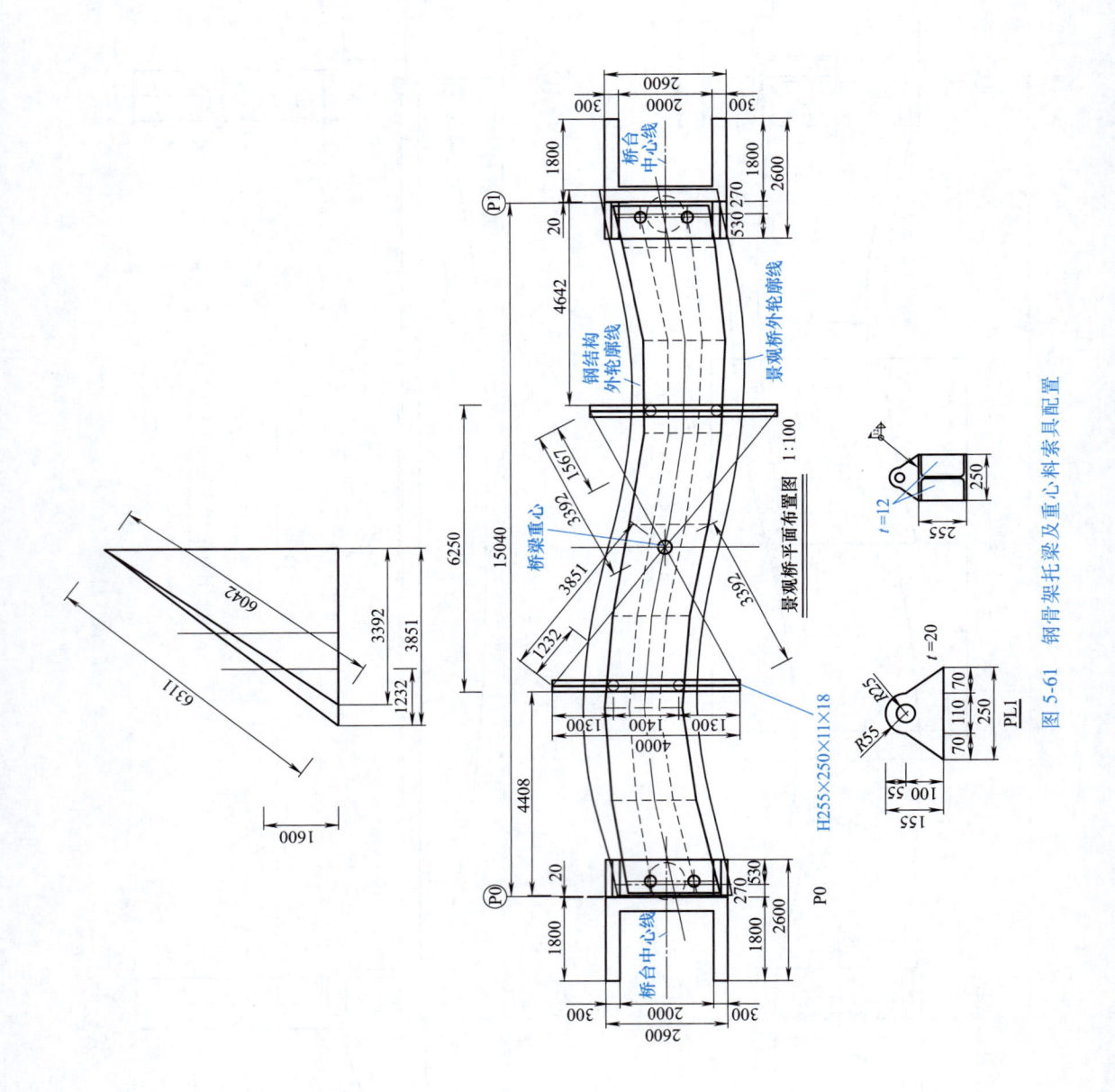

图 5-61 钢骨架托梁及重心索具配置

为了对周边各方面影响的最小化，特地选用了450t起重机进行远距离吊装；这样避免了在已有公园内修临时便道的工序。吊装选用的料索具主要是10t尼龙吊带，这样可以避免钢丝绳对3D构件的磨损。桥梁定位采用相对位置划线定位，即先在两侧桥墩上划出中心十字线，然后均分误差后进行安装就位，吊装现场如图5-62所示。桥梁支座采用橡胶支座，为了四点均匀着地，还配置了若干薄垫片，吊装全部完成后再进行周边相关设施的贯通工作。

图5-62 450t起重机远距离吊装现场

5.2.2 成都驿马河景观桥

3D打印景观桥——"流云桥"位于成都驿马河公园内，具体落成位置为成都桃都大道东段驿马河公园曲水坊景观湖上，整桥长66.58m、宽7.25m、高2.7m，3D打印桥全长22.5m、宽2.6m、高2.7m，桥梁形态设计灵感来源于驿马河区域内自由奔腾的河流，欢快流淌的小溪，似丝绸之路在面前展开，"流云桥"设计渲染图如图5-63所示。自由灵动的曲线，酷似丝带的抽象形态，伴随着光影的变幻，能够产生极具艺术感的视觉享受，同时满足桥梁对功能和空间的诉求。

图5-63 3D打印景观桥——"流云桥"

整体遵循城市规划设计桥梁扶手及外肌理，一面桥梁扶手一个峰两边平缓，寓意"一山连两翼"；另一面桥梁扶手两个峰一个谷，寓意"两山夹一城"，两侧桥梁纹理设计效果图如图5-64所示。利用参数化设计、制造的先进技术从有机、自然的概念出发，使建筑更好地融入周围的自然景观中，也体现了成都这座城市深刻的文化底蕴。

a)

图5-64 "流云桥"两侧肌理效果

a) "流云桥"左侧纹理 "一山连两翼"

b)

图 5-64 "流云桥"两侧肌理效果（续）
b)"流云桥"右侧纹理"两山夹一城"

从结构上分析，成都"流云桥"水平方向和竖直方向均存在弯曲构型，其中水平方向弧高约 1.467m，竖直方向矢高约 0.765m。采用内置箱型钢梁作为主承力结构，内置钢箱梁设计结构，如图 5-65 所示。外部桥形打印件沿水平弧向分成 20 段，每段长 1.12~1.15m，段间接缝宽度约 20mm。钢梁下翼缘两端共设置 8 个支座。经分析，流云桥支座不存在承拉工况，因此，支座采用板式橡胶支座。

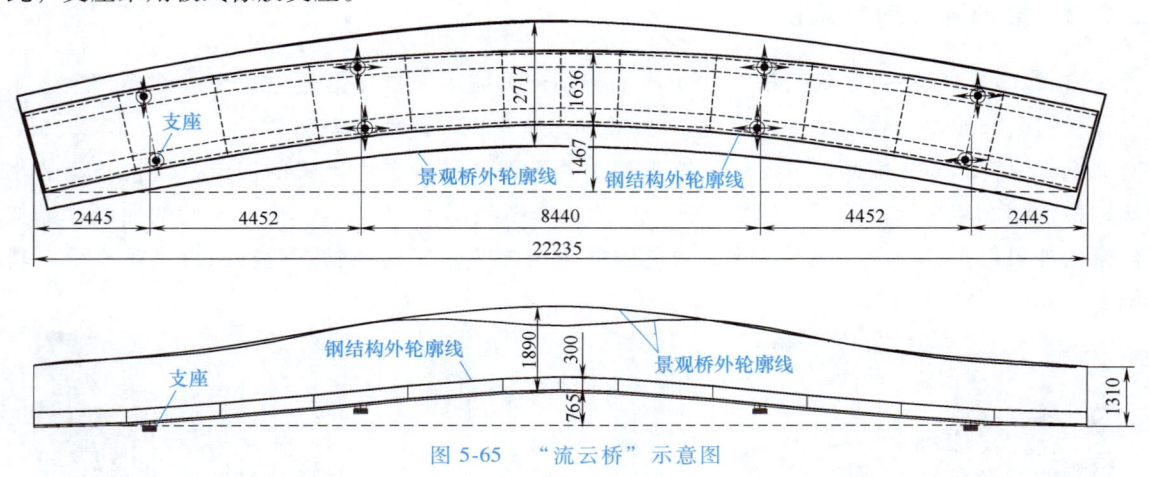

图 5-65 "流云桥"示意图

3D 打印"流云桥"采用总体技术路线如下：造型复杂的桥型通过分成 20 段进行熔融沉积成型形成分段打印构件，承重结构采用箱型钢梁，独立的打印构件通过机械连接方式和钢箱梁进行可靠连接，分段构件之间采用双组分丙烯酸结构胶进行防水嵌缝处理，在现场进行分段组装。

分段构件打印工艺如下：整桥模型采用数字化设计，分成 20 段分段的数字化模型，每段均通过专用软件进行力学搭载模拟仿真以及拓扑优化仿真，再借助专用切片软件，结合各种路径及填充算法，生成数控系统可识别的 G 代码，工艺流程如图 5-66 所示。

a)

b)

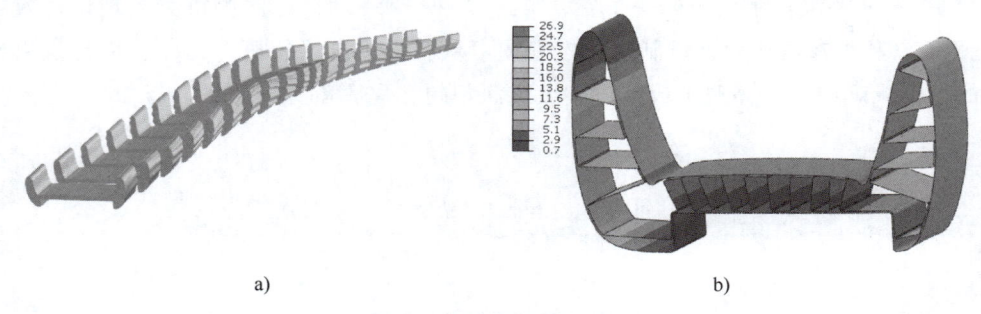

图 5-66 分段打印工艺流程图
a) 3D 打印"流云桥"均匀分段　b) 分段结构有限元分析

c)

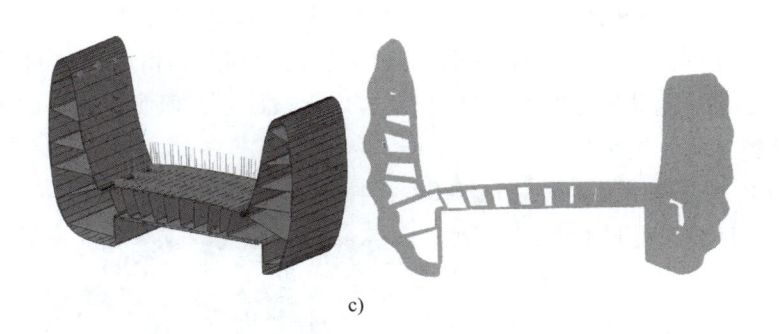

图 5-66 分段打印工艺流程图（续）
c）结构拓扑指导打印轨迹

对分段进行力学性能分析及荷载模拟，打印构件受力、变形等计算结果如下：

如图 5-67 所示，在栏杆水平荷载作用下，打印构件顶部产生的最大变形为 9.7mm，满足 JG/T 558—2018《楼梯栏杆及扶手》对栏杆变形的限值要求。

如图 5-68 所示，在风荷载作用下，打印构件顶部产生的最大变形为 13.8mm，满足 JG/T 558—2018《楼梯栏杆及扶手》对栏杆变形的限值要求。

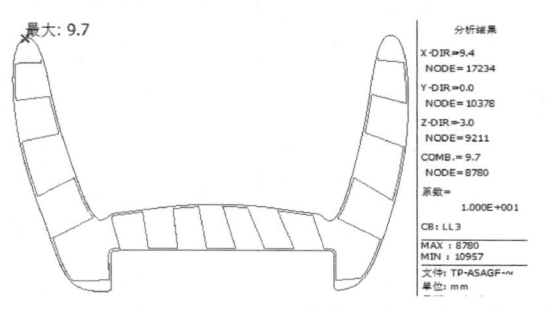

图 5-67 在栏杆水平荷载作用下打印构件变形（单位：mm）

如图 5-69 所示，在荷载基本组合下，打印构件产生的最大应力为 16.9MPa（小于 20MPa），满足强度要求。

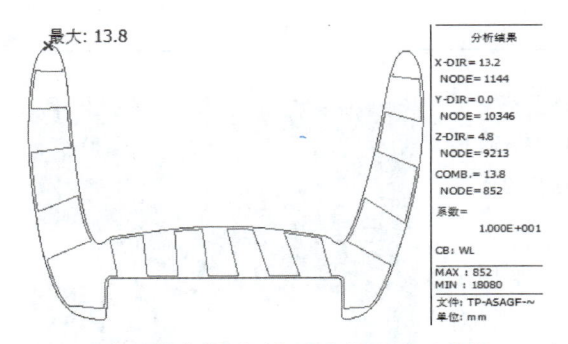

图 5-68 在风荷载作用下打印构件变形（单位：mm）

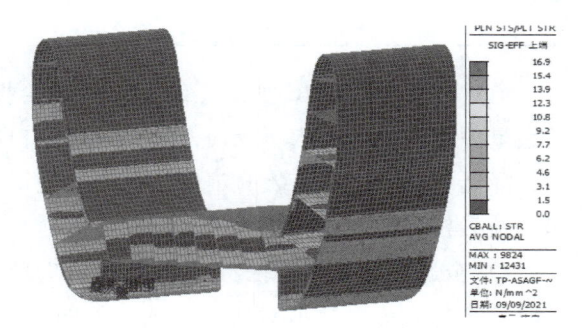

图 5-69 在荷载基本组合下打印构件应力云图（单位：MPa）

成都"流云桥"制造难点主要包括以下几个方面：

1）百分百还原参数化设计理念。成都"流云桥"设计上采用了空间多维度曲面设计的整体桥身结合有机渐变的表皮肌理，如果采用传统工艺较难实现，且费时费力。采用 3D 打印的方式能将桥身、桥栏杆、传力结构等所有部件，一并纳入外观体系，一体化完成打印制作，实现设计与施工建造技术的融合。

建筑3D打印

2）超大尺度熔融沉积成型工艺引发的翘曲。大多数增材制造技术采用熔融沉积成型工艺都会在打印时产生残余应力和翘曲问题，而残余应力和翘曲是由高温材料贴敷在较冷材料上的反复沉积引起的。这些问题会在大尺度3D打印上被放大，即使是较小的热应变，也可能引发相当于几十毫米以上的变形。

在打印及建造过程中引入了三大新技术：

1）超大尺度增减材质量稳态控制工艺。采用了多因素分析，控制单一变量的多组打印工艺试验，即通过控制环境温度、材料三段熔融的温度、玻璃化温度、单层打印的时间等打印工艺参数解决了打印构件由于迅速降温导致的翘曲及形变过大的问题，揭示了打印层间黏结力和打印温度场的关系以及不同材料打印界面层温度控制值与玻璃化温度之间的关系，如图5-70所示。

图 5-70　成都"流云桥"分段 3D 打印制造

成都"流云桥"分段3D打印工艺参数见表5-3。

表 5-3　成都"流云桥"分段 3D 打印工艺参数

三段加工温度/℃	210/245/230
挤出速度/(kg/h)	20
线宽/mm	20
层高/mm	3
环境温度/℃	26.3
单层打印时间/s	280

通过高精五轴CNC加工系统，将预留给打印变形量的余量去除，如图5-71所示，确保了分段打印构件的精度，降低了现场分段安装的难度，完美展现了成都3D打印"流云桥"整体的设计效果。

2）全过程温度场监控。为了确保打印质量，采用了横向温度场热历史数据对比的方式，如图5-72所示，对每一段成都桥打印段进行温度数据记录以及参照经验参数对比，修正相对应的打印工艺参数，确保了打印构件较小的形变以及最佳的打印质量。

3）激光点云三维扫描。成都3D打印桥每段构件中均采用了增减材一体化工艺，为了确保加工时的精度，需要有一个粗几何尺寸数据进行指导。借助激光点云三维扫描技术，通过现场标定靶子建立空间坐标系的方式扫描出

图 5-71　成都"流云桥"分段 CNC

构件的外尺寸点云文件，如图 5-73 所示，将上述得到的初始离散点云模型进行初步的数据清洗得到 LOP 采样模型；采用曲面重建技术结合迭代最近点的算法进行点云模型配准。针对当前配准的模型上每一点，在得到的 LOP 采样模型上计算该点对应位置，一定半径距离区域内的周围点对它的一个权重，并将所述权重与阈值进行比较，以优化生成高精的分段打印构件三维模型。

图 5-72　全过程温度场监控

再将由点云转化而成的高精三维模型放入专业仿真检测软件中，使点云模型与原设计模型进行合模碰撞检测，如图 5-74 所示出具色阶图量化误差。

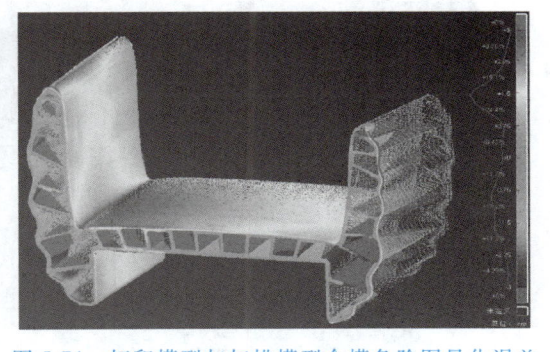

图 5-73　打印分段三维扫描　　　　图 5-74　打印模型与扫描模型合模色阶图量化误差

打印的各分段构件运输至现场后，先完成底部钢结构支撑的吊装焊接等工作，如图 5-75 所示。

底部钢结构支撑安装完毕焊接固定后，将分段打印的构件通过侧顶支撑件以及内部张拉结构固定于支撑结构之上，并在拼接面均匀涂抹上应用于飞机机翼黏结的丙烯酸酯双组分胶，采用物理及化学的有效固定连接方式对分段构件进行吊装，如图 5-76 和图 5-77 所示。

造型优美的成都 3D 打印"流云桥"历时 45d 完成打印加工建造，打印加工过程均为自动化，大大减少了人工的使用。与传统开钢模制造异形造型的桥梁相比，3D 打印建造节约时间与资金成本 50% 以上。结合流动的炫彩 3D 灯光，与当地的园林景色相得益彰，彰显了美轮美奂的科技感，同时完美还原了设计师最初的设计理念，如图 5-78 所示，为超大尺度 3D 打印技术应用于建筑领域的后续发展树立了坚实的里程碑。

建筑3D打印

图 5-75　3D 打印"流云桥"底部钢结构支撑的吊装　　图 5-76　成都 3D 打印"流云桥"现场分段吊装（一）

图 5-77　成都 3D 打印"流云桥"现场分段吊装（二）

a)

图 5-78　成都 3D 打印"流云桥"现场实景图

a）近景

b)

c)

图 5-78　成都 3D 打印"流云桥"现场实景图（续）
b）侧景　c）远景

5.2.3　上海奉贤"在水一方"新建工程异形开花柱模板

由上海建工总承包的"在水一方"商业文化混合建筑，位于上海奉贤，采用抗震核心筒+空间异型壳结构设计。其中，有两个大尺寸的异形变径混凝土柱，高 4.5m、长 4.1m、宽 2.6m，如图 5-79 所示，这给模板的设计安装带来了很大困难。如果采用传统钢模板方法的加工难度大、成本高、周期长。如果采用胶合板模板，人工安装模板混凝土的形状精度无法保证，劳动力消耗量大，在老龄化的趋势之下，熟练的工人越来越少，成本会越来越高。综合考虑多种情况，最终采用 3D 打印模板进行施工，其优点是效率高，绿色环保，节约劳动力。

本次 3D 打印模板使用的是超大尺度增减材混合制造设备，在一根滑枕上集成了增材和减材加工工艺所需的硬件设备,可以打印大型 3D 零件,并进行减材加工。模板的生产流程:首先依据实际要求设计好模板三维模型,分析模板的三维模型特点,优化成可打印的单个形状,再通过切片软件生成打印程序,导入到 3D 打印机中进行打印。模板制造采用熔融沉积成型工艺,使用低成本的粒状材料,输送到挤出头进行加热熔化挤出,按照规划好的轨迹运动,挤出头挤出的材料一层层堆积最终形成产品。

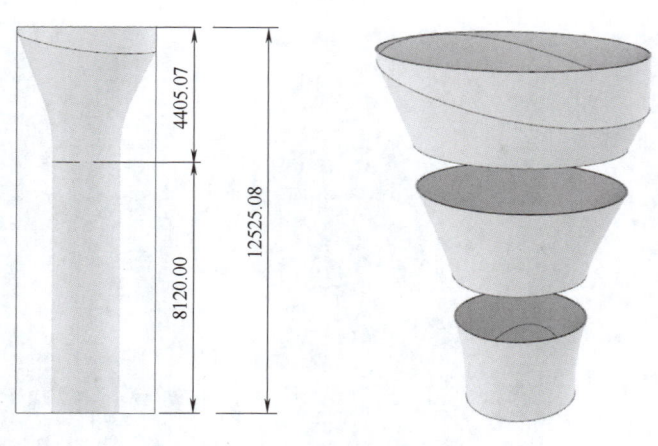

图 5-79 异形开花柱模板尺寸及分段示意

由于打印件的尺寸非常大,导致打印工件翘曲严重,采用超大尺度 3D 打印稳态控制工艺,优化打印工艺参数。完成 3D 打印工作后,此设备的系统支持多通道控制,3D 打印系统和 CNC 系统可以自由切换,方便快捷。只要一个按键就可以把机床模式从 3D 打印状态切换到 CNC 加工系统,然后对打印件进行高精度的加工,如图 5-80 所示,保证工件的尺寸精度。加工完成后的模板,拼接时减小了拼接误差,提高了形状精度。由于模板质量较小,在工件的外侧可黏结吊耳,用以吊装,方便快捷。

图 5-80 异形混凝土模板打印及加工

制造完成的模板运往现场后采用胶结和机械连接相结合的方式有机连接,配合外部爬架及顶撑工装保证模板浇筑的稳定性。3D 打印模板大大节约了施工时间,一套 3 段模板打印与加工仅需一周,且安装方便,保证了模板的精度,成本相比于钢模也低很多,模板实物如图 5-81 所示。

图 5-81 异形混凝土模板现场安装实物

5.3 多机协作打印

机械臂式建筑 3D 打印由于其使用灵活,在建筑 3D 打印行业具有巨大的创新潜力和应用价值。然而,应用于机械臂式建筑 3D 打印领域的机器人都存在着一个共同的缺点:采用它们建造的结构尺寸与机器人的大小成比例,且严格受到机器尺寸的限制。如果要使用建筑机器人来打印一栋房屋,那么所需的建筑机器人必须具备与房屋尺寸相匹配的工作范围;如果机器人的工作范围相比于打印房屋尺寸较小,则需要进行多次移动和调整才能完成整个建筑过程,这可能导致施工时间延长和效率下降。这一缺点使得机械臂式建筑 3D 打印难以适应较大规模建筑物的施工需求,限制了其广泛应用。

为了提升机械臂式建筑 3D 打印的建造尺度及可扩展性,可以将多个机器人单元组合在一起,通过协同控制,实现更大范围的打印能力。这样的设计可以使得机器人适应不同尺寸和形状的建筑项目,并提高施工的灵活性和效率。本节将对该研究领域内几种典型的多机械臂协作打印技术案例展开介绍,主要包括:小型机器人多任务打印、多机器人协同打印、移动机器人打印、移动机器人在线协同打印、多系缆移动机器人的运动规划。

5.3.1 小型机器人多任务打印

1. 技术概述

小型机器人多任务打印技术(Mini-builder)是由巴塞罗那的加泰罗尼亚先进建筑研究所

（IAAC）在 2014 年提出，旨在使用一系列小型机器人分任务进行工作，实现远大于其工作范围尺度的建筑物打印。该技术主要使用了三个小型机器人：基础机器人、抓取机器人、真空机器人。这些机器人均可以灵活移动，在目标建筑物的不同建造阶段分别执行着相关的多样化任务，通过对各建造阶段的分别控制，各机器人可以作为一个整体系统实现目标建筑物的建造，如图 5-82 所示。

图 5-82　小型机器人多任务打印技术（Mini-builder）

底座机器人（见图 5-83）用于打印前十层材料，以形成地基。安装于机器人内部的传感器按照预定路径控制打印行进方向。机器人在环形路径上行进时，垂直推杆可以逐步调整打印喷嘴高度，以形成平滑、连续的螺旋形铺设底基层。连续螺旋方式铺设材料的优势在于：它可以实现持续的材料流动，而无须以一层为间隔向上移动打印喷嘴。

图 5-83　底座机器人

抓取机器人安装在已经打印好的地基上，用于制作目标建筑物的主外壳。如图 5-84 所示，机器人的四个轮子可以夹住地基结构的上边缘，并遵循预定义的路径，打印地基上部的混凝土层，建造出主体结构。在内部传感器的实时监测下，机器人的打印喷嘴可以通过动态移动实时调整打印精度，旋转执行器可以控制每一层混凝土的打印高度，以保持各打印层的一致性。同时，机器人内部的加热器可提高局部空气温度，从而促进混凝土材料的硬化。

图 5-84　抓取机器人

真空机器人吸附在已打印好的结构表面，如图 5-85 所示，用于目标建筑物主外壳外立面第二层材料的打印。增材制造技术的一个主要局限性在于逐层堆叠工艺形成的材料单向性，会使层与层之间的界面连接处成为 3D 打印结构的固有受力薄弱点。因此，在外壳上创建第二层材料可使得该层材料与结构的应力方向紧密贴合，优化了结构外壳的厚度和受力模式，增强结构的整体受力稳定性。这项任务可以由一个真空机器人完成，也可由多个真空机器人协同完成。

图 5-85　真空机器人

2. 技术总结

小型机器人多任务打印技术的核心在于它引入了一种多机器人协作系统。这种协作机制在应对复杂的建筑设计和结构时表现出色，因为它们可以分工合作，处理不同的建筑环节，这在传统单一机器人或人力作业中是难以实现的。由于每一种机器人只需要完成一项建筑任务，单一功能的机器人体积较小，因此，可以在狭小的空间内完成较为复杂的建筑任务，能够提高整体建筑过程的效率和精度。

小型机器人多任务打印技术也存在一些挑战。该技术的本质是将一项建筑任务分解为多个步骤，并由不同的机器人依序完成，并非是在同一时间，所有机器人在真正意义上的协同作业。另外，由于建筑机器人技术仍在发展阶段，其可靠性和稳定性的问题不容小觑，这对于注重安全的建筑领域来说是至关重要的。

5.3.2　多机器人协同打印

1. 技术概述

多机器人协同打印技术是通过多个机器人的同步工作来实现大型结构的 3D 打印，是由新加坡南洋理工大学在 2018 年提出。图 5-86 所示为每台机器人的硬件配置，包含全向移动平台、六轴机械臂、立体相机以及水泥浆体泵等组件。其中，机械臂安装于移动平台上，搭载打印喷头。移动平台配备了一系列用于定位和里程测量的传感器，包括轮子编码器、惯性测量单元（IMU）以及二维激光扫描仪。定位任务依赖于车载传感器、立体摄像头以及平台上设置的 ArUco 标记。

如图 5-87 所示，该打印技术主要包含四个工作模块：规划机器人位置以优化工作空间；移动机器人导航和定位至目标打

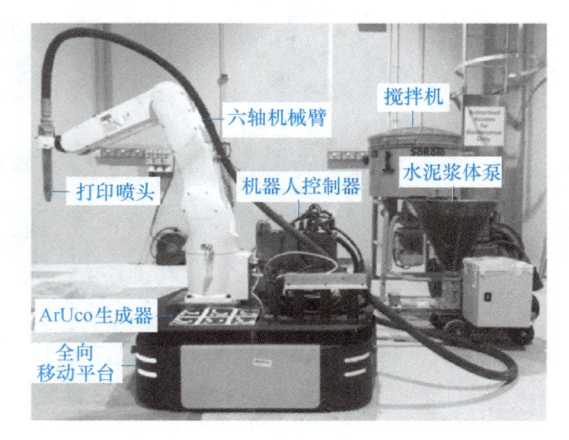

图 5-86　机器人的硬件配置

印位置；规划各机械臂的打印轨迹路径；多机器人同步进行打印。详细工作流程如下：

1）对目标建筑 3D 模型进行分层切片并生成打印路径，这些路径的坐标和法线可提取作为机械臂的路径点。基于每一层的几何信息，将多机器人放置情况表述为一个优化问题，该问题的目标是为每个机械臂找到可行且合理的位置，同时避免自碰撞或超出关节极限，避免潜在的故障点。

2）导入打印点坐标，导航机器人精准移动至各自的目标位置。在此过程中，借助机载传感器生成环境地图，并规划可行的导航路径。当移动机器人接近目标位置时，通过立体摄像机进行定位误差补偿并引导机器人到达最终位置。

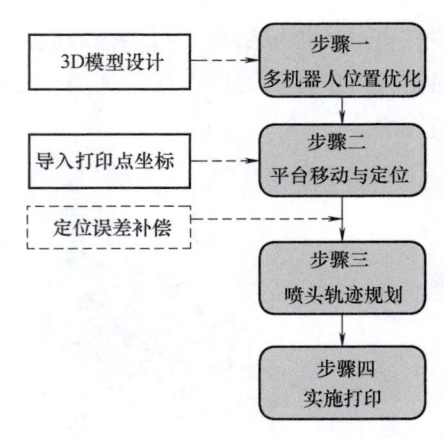

图 5-87　多机器人协同打印流程图

3）对喷头轨迹进行规划，确保其能够以协调的时间序列在所需路径上准确地挤出混凝土材料，并避免发生碰撞，包括机器人与环境、打印结构以及其他机器人的碰撞。这一轨迹规划阶段将与机器人的环境导航同步进行，结合每个机器人的独立子工作空间以及在第一个模块中生成的路径坐标和法线，修正移动平台定位中的微小误差。

4）在机器人就位后，打印过程开始。

2. 应用案例

图 5-88 展示了该技术的一个应用案例，采用两台移动机器人在一个结构上同时进行打印工作。首先两台移动机器人从主站出发，导航至各自的打印位置（见图 5-88a~c）。随后，它们以协调的方式同步进行打印，确保在进行打印的过程中不会发生碰撞（见图 5-88d~h）。打印完成后，移动机器人打印机自动返回到主站（见图 5-88i、j）。最终打印所得结构尺寸为 1.86m×0.46m×0.13m（长×宽×高），其体积是单台打印机打印结构体积的两倍。

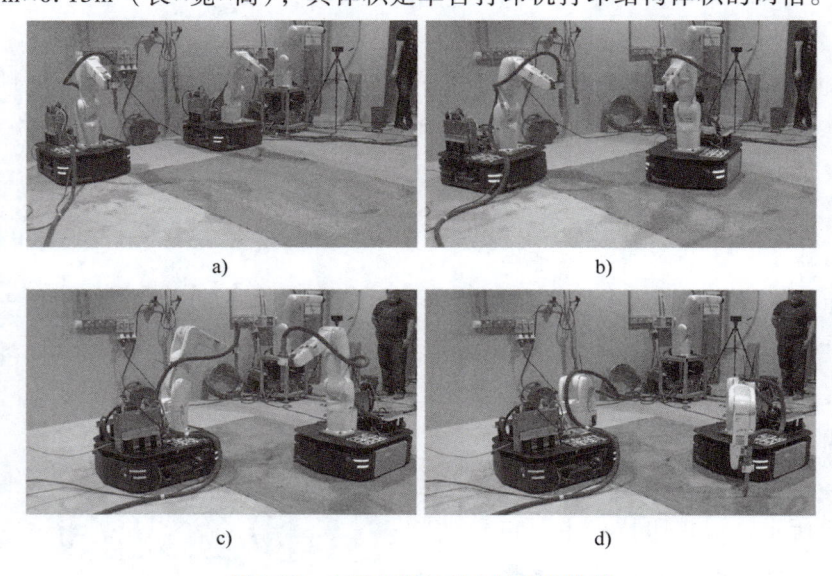

图 5-88　实际打印过程中拍摄的快照
a）机器人主站　b）导航至目标位置　c）到达目标位置　d）开始打印

e)　　　　　　　　　　　　　　　f)

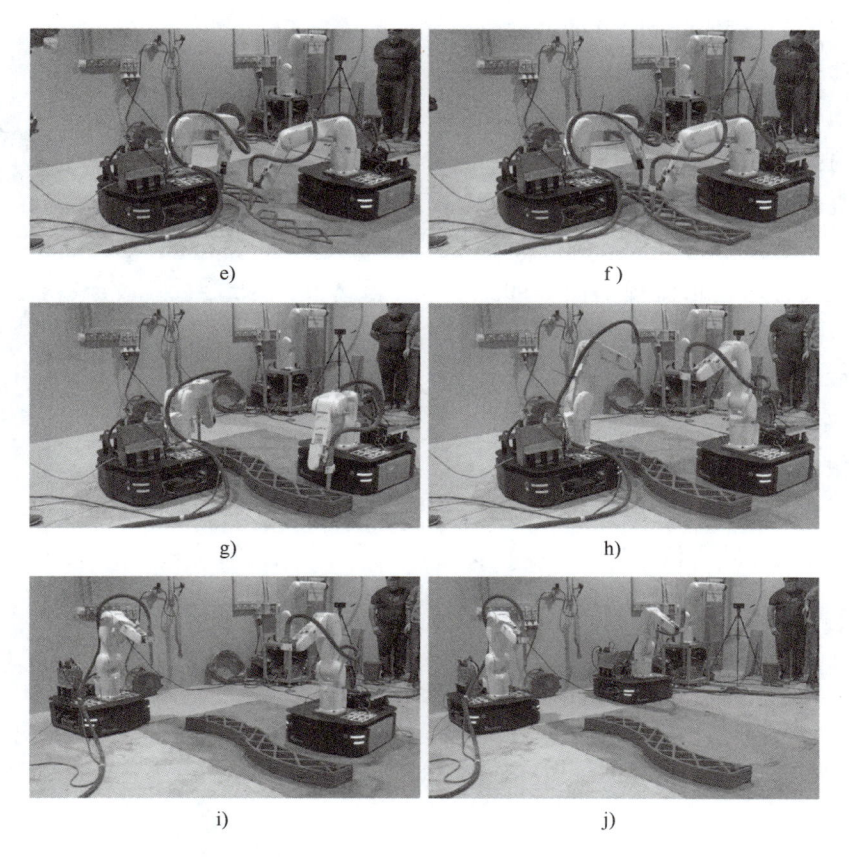

g)　　　　　　　　　　　　　　　h)

i)　　　　　　　　　　　　　　　j)

图 5-88　实际打印过程中拍摄的快照（续）

e)～g) 打印过程　h) 机械臂返回到待机姿势　i)、j) 机器人返回主站

3. 技术总结

多机器人协同打印技术比传统建筑 3D 打印技术更具可扩展性和时间经济性。它可以通过增加机器人数量来打印更大尺寸的建筑物。此外，它还具有在难以到达的地区进行自动化施工的潜力，如地下洞穴、月球或火星等。然而，多机器人协同打印技术还需要改进一些硬件部件，特别是移动平台的车轮设计，以适应复杂的地形。另一方面的改进则是提升打印系统的机构，以解决打印高度的限制。多机器人协同打印技术有望为建筑 3D 打印行业带来革新，推动行业向数字化和可持续方向发展。

5.3.3　移动机器人打印

1. 技术概述

5.3.2 小节所述的协同打印技术，其中打印过程只能在机器人静止时执行，单个机器人在一次打印中可以打印的结构的大小。移动机器人打印技术是对多机器人协同打印技术的一个扩展。本小节所述的移动机器人打印技术主要是为了实现机器人的移动和混凝土打印的同步工作，以进一步提升打印结构的尺寸。

如图 5-89 所示，移动机器人的硬件配置与多机器人的硬件配置基本相同，主要区别在于：

建筑3D打印

立体摄像头安装在移动平台的背面，而不是固定在移动平台之外；ArUco定位标志放置在地面上，而不是放置在机器人上。这样的摄像头和定位标志放置模式可以使得机器人的定位系统在更大的区域内有效。

移动机器人打印技术流程如图5-90所示。首先，根据给定的建筑3D模型进行切片并生成打印路径。然后，通过离线规划移动平台和机械臂的协调运动，以便驱动机械臂逐层打印对象。随后在执行过程中，检测全向移动底座执行规划的动作，进行实时反馈和控制以尽可能接近跟踪预先规划的运动和打印路径。

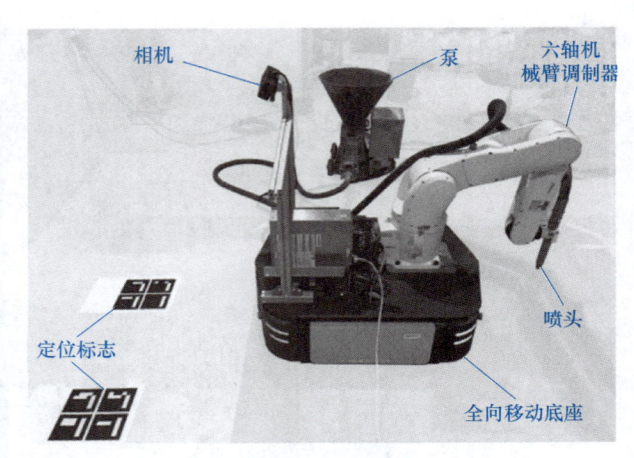

图 5-89　机器人的硬件配置

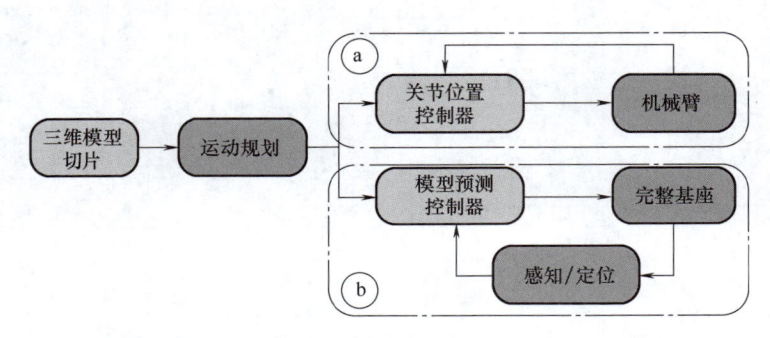

图 5-90　移动机器人打印流程图

2. 应用案例

图5-91所示为移动机器人打印技术的一个实际应用案例，其中蓝色箭线代表打印喷嘴的运动路径，粗黑色箭线代表机器人的运动路径。实施打印过程的关键步骤如图5-92所示，包含机器人的静止打印和移动打印。最终打印结构尺寸为210cm×45cm×10cm，明显大于机械臂的活动范围（87cm）。

3. 技术总结

与传统建筑3D打印方法相比，移动机器人打印技术克服了打印结构尺寸

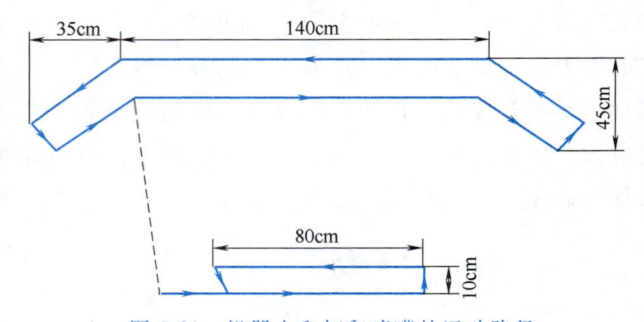

图 5-91　机器人和打印喷嘴的运动路径

可扩展性的限制，能够打印更大的结构并提高打印效率和降低材料成本。然而，移动打印技术仍存在一些局限性。首先，机器移动平台的活动范围是有限的，移动机器人打印技术已经解决了在水平方向上的打印可扩展性问题，但最大打印高度仍然受到机械臂有限范围的限制。其次，机器移动平台的活动范围受线管长度和泵压力的限制，可能导致堵塞问题。最后，当

引入多移动机器人打印时，还会涉及线管交叉问题，此时机器人的运动规划也是一个挑战。未来发展方向应从上述三个方面着手考虑。

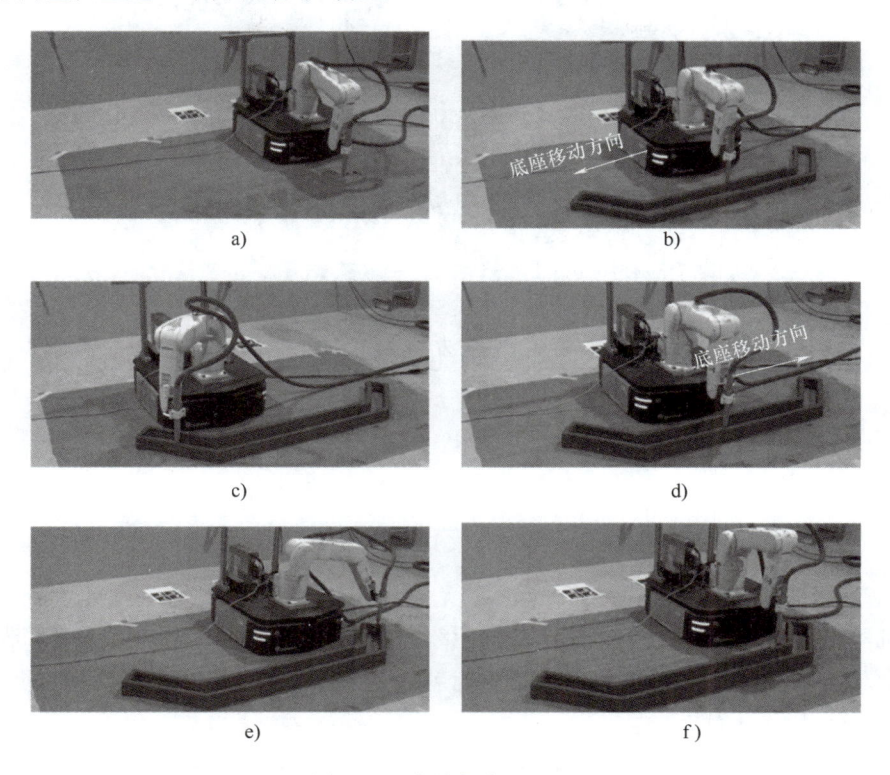

图 5-92　实施打印的过程

a）打印开始　b）、d）移动打印　c）、e）静止打印　f）打印结束

5.3.4　移动机器人在线协同打印

1. 技术概述

移动机器人在线协同打印技术是对多机器人协同打印和移动机器人打印技术的更进一步扩展。多机器人协同打印是指多个机器人同时打印一个目标建筑物，移动机器人打印是指一个机器移动打印一个目标建筑，而移动机器人在线协同打印技术则属于这二者的结合，可以实现大规模、高精度的打印任务，对于提高生产效率和质量具有重要意义。

本小节将主要介绍由曼彻斯特大学与南洋理工大学研究团队提出的一种基于新型路径规划算法的移动机器人在线协同打印技术。由于这项技术的主要难点在于工作路径规划、碰撞检查与避免、坐标精准控制、系统集成与管理等，因此，本案例使用的材料为 PLA 线材（聚乳酸线材，一种广泛应用于 3D 打印的热塑性塑料线材）而并非混凝土，主要是为了探索实时规划打印路径的可行性，从而验证所提出的路径规划算法的有效性。

移动机器人在线协同打印技术主要包含四个关键模块：移动机器人硬件配置、定位及控制模块、通信模块、在线路径规划系统。如图 5-93 所示，实验使用两个配置相同的移动机器人，每个移动机器人均包含全向移动平台、机械臂、喷头、Vive 追踪器等。

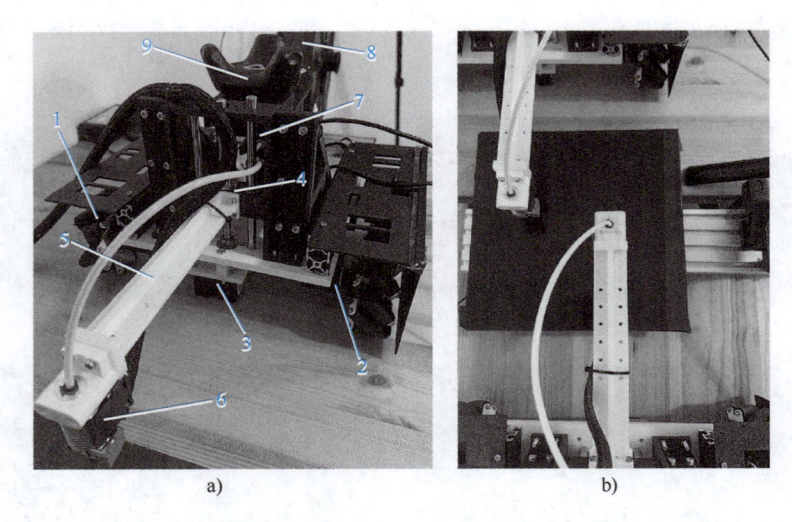

图 5-93 移动机器人在线协同打印技术
a）移动机器人的硬件配置 b）以多臂形式配置的两个移动机器人
1—麦克纳姆轮 2—驱动电动机 3—Z 向驱动电动机 4—Z 轴移动结构
5—机械臂 6—喷头 7—挤压组件 8—PLA 线材 9—Vive 追踪器

移动机器人的定位及控制模块配置了车轮编码器、惯性测量单元、Vive 追踪器三种不同的传感器，其工作机制如图 5-94 所示。通过对移动机器人误差状态的连续修正，实现打印过程中亚毫米级的精确定位及控制。

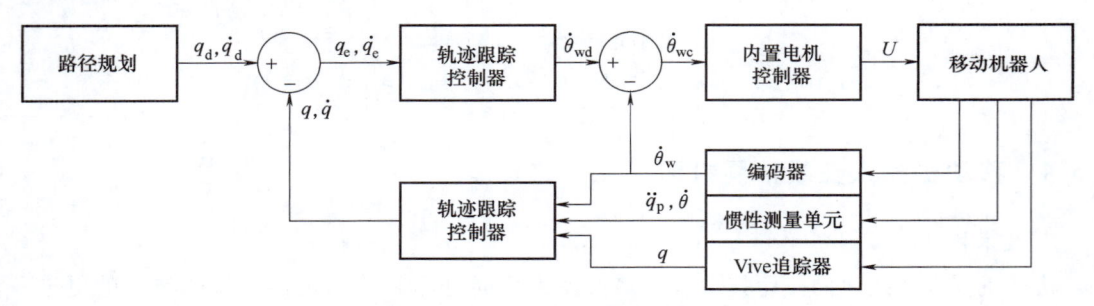

图 5-94 机器人定位及控制模块

通信模块使用了 Python 和 C++编程语言，在机器人控制平台（ROS）上进行开发，其工作机制如图 5-95 所示。通过在打印过程中高速发送、接收和处理数据，实现多机器人各打印模块间的实时通信与可视化控制。

在线路径规划系统包括打印路径规划、碰撞感知、避障检测等模块，基于局部启发式算法与塔布搜索算法，增强系统的多样性和全局收敛性，综合考虑机器人在执行 3D 打印过程中的间距、移动速度、工作状态等因素的耦合作用，实现了最优打印路径的实时规划，碰撞感知与避障检测的实时进行，显著提升了协同打印的工作效率。在线路径规划系统的工作机制如图 5-96 所示。

2. 应用案例

图 5-97 所示为移动机器人在线协同打印技术的一个实际打印案例，用于验证该技术的可

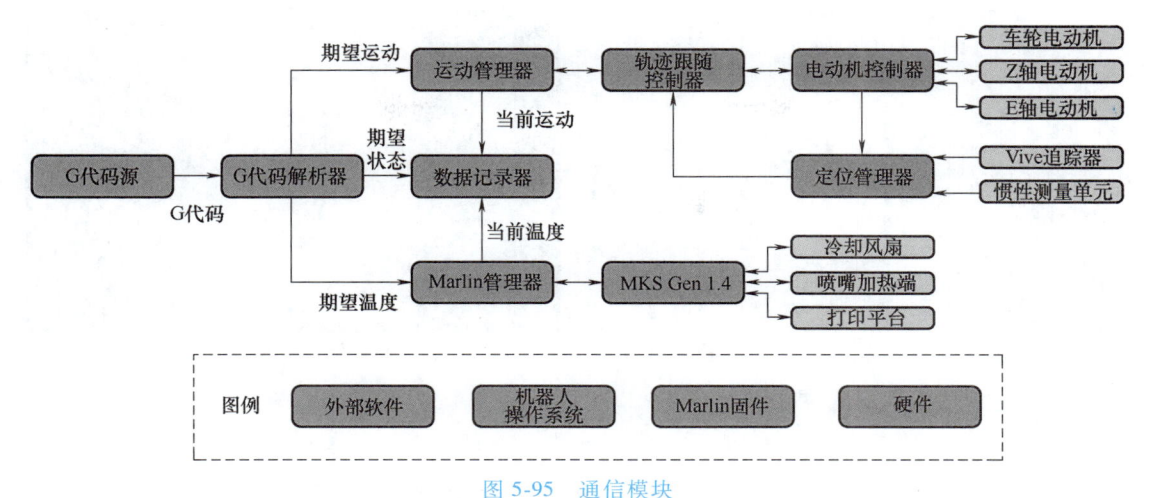

图 5-95 通信模块

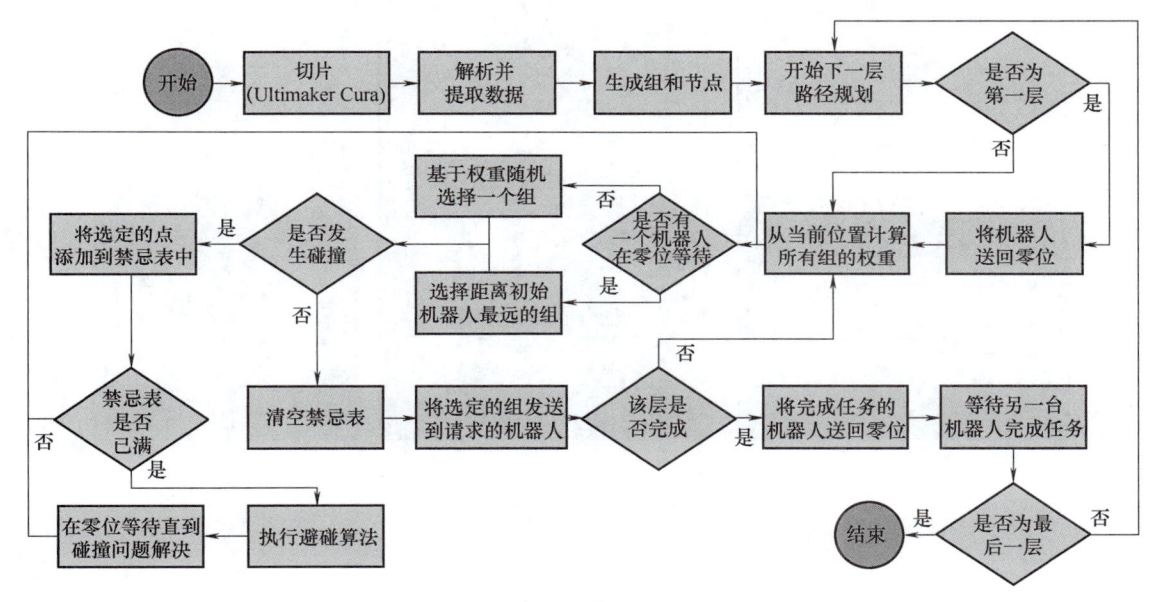

图 5-96 在线路径规划系统的工作机制

行性。该案例为一个带有凹槽的六边形零件，总尺寸为 155mm×100mm。结果表明，与传统打印系统相比，移动机器人在线协同打印系统的整体打印时间缩短了 46%。同时，打印系统的准确性、稳定性、安全性也有了显著的提升。

图 5-98 所示为三种具有不同特征和复杂程度的打印案例。该案例对移动机器人在线协同打印技术的路径规划、碰撞感知、避障检测等模块的准确性与可靠性进行了全面检验。结果表明，与传统的离线路径规划技术相比，在线协同打印技术能够减少 40% 以上的打印时间，打印效率得到了显著提升。同时，该技术通过实时避障检测模块，最大限度地减少了复杂打印任务时机械臂的碰撞概率。

3. 技术总结

移动机器人在线协同打印技术具有提高打印效率、适应复杂环境和任务需求的优势。然

图 5-97 打印任务

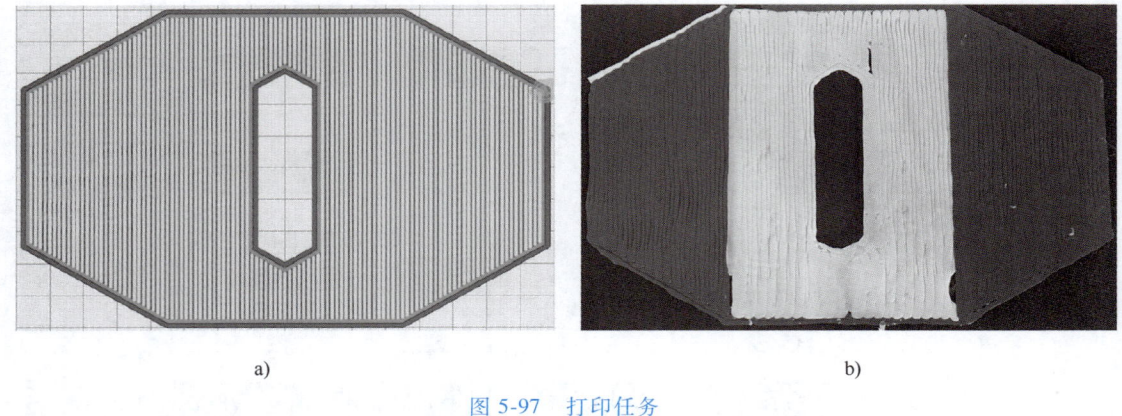

a）切片视图　b）移动机器人在线协同打印系统实际打印的零件

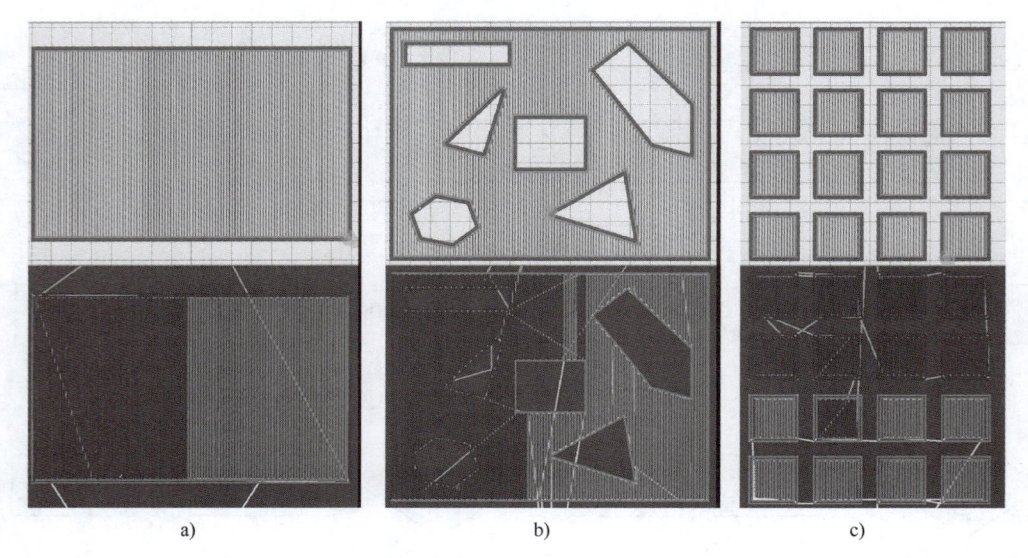

图 5-98 三种打印任务及协同打印系统的规划方案

a）实心矩形结构　b）多孔矩形结构　c）方格网结构

而，在线路径规划技术仍存在一些限制。首先，无法准确分配初始打印参数，需要进一步优化性能以减少等待时间。其次，需要探索多自由度机械臂协同打印的可能性，以扩大该技术的应用场景。未来的研究将探索以下两个重要应用领域：

1）移动机器人在线协同打印可通过实时采集和修正打印参数，精确控制机器人团队的协同工作，实现更高效、安全和可靠的打印过程。

2）还需要进一步将该技术拓展至大型建筑 3D 打印工程项目中，为建筑增材制造领域带来更高效、更可靠的解决方案，推动建筑行业的数字化转型和创新，为建筑行业注入新的发展动力。

5.3.5　多系缆移动机器人的运动规划

1. 问题概述

在机械臂式建筑 3D 打印中，机器人常通过线管连接到固定的基座上，并称为系缆机器人。其中线管主要用于泵送混凝土，这些线管通过柔性线缆保持紧绷，可以被其他机器人推动，也可以绕过障碍物或其他机器人。但是，这些线缆给机器人的控制和规划带来了问题。首先，线缆长度限制了机器人的可移动工作空间。其次，受到场地障碍物和线缆本身的影响，机器人只能在特定的线缆布置下到达预定的工作位置。此外，在多机器人应用中，还需要考虑线缆之间和机器人与线缆之间的交互作用。

为了避免线缆交叉缠绕以及场地中的障碍物，应用移动机器人在线协同打印技术在建筑3D打印时，需要解决非交叉目标线缆配置下的运动规划问题。非交叉目标线缆配置是指在所有机器人到达目标位置后，线缆的分布状态，如果任意一对线缆都不相交，则称为非交叉线缆配置。寻找非交叉目标线缆配置的运动规划问题可以被视为图问题（由节点以及连接节点的边构成的图形叫作图）。

图5-99展示了一个具有三个系缆移动机器人的运动规划问题。机器人r_i（$i=1$，2，3）需要从其起始位置S_i导航到目标位置T_i，并在到达目标位置时实现图5-99a中实线所示的非交叉目标线缆配置。根据机器人是沿直线移动还是沿着目标缆线配置弯曲移动，以及是按顺序移动还是并发移动，该运动规划问题可以有四种模式来解决，即弯曲/顺序、弯曲/并发、直线/顺序、直线/并发。

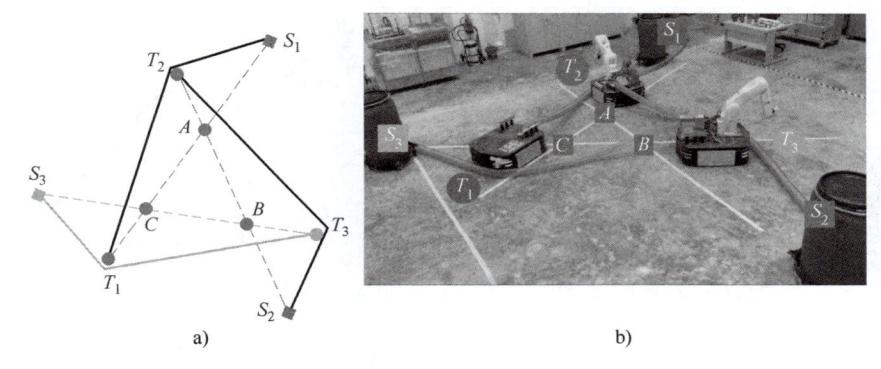

图 5-99　三个系缆移动机器人的运动规划问题示例

a）机器人r_i（$i=1$，2，3）从其起始位置S_i导航到目标位置T_i，所需缆线配置在运动结束时用实线表示　b）目标线缆配置

弯曲/顺序模式是所有机器人依次按照其目标缆线轨迹运动，如图5-100a所示。首先，r_1沿着S_1-T_2-T_1移动，由于线缆始终保持紧绷，当r_1到达T_1时，其线缆C_1会自动缩回到直线段S_1T_1上。然后，r_2沿着S_2-T_3-T_2移动，当它到达T_2时，推动线缆C_1布局到$S_1T_2T_1$，并使C_2缩回到S_2T_2。最后，r_3沿着S_3-T_1-T_3移动，并推动线缆C_2布局到$S_2T_3T_2$。由于r_1已经到达T_1，线缆C_3将绕过它并保持在最终布局$S_3T_1T_3$上。通过这种运动模式，实现了目标线缆配置。

弯曲/顺序模式属于弯曲/并发的一种极端情况。因为弯曲/顺序模式已经可以实现非交叉目标线缆配置，所以，该配置也可以通过弯曲/并发模式实现。在弯曲/并发模式中，机器人同时沿着各自的线缆移动。与弯曲/顺序模式相比，弯曲/并发运动需要更少的执行时间，因为机器人不需要等待其他机器人逐个移动。

直线/顺序模式无法实现该目标线缆配置，如图 5-100b 所示，该示例显示最终结果偏离了目标线缆配置。在直线/顺序模式下，每个机器人必须在其他机器人沿着它们线缆移动之前移动，因此，线缆 C_1、C_2 和 C_3 分别必须绕过机器人 r_2、r_3 和 r_1 的目标位置，导致其运动规划路线出现循环。因此，直线/顺序运动方式下目标线缆配置没有可行解，出现了死锁情况。

直线/并发模式是机器人以相同速度沿着直线段 S_iT_i 移动。如图 5-100c 所示，这种模式可以实现目标线缆配置。与弯曲/并发模式相比，直线/并发模式具有更高的效率，因为其路径更短。与弯曲移动相似，直线/顺序模式实际属于直线/并发的一种极端情况，直线/并发模式的求解空间涵盖了直线/顺序模式的求解空间，那么直线/并发运动的死锁条件也必然是直线/顺序运动的死锁条件。

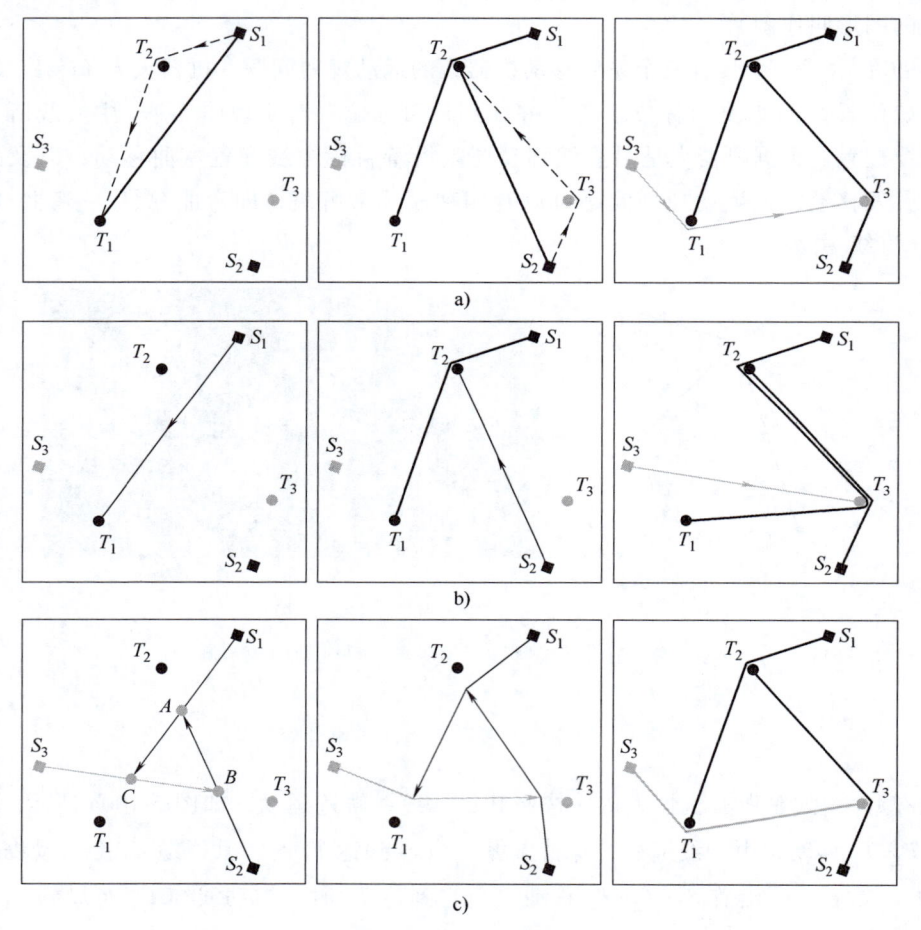

图 5-100 不同的机器人运动模式
a) 弯曲/顺序　b) 直线/顺序　c) 直线/并发

2. 算法概述

根据以上问题的概述，直线移动相对于弯曲移动具有更小的时间和能源消耗，同时可以显著减少定位误差，提高工作环境的安全性。因此，最高效的解决方案是采用直线/并发模式将机器人从起始位置移动到目标位置。本小节将使用直线/并发模式进行运动规划，并根据图 5-101 中的算法流程进行操作：

1) 对于给定的目标线缆配置，构建配对交互图（Pair Interaction Graph，PIG），根据机器人的线缆多边形编码，构建一个表示机器人之间相互作用的配对交互图。

2) 在 PIG 中检测配对死锁，并通过将死锁中的一个机器人分配为跟随其目标线缆线的运动来解决死锁问题。

3) 构建网络交互图（Network Interaction Graph，NIG），基于修剪后的配对交互图，构建一个网络交互图，该图考虑了机器人路径的交叉点，并编码了由配对交互引起的网络交互。

4) 检测和解决网络死锁，在 NIG 中检测是否存在网络死锁，并通过指定参与每个网络死锁的一个机器人跟随其线缆的运动来解决死锁问题。

5) 计算最终运动规划，基于修剪后的 NIG，计算出最终的运动规划，以确保机器人按照目标线缆配置进行直线/并发移动，避免交叉并达到目标位置。

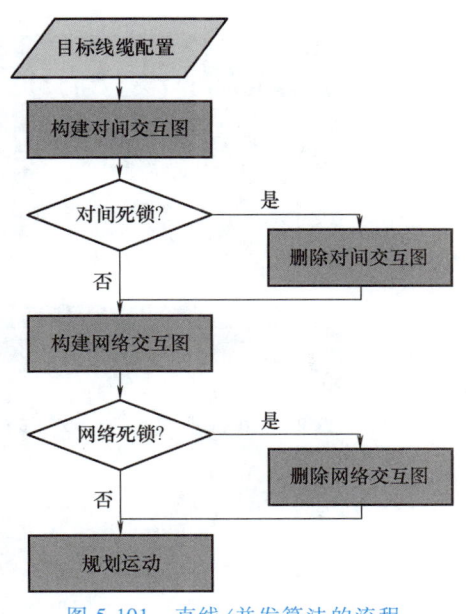

图 5-101　直线/并发算法的流程

3. 应用案例

本小节展示了使用上述算法来解决图 5-99 中三个系缆机器人运动规划问题的一个实际案例。考虑第 5.3.2 小节中开发的大规模多机器人 3D 打印系统。在这里，线缆用于将新鲜混凝土从搅拌机输送到打印喷嘴。每个移动机器人的尺寸为 960mm×793mm×296mm，最大移动速度为 0.6m/s。每根线缆长度为 10m，弯曲半径为 110mm。以图 5-102 的目标线缆配置为例，每个机器人的 (S_i, T_i) 段为 7m。为了实现该目标线缆配置，在每个交叉点上，机器人必须按照 NIG 中指示的运动优先级进行移动。

图 5-102 展示了当机器人遵守计算的运动优先级时的协调运动。移动机器人以直线/并发模式移动：同时沿着它们的 (S_i, T_i) 直线段移动。在实验视频的第 14s，r_2 停下来等待，直到 r_1 通过 A 点后，r_2 才通过 A 点并继续朝向 T_2 前进；这种运动反映了 r_1 和 r_2 在 A 点的运动优先级。尽管机器人不是严格的点，而且线缆也不是完全灵活的，但只要机器人的运动遵守交叉点处计算的优先级，目标线缆配置就可以实现。

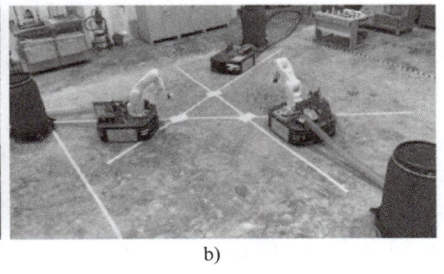

图 5-102　实现所期望的目标线缆布局的协调运动
a) 起始位置的系缆机器人　b) 以并行直线运动向目标位置导航

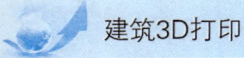

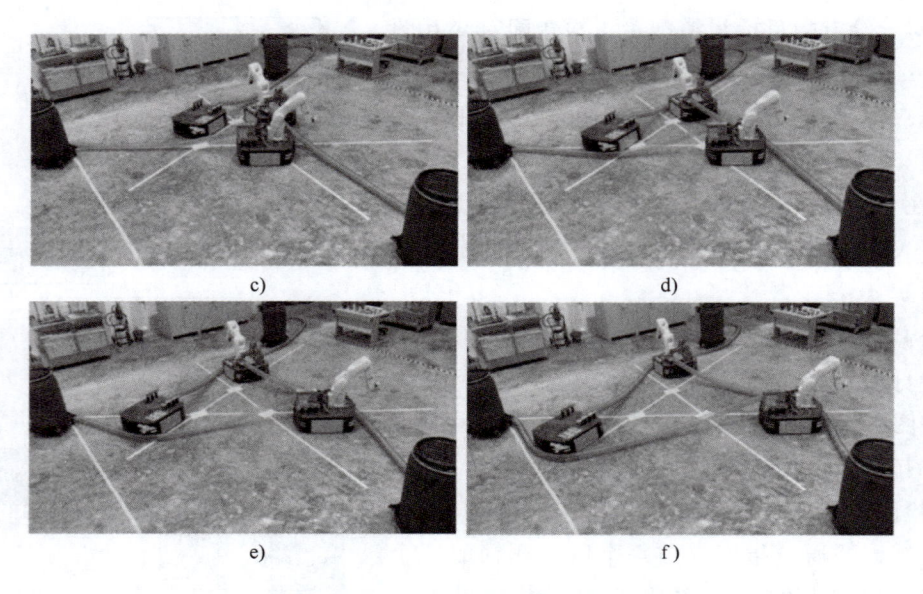

图 5-102　实现所期望的目标线缆布局的协调运动（续）
c）通过计算优先级通过交叉点　d）在导航过程中推动其他机器人的线缆
e）导航正在进行中　f）实现目标线缆布局

思　考　题

1. 3D 打印建筑技术有哪些关键技术组成？它们如何影响施工质量？

2. 在广东河源市的工程案例中，3D 打印建筑结构设计时选择了何种墙体形式？其优缺点是什么？

3. 在 3D 打印中，如何利用混凝土性能优化材料的配比设计？

4. 大型 3D 打印建筑设备的选择对施工有什么影响？为什么在中大型 3D 打印项目中选择框架式打印设备？

5. 如何通过打印路径优化技术提高建筑 3D 打印的效率和精度？

6. 在打印完成后，如何通过适当的养护方式提高混凝土 3D 打印建筑的质量？

参 考 文 献

[1] 佚名. 世界上最大的 3D 打印建筑在迪拜竣工 [J]. 电子世界, 2020（2）：4.

[2] BUCHLI J, GIFTTHALER M, KUMAR N, et al. Digital in situ fabrication-challenges and opportunities for robotic in situ fabrication in architecture, construction, and beyond [J]. Cement and Concrete Research, 2018, 112：66-75.

[3] LIM S, BUSWELL R A, LE T T, et al. Developments in construction-scale additive manufacturing processes [J]. Automation in Construction, 2012, 21：262-268.

[4] LIM S, BUSWELL R A, VALENTINE P J, et al. Modelling curved-layered printing paths for fabricating large-scale construction components [J]. Additive Manufacturing, 2016, 12：216-230.

[5] LOWKE D, DINI E, PERROT A, et al. Particle-bed 3D printing in concrete construction-possibilities and challenges [J]. Cement and Concrete Research, 2018, 112：50-65.

[6] 都书鹏，汲广超. 龙门式整体交替升降建筑 3D 打印机：201720548318.2 [P]. 2017-12-05.

[7] 耿会岭，杨政，袁雅贤. 3D打印在建筑领域的应用［J］. 混凝土与水泥制品，2019（7）：34-38.
[8] 霍亮，蔺喜强，张涛. 混凝土3D打印技术及应用［M］. 北京：地质出版社，2018.
[9] 雷斌，马勇，熊悦辰，等. 3D打印混凝土材料制备方法研究［J］. 混凝土，2018（2）：145-149.
[10] 李德智，陈铮一，钟健雄. 多元参与视角下我国建筑3D打印研究应用综述［J］. 土木工程与管理学报，2019，36（6）：1-7.
[11] 李荣帅. 基于单轴移动原理的建筑用3D打印装置研究［J］. 江西科学，2016，34（4）：517-521.
[12] 蔺喜强，张涛，霍亮，等. 水泥基建筑3D打印材料的制备及应用研究［J］. 混凝土，2016（6）：141-144.
[13] 卢秉恒，李涤尘. 增材制造（3D打印）技术发展［J］. 机械制造与自动化，2013，42（4）：1-4.
[14] 马义军. 一种全地形建筑3D打印机：201721393416.X［P］. 2018-05-18.
[15] 王建军，刘红梅，倪红军，等. 3D打印技术在建筑领域的应用现状与展望［J］. 建筑技术，2019，50（6）：729-732.
[16] 王丽萍，徐蓉，苗冬梅，等. 苏州某试验楼项目3D打印实体建筑施工技术研究［J］. 施工技术，2015，44（10）：89-91.
[17] 徐卫国. 世界最大的混凝土3D打印步行桥［J］. 建筑技艺，2019（2）：6-9.
[18] 张大旺，王栋民. 3D打印混凝土材料及混凝土建筑技术进展［J］. 硅酸盐通报，2015，34（6）：1583-1588.
[19] 张楠，张涛，霍亮. 一种移动可折叠式建筑3D打印系统：201720907901.8［P］. 2018-03-02.
[20] 朱彬荣，潘金龙，周震鑫，等. 3D打印技术应用于大尺度建筑的研究进展［J］. 材料导报，2018，32（23）：4150-4159.